一生的资本

〔美〕奥里森·马登/著

旭日/译

民主与建设出版社
·北京·

图书在版编目（ＣＩＰ）数据

财富思维 . 2，一生的资本 /（美）奥里森·马登著；
旭日译 . -- 北京：民主与建设出版社，2021.2
ISBN 978-7-5139-3360-5

Ⅰ.①财… Ⅱ.①奥… ②旭… Ⅲ.①财务管理—通
俗读物 Ⅳ.① F275-49

中国版本图书馆 CIP 数据核字（2021）第 047498 号

一生的资本
YI SHENG DE ZI BEN

著　　者	（美）奥里森·马登
译　　者	旭日
责任编辑	刘树民
封面设计	旭日传媒
出版发行	民主与建设出版社有限责任公司
电　　话	（010）59417747　59419778
社　　址	北京市海淀区西三环中路 10 号望海楼 E 座 7 层
邮　　编	100142
印　　刷	三河市德利印刷有限公司
版　　次	2021 年 5 月第 1 版
印　　次	2021 年 5 月第 1 次印刷
开　　本	880 毫米 ×1230 毫米　　1/32
印　　张	6
字　　数	134 千字
书　　号	ISBN 978-7-5139-3360-5
定　　价	118.00 元（全 3 册）

注：如有印、装质量问题，请与出版社联系。

为什么有的人越来越富裕，而有的人却每况愈下，生活得越来越不如意？财富是一种数字，当这种数字波动变化时，你有没有考虑过，是什么原因在影响财富？那些富甲一方，并且让自己的财富数据不断增长的人，他们的核心竞争力到底何在？

在商业领域呼风唤雨的大有人在，他们有一颗渴望财富的心，有勤劳致富的双手。他们眼观六路，耳听八方，不轻易放过任何增加财富的机会。他们历经磨难，练得一身金钟罩铁布衫的功夫，不惧怕任何挫折和失败，能固守其志，坚持到底。他们从小就能正视富与贫，知道其间的差距并非不可逾越的天堑。贫者致富，富者能落魄，这不是先天注定的不可改变的命运，而是经过后天努力可以自主的决定。财富是一门知识，有其规律可循。只要你有意识地去学习掌握，你就能驾驭财富，过上幸福美满的人生。

那些出生在富裕之家的人，坐拥万贯家产，他们的起点虽然比普通人高，但如果没有驾驭财富的能力，不能增加财富的话，就难免 坐吃山空，再大的家庭迟早会被耗尽。那些出身贫寒的人，如果被贫穷压得抬不起头来，耻于谈及贫富的话题，不开启对财富的向往，去踏上征服财富的远征，那么他们也不可能改变自己的处境。要知道，自信是成功的基础，渴望是成功的动力，知识是成功的保证。加油吧，在这样一个全球经济化时代，做一个富人，而不要做一个羡慕他人财富的人。

年轻人想要在商业上获得成功，需要自我磨炼，不断完善自己；需要积累经验，不断强化自己；需要看这本《一生的资本》，它能给你启发，使你如虎添翼。

奥里森马登从小是一个孤儿，他的处境非常糟糕。他几乎没有任何财富基础，也没有什么亲戚朋友向他伸出援手，他只能依靠自己，依靠坚强的心脏和勤劳的双手。他让自己成为自己最大的资本。他成功了，摆脱了贫困，理解了财富，更重要的是，驾驭了财富。他将自己的经验心得和成千上万的青年共享，以帮助他们也能像他那样取得成功。

本书一问世，就受到各地人们的欢迎，也得到了许多经济学家和管理人士的青睐，书中所讲的内容，能够帮助当今很多人发财致富。

随着社会的发展，人们对财富的渴求越来越强烈，为了满足不同读者的需求，我们又对《一生的资本》进行了整理和加工，论述更让读者容易理解，并从中收到启发。

目录

第三章：可以借鉴的成功致富经

第四章：安贫知进取

第五章：致富道路上必需的个性特征

第六章：增长财富必需的能力

第七章：成功人士的 12 个好习惯

第八章：养成好习惯

第九章：懂生活，善工作

财富思维

／一生的资本／

第一章

·

怎样快速增长你的资本

财富成功之路上常常布满荆棘坎坷，要想突出重围，实现资本的增长，就要相信自己，充分发挥自己的潜力。

怎样快速增长你的资本

乐 观 精 神

人生道路上面对逆境的考验，积极乐观的人常可以坦然面对，最终获得成功，消极沉郁的人往往会被困难所打到，进而一败涂地。

在社会上，悒悒不乐、愁容满面的人即便再有一身才华，也常会让人避而远之。因为人们天性就喜欢快乐与阳光。我们应该成为情绪的主宰者，无论身处多么恶劣的环境，都应该积极主动地应对。当一个人真正从逆境中走出来了，才能以成竹在胸的气势踏上广阔的征程。

在获得成功的路上，我们所面对的最大的绊脚石就是消极低迷的思想。恐惧、怀疑、失望的想法最容易在你身处逆境时摧毁你的意志。可能你为一件事筹划多年，但是思想的溃散会彻底瓦解你的内在动力，令你前功尽弃。

要想成功突破困境，一方面你要定期消除低迷的思想、情绪，学会忽视令你不开心的事情，另一方面就是要全神贯注，努力改变当前的环境，多去想一想让你高兴的事，以平和、委婉、友爱的态度对待他人，用和善、欢快的语言感化他人，用快乐的情绪影响他人。心理素质过硬的人，一般来说会很快地走出烦恼，收获光明的前途，如果你萎靡不振，无法克服悲观的情绪，甚至难以打开心门，那么就难以追及心中的理想。

想要以最佳的心态面对人生，就要学会把控自己的情绪，学会在家庭生活中找寻乐趣，比如享受和孩子们一起玩耍的幸福时光，也可以在音乐中、交谈中、阅读中去寻找乐趣，让心弦融入有欢乐、能带给自己前进动力的环境中去。

如果现实生活的压力让你觉得太过痛苦，不妨走出闭塞的空间，放下手头的工作，暂时忘却烦恼，恣意于野外的田地间，畅享大自然的美景。只要随时保持积极乐观的心态，你就有可能迎来人生的黄金时光。

发挥自信力

在各个行业中的翘楚，他们似乎常常有幸运女神庇护，总能获得成功。在很多事情上，他们之所以能掌握绝对的主动权，可以克服很多困难，主要是源于他们的自信力。在他们眼中，所遇到的艰难困苦都是可贵的经验，一切生存中的竞争都值得全力以赴，他们自己决定自己人生道路的走向，并深切地明白自己所具有无限的成功潜力，而胜利的果实终将属于他们。

这些优秀的人在工作和生活中总能保持乐观，在人生的岔路口从不迷茫，对于未来从来不恐惧。事业上无论遇到什么样的困难和障碍，他们都能够凭借自己的能力顺利化解。他们拥有强大的心理素质和处理问题的能力，总是能够很完美地处理好工作的问题。

这些人足够坚强，他们做事情从不犹豫和迟疑。他们相信自己的才华远胜于他人，对于胜利，他们总是胸有成竹。

那些不能充分相信自己的能力，而最终无法成功致富的人不在少数。他们心中常常充斥着失败的念头。

一个人若想立足于社会，就必须树立自信心，这会带给他们征服一切、扫除各类障碍的力量，使之顺利达成目标。如果为人师，或为人父母，则更应该充分认识到这点。你可以在生活中、学习中给予孩子充分的关注，走入其内心世界，激发其内在的动力。如果你将学生或者子女比作树苗，那么他们就会在希望的滋养中成长为栋梁之材。你要让孩子相信：他们身上具有无穷的潜力，足以实现自己的理想。

古往今来，凡是杰出人物，其背后大都有明智的父母、智慧的教师以及诚挚的好友。使他们在无形之中拥有了一种神奇的力量，这也使他们具有了成功的信念。当然，偶有时候，他们也会消极或者想要退却，但每当这时，亲友们的热忱鼓励便会化作力量之泉，增强他们的意志和决心，带给他们重新出发和奋勇拼搏的动力。

什么是真正的朋友？不是只在物质上给予帮助，而是应该常给予亲切的关怀、令人振奋的话语、真诚的鼓励和源自内心的赞美。这样才是真正的朋友，这样的朋友能让自己受益无穷。

在人生的道路中，要谨记，自信力就像一针兴奋剂，可以打败迟疑、充满恐慌、胆怯的情绪。当你拥有了自信，身体的每一寸肌肤都会拥有期待和充满能量，慢慢地使你成为一个前途光明的人。

创作歌曲时，人们追求音节之间的和谐与融洽，人的各种活动也是这样。作为成功的基本要素，人体内的每一根神经、每一个细胞、每一项组织、每一种能力只有和谐一致，才能奏出动听的乐章。若有一个音节跑掉，整首歌曲就会垮掉。同样的道理，人身上任何一处弱点，都可以让他的全部努力变成泡沫。

没有哪个人天生是失败者，也没有人可以随随便便成功。只有善于利用自身的资源，才能动员自身的一切原质、组织，收获胜利的喜悦，这种机会对于每个人都是平等的。也就是说，每个人都有权利享受幸福、财富和充实的生活。

善于创新和把握机遇

人应该做自己命运的主宰者。富尔顿刻苦钻研，成功发明了蒸汽轮船"克莱蒙特号"，成为美国著名的大工程师；法拉第勤勉好学，自学多种语言，最终成为英国著名的化学家和物理学家；伊莱亚斯·豪靠缝针和梭子，发明了世界上的第一台缝纫机……他们都是贫穷的孩子，尽管出身卑微，却能闯出一份伟大的事业。

在美国的历史长河中，个人奋斗成功史是最让人激动的。很多人，包括一些平凡的人，确定了伟大的目标之后便勇往直前，始终坚持心中的信念，笑对逆境，最终获得成功。那些原来普通的人，也因此跻身社会名流之列。

失败者常以缺乏机会为借口，成功者绝不会这么做。他们不会轻易向别人哀求，也不会坐等机会。他们会依靠自己的努力创造机会，主动出击。

在一次战斗胜利之后，有人好奇地问亚历山大，他是否会等待恰当的机会，再去进攻另一座城市。

亚历山大听到这个问题勃然大怒："等机会？机会从来都是主动争取的！"亚历山大代表了一批现代社会中拼搏奋斗的人，他们不相信等待，只相信自己。

如果一个人总是处于等待的状态，他就无法应对各种突发状况，所有的努力和热情也会付诸东流。

有人认为，打开成功之门的钥匙是机会。其实，即便有了机会，如果不努力，希望仍旧会变成云烟。

很多失业者都将自身事业上的不足归因于社会对劳力的需求不足。但事实上，很多公司都有空缺的职位等待那些出色的经理和领导。

所有的事业都起步于最简单的工作。唯有持之以恒，才能守得花开。

林肯自幼生活贫苦，住在离学校很远的茅舍里，房子里都没有完整的窗户，更别说充足的生活必需品了。就是在这样的生活环境里，林肯心中一直保持着对知识的渴求。每天为了到学校上课，他几乎都要跑二三十里路。为了提升自己，借几册书回来看，他每天要跑一两百里路。虽然只在学校接受了一年的教育，但是林肯自强不息、勤学好问的精神，却足以让他在日后成就全新的自我。最后，经过艰苦卓绝的努力，他成了美国历史上伟大的黑人总统。

成功从不属于那些一味等待机会的人。每个人的性格不同，获得机会的概率也大不相同。如果我们把机会寄托在别人身上，难免会遭遇失败。

若要论得到机会的公平性，可以想一想林肯。生长在穷乡僻壤，机会对他而言，本来是夜空中的明星，高不可攀。但是他凭借自身不认输的拼劲，闯出了一条出路，走进了白宫的核心区域。

"我缺少机会"，永远都不是一个合理、明智的借口。

拥有知识、健康、信用和常识

对于初出茅庐的年轻人，要想在社会生活中出人头地，知识、健康、诚信和常识是必不可少的资本。

与那些具有丰富实践经验和常识的人相比，一个只是拥有广博的专业知识的人，在处理各种各样的生活、工作实际困难时的表现要差得多。德国流传这样一句谚语："当你抬头仰望美丽的星空时，别忘了，屋中燃烧的蜡烛也独具魅力。"或许天才的想法很高深，理想很远大，他们擅长从自然界中发现真理，但是如果他们缺乏常识，他们的想法和理想对于人们的实际生活可能毫无用处。

爱迪生曾说："专业知识的作用远远不及常识。"但是世界上仍然有很多人轻视常识，平时也不加注意积累。其实想一想，工作中很多细节性问题的处理，都离不开常识的帮助。

除了充足的常识，各种精湛的工作实际操作技能也是初入职场的年轻人所必不可少的。

即便身边有一群精明能干的亲友助力，如果自身缺乏一技之长，就算有文凭在手，也无法找到成功的机会。若想在职场上真正立足，还是要凭借自己的实力。

从现在开始，你需要努力增加自己内在的无形财富，那就是精湛的专长、健康的体魄、一往无前的勇气和专注的态度。总之，你需要培养自己的综合能力。这些是你走向财富的最重要的基础条件。

身边的人怎么能看出你有没有真才实学呢？这其实很简单。通过你的言谈举止、工作成绩、接人待物的态度等，都会让人对你有一个初步的判断。如果你的内心十分富有，那么你会如百花园中的玫瑰一样，绽开出最绚丽的花朵，你身边的人就会自觉不自觉地被你吸引而来。

很多年轻人刚刚踏入社会就想快速获得成功，甚至不惜赌上自己全部的现有资本。这种孤注一掷、急于求成的心态是很可怕的。年轻人做事情，不能过度消耗自己的精力和体力，必须要顾及日后的实际需要。

有一类年轻人虽然内心富足，但是他们并不珍惜，而是肆意挥霍，这样做简直是一种对才能的浪费。更可悲的是，一些年轻人不仅丢掉了自己的名誉、才气，还在行走的过程中迷失了自己，失去了人格。

为什么人们总是喜欢和那些充满朝气、亲切、和善的人相处呢？是因为这些人具有极强的人格魅力。无论他们在哪儿，总能让别人觉得轻松、快乐，他们待人和善、做事忠诚、直爽坦白的特点就是他们独特的性格财富，能散发出沁人心脾的馨香。

不要总想向别人展示你的存款、股票或者地产，这些与品格、诚信相比变得毫无意义。于个人而言，别人对你自身人格价值的肯定，才是你最好的标签和自荐信。一个通过不法手段发家致富的人，和一个诚实善良的穷人相比，谁更具有魅力？肯定是后者。这就像将一个不学无术却爆发横财之人，与一位饱学之士相比，他们之间的魅力差距不言而喻。

在对年轻人的教育方面，应该将人格的培养放在首位，学校和家庭都应当重视起来。只有这样，才能为他个人的成功提供机会，为社会的发展创造财富。

刚步入社会的青年，或许会对未来的事业发展感到迷茫，但是对人格的锤炼应该始终摆放在我们个人修养的第一位。因为人格的魅力会照亮我们一生航行的方向，指引着我们一步步走上成功。

善良温和、不偏不倚、不傲不卑，这才是真正值得持有的人生态度。

不懈进取

池塘中再新鲜的清水，久置无波，也会变得浑浊；当下生意再好的商店，如果不时刻保持创新精神，也会面临被市场淘汰的危机；手中拥有再多财富的成功者，如果不追求进步，也会面临堕落的威胁。

我们做事情的过程中，不能轻易停滞，应该持续努力，才能达到新的高峰。一个人在事业上自满自足，只会将事业推向衰败的深渊。

每天清晨醒来，我们可以给自己一个鼓励：今天的工作，一定会比昨天做得更加出彩。而晚上我们应该将第二天的工作安排妥当再离开办公场所。坚持这么做，你一定会累积更多的财富。

不断改进工作习惯的精神具有极强的感染力。能够坚持这样做的老板，会将这种精神带到公司内部，使员工得到潜移默化的影响。

想要获得成功，需要经常和外界互动，甚至同竞争对手多接触。观摩学习，可以督促我们用客观的态度学习别人的优点，弥补自己的缺陷，这也是弥补自己的缺陷，促进自己能力的高效途径。

美国芝加哥有一名把事业经营得有声有色的零售

商。探究他成功的原因，我们发现跟他的创新性思维分不开。他曾经专门利用一个星期的时间，不断地穿梭于各大商场进行学习、反思自己的经营之道。每年，他都会给自己安排去东部旅行的计划，专门用来研究学习当地商场先进的销售方法和管理策略。在他看来，一成不变是事业进步的最大绊脚石。

经过不断地学习，这位零售商逐渐发现了自己以前从未注意过的问题，比如之前自己商场中的货架物品摆放无法有效吸引顾客的眼光，比如员工作态度有问题等。认识到了问题，他立刻进行整改，不仅调整了橱柜的陈列，还辞退了公司中不尽职的雇员。店内的气象因他的一系列整改措施而变得焕然一新。所以，要使自己的事业得到长久发展，唯一的方法就是改革创新。

我们的身体时刻能够保持健康，是因为我们的血液每天都在进行有益循环。同样，思想也应该每天更新，吸收更加有效的方法，从大处着眼，小处着手，事业会因此得到良性的发展，直至收获成效。

世界上往往是那些才华出众的人，才能体会到追求创新、进步所具有的巨大价值。也许只有这样，才能用客观的态度，去学习别人的长处，弥补自己的缺陷，取长补短，获得成功。

那些常常处于一种环境中的人，不求进步和变革，注定要走上失败的道路。他们很容易对现状满足，对存在的缺陷和不足能够假装看不到或者毫无察觉。如果不把他们放在新的环境中，他们绝对发现不了问题。

如果将一张写有"今天我的工作有哪些需要改进的地方"的提示语贴在办公室，一定会对你的事业有所帮助，激励你避免粗制滥造、杂乱不堪的办公风格，圆满地完成工作。

我认识一个人，他在事业起步的阶段就时常自省，并以此鞭策自己，最后他练就了出色的办事能力，这是一般人难以达到的。他从事的工作，从来都是井井有条，没有一项任务是敷衍了事的，每一件事情都得到了充分的发挥和发展。

锲而不舍

如果你认真审视自己，客观地分析自己的工作，对自己的健康状态、知识技能、专长、兴趣等有比较深入的把握，并且同时正在做自己感兴趣又能胜任的工作，那么恭喜你，现阶段你的工作、生活环境基本上是令你满意的，你可以静下心来，集中精力为目前的事业而奋斗。

如果你感觉目前的工作让你觉得疲乏，甚至让你现在的生活陷入危机，那就请当机立断，立刻考虑换工作。

面对困难，只有坚定不移的决心才能发挥最大的力量。一个坚定的人，很容易获得别人的信任和帮助。相反，一个做事懒散，缺乏毅力的人，会给别人留下不靠谱的印象，又有谁会愿意支持他，信任他呢？

很多人之所以到现在还没有体会过事业成功的滋味，并不是因为他能力不够或者对于成功不够渴望，而是缺乏足够坚定的信心。他们会在一项任务进行的时候，陷入焦灼和自我怀疑。他们有时好高骛远，不切实际；有时又安于现状，疲于奔命。这种矛盾的心理难免最终会导致失败的结局。

在事业进程中，充分了解自己、挖掘自己的潜力，会为自己打开通往成功的道路。在这个过程中，无形之中会让别人感到你钢铁一般坚毅的决心，带给别人成功的希望。做任何事情之前，应该尽量考虑周详，避免频繁动摇。如果一位建筑师频繁修改设计图纸，想必没有人会不担心建筑的质量。

世界上没有人可以随随便便成功，只有面对困难坚定理想，看准目标永不言弃的人才能看见最后胜利的曙光。往往这些人面对障碍和挫折时，会用坚毅的决心抵抗负面的情绪和困境的束缚。如果有人问："那个人现在还在坚持着吗？"这也就是对那个人的前途成功性充满了肯定。

只要有坚定的意志力，即便能力一般，也会迎来成功的那一天；否则，即便是天才，也难以逃脱失败的厄运。

永不屈服、百折不挠的精神就像是我们的精神宝库，给我们提供源源不断的精神动力和支持，让我们不至于在风波浪涌中迷失方向。

刚开始走上财富道路的青年最应该具备的品格，不但有"忠诚"，还要有"勇气"。有勇气的人在做事过程中能够经得起挫折的磨炼，很容易让别人信服。"决心"虽然也很重要，但是有时候会因为能力不足而失败。这时候，唯有"勇气"可以将我们带离困境。

库伊雷博士曾经将很多青年的失败归结为恒心的缺失。缺乏恒心，只能换来碌碌无为的人生。在奋斗的过程中，如果稍微碰到困难和阻力，他们就立刻会止步不前，甚至胆怯退缩，这样的人很难成功完成任务。如果你想要获得成功，就必须为自己赢得良好的声誉，让你周围的人了解你的能力：但凡交给你一项任务，你都会顺利完成。

要想走到哪里都成为岗位中的精英，你需要意志坚强、头脑灵活、做事果断，这些品质会让你始终以清醒的状态面对生活和工作中的挑战，以最佳的状态在职场中挥洒能量。

银行家里凡·莫顿先生成为美国副总统候选人之后，很多人对他个人的发展经历充满好奇。

1893年的一个炎炎夏日，农业部部长詹姆斯·威尔逊先生到华盛顿拜访里凡·莫顿，问及他为何从一个布商变身为一个银行家。里凡·莫顿说："这完全是因为爱默生书中的一句话——'假如一个人拥有一种别人所需要的专长，那么无论他走到哪里，都会是炙手可热的人才'。"当时里凡·莫顿布料生意经营状况比较平稳，这句话深深地触动了他的内心。在这句话的激励下，他决定改变原先的目标。

所有的商人在困难时为了周转资金，都需要去银行贷款。看到了爱默生的话以后，我仔细思考、认真地分析了当时社会的环境，当下人们的生活习惯和生意买卖经营的大体情况。我发现，世界上很多人为了金钱，都历经困难。经验告诉我，当时社会中最需要建立起来的行业是银行业。

在对当时的社会环境和市场经济进行了仔细地分析后，于是，里凡·莫顿将生意的重心转移到了开办银行上，在情况稳妥时，尽量往外多放贷款。后来，越来越多人开始找他。慢慢地里凡·莫顿在市场竞争中确立了自己的行业地位。

社会中很大一部分人由于对职业的错误选择而失败。并不是说这些人不认真，在这些失败者之中，很多人面对工作很认真，按理说应该能够成功。之所以一败涂地，其实是因为他们没有勇气放弃贫瘠荒芜的土地，在光阴的流逝中与肥沃多产的田野失之交臂，到头来只剩下一声叹息。

他们完全没有意识到，不合适的工作，消磨掉了他们宝贵的时间和精力。

当你从事一项职业，一直没有取得进步，看不到一点成功的希望时，你应该自我反省，考虑一下自己的兴趣和专长，静下心来思考自己是否选择错了职业。一旦做出判断，就应该当机立断调转航向。在美国西部，一位著名的木材商人，坚持做了40年的牧师，但是始终无法成为牧师队伍中的佼佼者。经过再三考虑，他重新分析了自己的优势和不足之处，立刻更改目标，进军商业。从此，他的事业开始一帆风顺，成了美国有名的木材商人。改变发展方向并不容易，在你确定目标之前，一定要谨慎考虑，不能三心二意。

同样的两颗种子，一棵长成了参天大树，一棵只长成了矮小细株，这就是环境的作用吧。所以，不要因为选择职业而无法充分发挥自己的才能一直耽误下去，意识到问题后应该及时补救，重新出发。

那时候，面对重新湛蓝的天空，才能以焕然一新的生活态度和思想状态面对未来的期盼。

重视"今天"

岁月茵茵，在我们活着的所有日子中，最珍贵的当属"今天"。

今天，是历史车轮痕迹的汇总，是历代发明家、创造家、思想家、革命家成果的总结，是历代精华的宝库，是过去种种成绩的累积。今天的青年，与50年、100年前的青年相比，处于最灿烂的时代，也是最幸福的一代。今天的青年，拥有史无前例的自由与舒适，他们是承载国家希望的一代人。

但是如今总有人会抱怨生不逢时，感慨自己错失黄金年代，其实，昨天和明天都不重要，最重要的是今天。处于当今的世界里，应该眼中多关注当下社会，不能做一个颓废的空想家。

那些一味地追悔过往，或者幻想种种不切实际生活的人，是对今日脚下芬芳的践踏，无法享受到生命的完整和成功。只有重视今天的生活，面对现实，才能找到真正的生活乐趣，尽享幸福。

在今天面前，每个人都是平等的。舒适与安乐存在于每时每刻的现实生活中，而不是幻想的虚伪镜像里。享受今天的素雅，不应幻想明日的饕餮，徜徉于今天甜蜜的住所里，不要空想奢靡的享乐。

当然，不是说人们不应该放弃对明天的计划，也不是让人们放弃对未来美好事物的追求，而是提醒人们，应该多关注眼下可预测的事情，不要一味期望明日的奇迹。

真正的快乐，蕴藏在人们生活的每一天里，未来虽可期，今日更灼华。

财富
思维
维

/一生的资本/

第二章

·

财富道路上的七大阻碍

在通往财富成功的路上，我们常遇到的七类"绊脚石"是：

一、消极；

二、过于敏感；

三、缺乏亲和力；

四、萎靡不振；

五、意志力薄弱；

六、优柔寡断；

七、心有旁骛。

财富道路上
的七大阻碍

障碍之一——消极

"今天又是无聊的一天。"

"无所谓吧，一切事情随意就好。"

"只要不失业就行，何必做那么认真？"

我们常常会听到年轻人这么议论。现在不少年轻人对待生活是一种得过且过的态度，更别提让他们去为了生活或者事业的进步争取什么。

作为年轻人，应该充满朝气与活力，与阳光并肩而行。在工作中，你要努力让肩膀因为任务的磨炼而变得更有力量。如果一个人能够振作起来，并且持之以恒，那么他的生活将会在不久实现质的突破。

世界上任何一件丰功伟业，都是属于那些有目标、有毅力、有抱负，性格坚毅的人。就像传世杰作从来都不会出自于懒散作画的人手中一样。对于一位流传千古的优秀诗人或者名著作家来说，如果他们每天只是在敷衍了事，又怎能在研究的领域有所建树呢？

豪勒斯·格里利先生曾经说，要想把工作事情做得完美，就需要你做个生气勃勃、目标明确、细心审慎的人，面向未来的路应该大步向前迈进。在这些人看来，每天的生活都是充满活力的，每天都是崭新的。他们每天都保持着积极乐观的态度，他们知道，每一天升起的太阳都是最珍贵的。

当音乐家奥利布尔拿起小提琴，主题乐曲总是能像阵阵花香一般沁润听众的心，他是如何获得成功，成为一代音乐大师的呢？其实，在他小时候，家境很贫寒，父亲激烈的反对声充斥着他的耳朵。但是他对小提琴太痴迷了，他太渴求能够获得学习小提琴的机会。最终，他那执着的信念和对生活积极期盼的心理，让他在追求梦想的路上粉碎了一切阻碍，成为举世闻名的大音乐家。

世界上很多人对于自己的潜力和才能并不了解。一旦遇到不得不负责的项目，他们总是想习惯性地逃避。

这些人在工作中懒散懈怠，一切有前途的事业，在他们的眼中，已经处于发展饱和的状态。这类年轻人对社会的期待变得十分冷漠。他们不想争做一流的人物，只想立身于社会，做一个普通人。其实这种想法很愚蠢，这样是把自己当成了一种不为人所需的人。

普通的人对于市场而言，就像是普通的商品，只有当一流的人才匮乏时，普通人才会有登上历史舞台的机会。但是用人单位总是想找到一流人才为自己的公司服务。

社会就是一场生存的博弈，社会中的失败者往往原因是多方面的。有的是因为受环境的影响，从小生活在不好的环境里，不自觉地就会沾染上坏习惯，有的缺乏良好的教育，或者没受过有效而完善的社会交往训练。

一个人只有依靠自己的努力奋斗，才能克服重重的困难，更好地实现目标。假如你得益于父母的帮助才获得一个职位，你肯定会觉得工作十分乏味，对工作自然产生不了太大的兴趣。如果你所拥有的一切事业上的成就，都不是通过自己的努力而得到的，那你做事的感觉一定很糟糕。重要的职位一定是才能卓越的人才能胜任的，所以在并非靠自己能力取得的位置上做事会逐步消磨你的耐性。

一位富商将自己一无是处的孩子安排在公司里担任要职。在他孩子手下做事的普通员工，如果都比孩子更加努力，更加具有丰富的经验，如果这个孩子又有自知之明，他又会怎么想呢？他一定会觉得羞愧万分。他自己心里也清楚，那么他只是因为父亲的缘故获得了这一切，而事实上，他的位置应该由一位在商界打拼多年、经验丰富的人来取代他。只要他能发现这点，就会觉得这特别有损于自己的尊严，在公司里也无法挺胸抬头。

财富与成功，只有凭借自己的努力来获取才有意义。如果不是因为自己过去的努力而获得的成绩，那么，即便这些成绩得到了，也没有任何意义。

障碍之二 —— 过于敏感

很多人一看见陌生人就想躲开，这是一种过于敏感的心理表现形式。这种过于敏感的心理阻碍了成功。

世界上很多人都是因为神经过敏而陷入困境之中。

我认识很多年轻人，有很多人受过高等教育，也有一份体面的职业。但是他们异常敏感，难以忍受来自别人的一句批评或者一句劝告，这样的心理导致他们没有办法发挥自身的潜能。这种人常会因为工作中一件微不足道的事情而悲痛欲绝。他们总是揣测办公室其他人的无意举动。可以想到，他们的工作效率和情绪都会受到极大的影响。

报纸上曾经刊登过这样一篇文章《因神经敏感走上不归路》：

> 一位家境富裕的女孩儿，生活无忧。自从她的父亲去世后，家中的光景便一落千丈。为了养家糊口，她不得不开始工作。在纽约的一家商行，她找到了一份速记员的工作。由于工作忙碌，她没有时间也没有多余的钱可以花在化妆打扮上。为了不让别人笑话，她处处躲着那些打扮时髦的同事。久而久之，她在同事们的眼中被看作是"怪人"。
>
> 有一天，一位男同事好奇地问："你为什么没想过打扮一下自己呢？"她听了以后心里顿时崩溃。自从这件事情以后，她神经过敏的情况越来越严重，最终丢了工作。心如死灰的她，在离职之后，以一瓶石碳酸结束了自己年轻的生命。

神经过敏的人就像含羞草一样，一接触，就会迅速收拢起来，这些人因此在事业上很难有所建树。

神经过敏的教师，当家长或者学生跟学校当局稍微有所质疑，或者社会中发出一些不和善的声音时，都会令他们坐立难安。

文人和作家也有因为神经过敏而受到折磨的。有一位评论家不仅神经过敏，而且很容易生气。在任何地方，他都没办法坚持长时间工作。只要别人对他的观点产生质疑，他就会觉得难以忍受。如果有人对他的工作提出建议，他就觉得受到了奇耻大辱。

还有很多学问很好的牧师，因为神经过敏，总觉得信中有人说自己的坏话，背后议论自己，所以很难静下心来工作。

再如教师、文人、作家等，这些人如果过于敏感，在工作中就会觉得特别煎熬。

神经过于敏感的人，会觉得其他人无时无刻不在关注着自己，似乎自己的一举一动都处于别人的监视之下。但实际情况是，他总在注意别人，别人从未注意过他。这种纠结的心理，很容易让人形成其他恶习，比如狂妄自大、矫揉造作等。神经过敏的人还经常自我欺骗，把琐碎的事情无条件放大，结果只会自寻烦恼，渐渐地，这就成了一种缺陷型性格。快乐和健康，也慢慢地随之远去。聪明人应该避免这个毛病，保持身心愉快、头脑清晰、打造并强大自己的内心，完善自己的人格。

在神经敏感的人中，一些人其实具有远大的抱负、良好的品格和广博的知识，如果他们能够克服掉过于敏感的毛病，必定可以成就一番伟大的事业。

治疗神经敏感需要一个过程，你可以试着走出封闭的空间，多与别人交往。要注意的是，在与别人交往的时候尽量把自己内心细微的感受搁置一旁，树立坚定的信心，学会尊重交往者身上的才能和学识，坚持这样做，就可以慢慢医治这一心理顽疾。

美国大主教华特里从前也有这种怯懦、敏感的性格缺陷。他每天都觉得别人在看他、注意他、议论他。因此，他特别苦恼。后来，他幡然醒悟，下定决心要改变这种状况。他不再去理会别人的评论，渐渐地，他的神经敏感就被治好了。要想医治神经敏感，必须要有坚定的信心和足够的耐心，要相信自己是一个诚实、能力强、守信用的人。这种自信心一旦形成，很容易克服胆怯、敏感、习惯猜忌、怀疑的毛病。

阻碍之三 —— 缺乏亲和力

店长通常不喜欢那些行为粗鲁或者一到店里就无精打采、惹是生非的员工，他们喜欢做事利索、充满朝气的人。所以，一个人即便拥有一身本领，学识渊博，才华过人，如果他性格古怪，为人刻薄，在事业方面，他的发展空间也是很有限的。

在年轻人的发展道路上，什么因素对他的未来会起到积极影响？那就是良好的气质、优雅的风度。风度翩翩的人，很容易让别人产生一种信任感，而性格古怪的人，会让人感受到冷酷和吹毛求疵，很难接近。

在业务拓展方面，往往是那些不容易引起注意的小事，会成为业务拓展的障碍。没有谦恭的品质，一味地狂妄自大，很难在行业领域中立足，因为这些不良的习性会让他变成一个没有魅力的失败者。

如果你渴望成功，你应该时刻对自己的习惯进行自省。把那些阻碍成功的劣习逐一克服，比如为人处世急躁刻薄、行事懒散无力等，这些习惯都有可能成为失败的元凶。

你应该将对成功不利的坏习惯记录下来，和自身加以对比，并且想方设法改正你身上出现的坏习惯。如果经过自省，你找到了自身存在的某些不良习惯，那么，你要做的不是逃避或者搪塞，而是勇敢承认、努力改正。只有这样才能让你收获更广阔的事业发展空间和生活乐趣。

障碍之四——萎靡不振

当你看到初升的太阳，心情是怎样的？积极乐观的人觉得凝聚了希望的一天又开始了，而萎靡不振的人会觉得阳光的到来会让人更加觉得无力瘫软。

"萎靡不振"是世界上最难治的一种毛病，它能使人完全陷入一种绝望的情绪，行动变得拖沓，身体变得软弱。年轻人一定不要跟颓废不堪、没有志气的人交往，一旦染上了这种坏习气，即使后来重新改过，他的生活和事业也必将受到很大的冲击。

一个萎靡不振、没有主见的人，想问题和做事情总是犹豫不决，所有的事情都被乱序排放或者搁置，最严重的是，他会逐渐变得更加优柔寡断，也更加不自信。

而那些意志坚强的人做事风格则通常可以当机立断，并且有很强的自信心，能够坚持己见。和这样的人相处，他会用这种精力充沛、处事果断的风格影响你。凡是认为自己正确的，这种人都会勇敢表达。他们对于自己充满自信，遇到坚信应该做的事情，就会努力为之。

作品《小领袖》中描写了一个做事优柔寡断的人。这个人从小就想将附近的一株挡住通道的树砍掉，但是他一直迟疑不决。随着时间的推移，那株树渐渐长大，他也已经两鬓斑白。还有一位艺术家，他一直对朋友们说，要画一幅圣母玛利亚的像，但是他并没有付诸行动，而是每天在脑子里构思那幅画的布局和配色，最终，其他事情被他荒废，这幅画也没有问世。

要想给别人留下好的印象，万不可优柔寡断，和人交往时也不能低头丧气。这样的人很难获得别人的信任，更别提走向成功了。最终他们只能做生存竞技场上的失败者。而精神振奋、踏实肯干、活力四射、信念坚定的人才能在他人心中树立良好的形象，找到人生的前进方向。

那些在城市街头居无定所、四处漂泊的人，在社会的竞争中都是失败者，他们的对手就是那些有决心、有魄力的人。因为他们没有精神劲儿，没有坚强的意志力，所以，他们必然前途黑暗。现在的状况又让他们失去了重新崛起的勇气，似乎他们唯一的出路就是到处漂泊、四海为家了。

年轻人最容易犯的错误就是没有勇气，一味颓废，最后只能自暴自弃。从此，他们不再有计划，不再有目标，心中满是绝望和凄凉。如果你想劝他重新振作，这一过程会无比艰辛。因为刚刚踏入社会的青年身上保留有朝气蓬勃的热血精神，他们容易接受别人的良性建议。而要想改变屡遭失败、意志消沉的人的思考方式和情绪状态则难于上青天。他们失去了对生活的希望，丧失了重新振作的精神和力量。

这些可怜的人如果可以触底反击，深刻反省，再加上合理的目标和坚定的信念，持之以恒，他们的前途仍然充满光明。只有坚强的意志、持久的忍耐力和直挂云帆济沧海的魄力才能将他们从泥潭中拯救出来。

障碍之五 —— 意志力薄弱

当人们情绪低落的时候，面对问题，往往会走入歧途。这时候，应该避免处理重要的问题，更不要对决定自己人生走向的大事做判断。

情绪低落、需要抚慰的时候，是人们精神创伤最明显的时候，这时人们也最为脆弱。女孩子们内心极度悲伤的时候，可能会决定下嫁一个自己根本不爱的陌生男人。

还有一些人会想到自杀，其实他们不是不知道，可以从痛苦中解脱出来。但是他们身体和心灵上的巨大煎熬，会让他们失去理智，做出不正确的判断。

男人们在事业受挫的时候，是最不理智的时候，可能会因为低迷的状态而错失原本很有前景的项目。

事业不顺，所有人都会认为这件事情成功的概率很小，没有必要再坚持下去的时候，这个人却丝毫不动摇。这份坚持不懈的魅力背后，展现的是他过人的毅力。

当一个人虽然在绝望和沮丧的时候，坚持做一个理性、乐观的人很难，但是这样才能方显成功者的风采。

一些年轻的艺术家、作家、商人，他们在事业中一旦遇到困难，特别容易产生想要放弃的情绪，最后对新的职业也失去了兴趣。到头来落得两手空空，空留叹息。

面对挫折，懦夫会说："这件事情再做下去也不会有任何成效，还是回家享清福吧！"这种观念会动摇一些年轻人的心，稍有挫折就会想到放弃。

有一些年轻人一遇到挫折就想放弃一切回到家里。很多学医的年轻人，因为觉得解剖学和化学很辛苦，都不喜欢实验室里的环境，于是就回到家里。完全埋藏了自己白衣天使的梦想。一些年轻人去学法律，当学习到最艰难的部分时，就会丧失信心，辍学回家。有的年轻人走出国门，回家之后，又因为自己的意志动摇而后悔不已。

那些放弃了工作返回家里的人，想要回到自己以前那么努力的环境里。他们不知道的是，只要坚持一下，就会可以赢得胜利。

一个人要想成功，就必须做到：别人放弃的时候，自己要坚持到底；别人后退时，自己应该义无反顾地向前冲。

"少壮不努力，老大徒伤悲。"生活中很多人临近暮年，方知后悔，早知道老年会因为年轻未曾努力拼搏而后悔万分，不如在年轻时遇到挫折后坚持反思、创新、奋勇前进。

无论前途怎样暗淡无光，心情怎样低落，当你对重大事情进行判断时，一定要保持清晰的头脑和积极乐观的态度。不以鲁莽行后悔之事，不以心灰意冷造遗憾之果。你要清楚地知道，一时决断失误，造成的不良影响可能是具有连续性的，会对你的生活、工作造成雪上加霜的损害。

振作起来，唯有清晰的思维和凝神聚气的精神才是将你从低谷拯救出来的最好良方。

阻碍之六——优柔寡断

随着经济和科技的发展，如今的社会上，那些具有巨大创造力的人、有非凡经营能力的人常备受青睐。他们在行业领域中具有独创性、钻研性，善于管理和分析，用自身能量维系着人类的希望，推动着人类社会的发展。

有些人只知道因循守旧，习惯于听从于别人的命令做一些安排妥当的事情。有的事情明明已经计划周详了，一些人仍旧前怕狼后怕虎，畏首畏尾不敢行动。最后，越来越多的想法积攒于头脑中，最终精力耗散，却毫无任何行动成果。所以，尽快抛弃那种迟疑不决，左右思量的坏习惯吧！这种习惯会让你丧失战斗力，白白消耗你的精力。

渴望成功的年轻人，在工作中处理事情时，应该先对事情的各个方面进行仔细地分析思考，对事情本身的环境加以正确的判断，然后再做出决定。一旦做出决定，就不要再纠结和疑惑，也不要想对别人指手画脚。即便遇到困难和阻碍，甚至出现一些失误，也不能动摇你的决心。你只需要集中注意力，全力以赴去实践就可以了。做事过程中难免会出现失误，不要因此灰心丧气。所有的错误都是经验，所有的挫折都是财富。如果这时候反复思量，心存疑虑，无异于将成功的果实拱手让人。

缺乏判断力和决断力的人，往往在纠结、疑虑的过程中耗费了大部分精力，即便开始做一件事情，最后也不能善终。他们一生的精力和时间都用在了徘徊的路途中，而不是奋斗的过程里。即便拥有一切获得成功的条件，他们也不会真正获得成功。

成功者应该当机立断，把握良机。前提是对事情制定周密计划，并且具有强大的行动力。只有这样，才能在处理问题时驾轻就熟。

有的人最终也无法成功，就是因为他们的决断力太差，他们好像没有独立自主的能力，必须依靠别人才能完成任务。遇到一点微不足道的事情，他们都不能解决，脑子中一片空白。越是这种时候，商量只能让人拿不定主意。

在造船厂里有非常大的机器，它总是能轻而易举地将本来是被废弃掉的钢材压成钢板。那些有着出众处事能力的人，就如同这台机器，善于将零碎的材料整合，并且能敏捷、高效地完成难题。

目标明确、胸有成竹的人在做决定之前，会仔细考察，然后制定出可行性的计划，并立刻执行。这就如同作战之前的将军，会仔细研究情况，制定战略，拟定方案、发动进攻。除非他遇到了比自己能力、见识都厉害的人，否则他绝对不会将自己的计划跟别人反复商量。

英国的基钦纳将军曾经是一个沉默寡言、态度严肃的军人。在战斗中，他以威猛如狮的气势让敌人闻风丧胆。他有个习惯，一旦制定好了计划，就不会轻易改动。在南非战争中，他率领驻军出发时，除了他和他的参谋长之外，谁也不知道部队的目的地是哪儿。

基钦纳只告诉部下们，他需要预备一辆货车、一队卫士以及一批士兵。除此之外，基钦纳不动声色，甚至没有通知沿线各地。战争开始后，有一天早晨六点，将军突然出现在了卡波城。在一家旅馆内，通过查看这家旅馆的登记名单，他发现了几个熟悉人的名字，他们本应该在值夜班。他走进那些违反规定的军官的房间，一言不发地递给他们一张纸条。只见纸条上赫然写着："今日上午十点，专车赶往前线；下午四点，乘船返回。"任凭军官们想说什么、解释也没有用了。一张小纸条，一下子严肃了军纪。

基钦纳将军就是这样，无论遇到什么事情，都可以沉着冷静地面对。当做事专心时，有利于打开思路，就可以抓住机会并且充分利用，而诚恳的态度和自信心会让你收益无穷。

阻碍之七——心有旁骛

歌德曾说："你应该站在你最适合的地方。"这句话送给那些心有旁骛的人再合适不过。

"及时当勉励，岁月不待人"，每个人都应该珍惜时间。年轻人刚踏入社会之初，浑身充满干劲儿。你应该将这些干劲儿用在正途上。无论从事什么职业，都要努力经营、勤勉工作。如果可以坚持下去，这种习惯一定会带给你意想不到的收益。

有一次，一位青年朋友写信给我说，他对法律特别感兴趣，准备认真研究，但是在此之前，他却准备先做另一件事情。这种怀揣着一个希望，却把劲儿用在其他地方的习惯非常不好，这无异于在耽误前程！有很大一部分人每天都在干与他们兴趣不合的事情。他们总寄希望于天上掉下来好机会，但是明日复明日，明日何其多。当弥足珍贵的青春岁月都被稀里糊涂地浪费完之后，再想学习新技能，为时已经晚了。

精神上的慢性自杀就是指这种一再拖延，因循苟且的惰性。青年通常会把事业当作是一件简单的事情，以为每天得过且过就可以了。他们不知道，经验是需要日积月累的，随着时间的推移，经验积累的越多，你在工作中就更能游刃有余。所以，你应该将全部精力集中于一项事业上，时刻努力着。

你在一项工作上花费的时间和精力越多，获得的经验也就越多，做起事情来也更加得心应手。

世界上最大的浪费就是对时间和精力的浪费，东一榔头，西一棒槌地毫无目标的投入。无论是谁，如果在年富力强时没有养成集中精力的好习惯，那么他以后一定不会有什么大的成就。

人的时间有限，能力有限，所能把握的资源也有限。成为全才这种设想一般来说难度太大，还不如专攻一方面，成为一名专才。

在这方面，蚂蚁是我们的好榜样。它们齐心协力地抬运食物，有的推着食物，有的拖着食物，一路上不管遇到什么困难，要翻多少跟头，都不言放弃，竭尽全力地将食物搬回巢穴。这就告诉我们：想要有收获，就应该永不放弃。

聪明人懂得每次只要下定了决心就会把精力集中于一件事情上，只有这样才能达到目标。聪明人只有依靠不屈不挠的意志、百折不挠的决心以及持之以恒的定力，才能在激烈的竞争中得以获胜。

有经验的花匠常常将很多快要绽开的花蕾剪去，这其实就是一种经营的智慧。与其让所有养分平均分散给大量的花朵，不如将养分集中在其余的少数花朵上面，等到花蕾绽放的时候，才会形成争奇斗艳的妙景。

经营事业就像园丁培植花木一样，年轻人通常会将精力分散在很多毫无意义的事情上，其实这样做很不明智。应该看准一项适合自己的事业，集中所有的精力，埋头苦干，全力以赴，随时随地弥补自己的缺点和不足，将事情尽量做得完美无憾。

为了在竞争激烈的社会浪潮中获得一番成绩，我们必须静下心来，专心致志，这样才能做有所获，做出一番成绩。如果你想成为一个能力出众的人，就一定要清除掉头脑中那些杂乱无章的念头。

世界上很多人之所以失败了，主要是因为他们精力不集中，不能全力以赴做适合的工作，而不是能力不够。他们在无聊的事情上耗费自己的精力，但是自己却从来没有意识到这个问题。如果抛开那些没必要耗费精力的事情，将生命中的养料都集中到事业上，那么他的事业一定能够结出硕果。

有专业技能的人随时随地都在这方面下苦功夫，追求进步，随时都在弥补自己的缺点和不足。他们想把事情做得完美，但是行动力却与理想不符。拥有一项专业的技能，远比拥有十种想法更有价值。想要抓住一切的人，往往最后什么事情都做不好，什么事情都做不精。

现代社会竞争越发激烈，因此，我们对待自己的工作必须全力以赴，这样才能增加成功的概率。

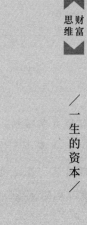

第三章

·

可以借鉴的成功致富经

贫穷的环境并不可怕，一蹶不振才是最可怕的事情。你能做的，就是整理着装，在逆境中艰苦奋斗，实现人生的逆袭。

可以借鉴的
成功致富经

以贫穷为动力

逆境常常出人才，而优越的环境常让人迷失。曾经有人问一位伟大的艺术家，那位跟他学画画的年轻人能否将来也有做伟大艺术家的潜质，他矢口否认："他？绝对不可能，因为他每年有六千英镑的收入呢。"

人们总想摆脱贫穷的环境，唯一的方法就是努力拼搏，奋力从艰苦的环境中摆脱出来。如果人类出生时就衣食无忧，不需要为日常生活所担忧，那么直到今天，人类可能还处于原始的状态，人类文明可能还止步于幼稚的童年时代。

安德鲁·卡耐基认为，富家子弟的优越生活，折射出来的是这些人对于金钱的痴迷。温室里培育的花朵，无法跟寒风中傲然绽放的红梅相比。同样，优越环境中成长起来的孩子不如那些出身贫苦的孩子。虽然贫苦孩子可能上不起学，一旦他们具备了成功的条件，必将做出惊人的事业。

美国历史上那些发明家、商人、政治家、外交家等，大部分都是出自贫寒家庭。他们顶着巨大的生活压力，顽强奋斗，最终获得了事业上的成功。

很多来自其他国家的外国移民一开始不懂英文，但是他们却通过自己的努力奋斗得到了伟大的荣誉，创造了财富，建立了自己的家园。这些成就足以让那些出身优越的人自愧不如。

贪图享乐，好逸恶劳的人往往会成为生活的失败者。艰苦环境中走出来的人，就像森林中的树一样，经历了暴风雨之后反而长得高大挺拔，而温室中的花朵却经不起任何考验，最后只能凋落。养尊处优的年轻人没有成就一番事业的动力，最容易虚度年华，那么久而久之，其人生价值将难以实现。

虽然贫穷可以束缚人生，但也可以激发人的潜能，并且让人积蓄力量。

曾经两度出任美国总统的格鲁夫·克利夫兰，曾经只是个年薪 50 英镑的穷苦店员。据他回忆，在那段贫穷的日子里，他每天都在思考如何摆脱困境，即便是在最艰苦的时候，也没有放弃对未来的希望。

家庭条件优越的青年人不需要奋斗便可以拥有一切，很少有为自己奋斗一辈子的想法。实际上，人们努力工作固然需要满足自己的生活、生存环境，但更重要的是，在奋斗过程中实现自己的人生价值。

> 曾经有一项针对年轻人的调查：你是如何看待努力工作的？一位家庭贫穷的年轻人说："我生活本无依无靠，想要解决温饱问题，唯有努力工作。"除了努力工作，他没有第二种选择。一位生活优越的年轻人则回答："我已经拥有了享用一生的财富，何必再去奋斗呢？"

上帝总是对那些积极进取的青年人偏爱有加，他们不但会在社会工作中获得丰厚的资产和优越的地位，还拥有高尚的人格。而那些生活优越、不知进取的青年只能在平庸的生活中继续游手好闲，荒废时光。

每个人都可以在经验这所大学中平等地接受严格的训练，以此来获得工作的技能。机会对每个人都是平等的。那些在逆境中用力实现涅槃之人，绝对不会永远穷困下去，因为上帝一定会回报以巨大的成就。

苦难是人生中最好的学校

有两个强盗看到了一座绞刑架。一个强盗说："如果没有这个绞刑架，我们的职业该多么美好。"另一个听了以后大声骂道："笨蛋，如果没有这个绞刑架，我们就颗粒无收了！人人都能当强盗，我们只能喝西北风了。"

庸碌胆小的人无论处于何种境况，总会被吓退。斯潘琴说："经历过苦难的磨炼，生命才得以被赋予伟大的意义。"人的杰出才能是在艰难困苦中磨炼出来的。

经过暴风雨的摧残，树木会越长越挺拔，苦难的磨炼会让人内心变得更加坚韧。人们在承受各种痛苦、折磨的同时，自身的综合素质包括心理素质，也会获得锻炼与提高。

在克里米亚的一次战争中，一座美丽的花园遭到炮火的袭击，可是令人们没想到的是，在那个弹坑里却涌出来了一股清泉竟然成为一处景观。新的希望往往会诞生于巨大的挫折之后。人们等到穷途末路的时候，才发觉自己的潜力。困难与挫折就像是凿子和锤子，将生命的纹路雕刻得越发魅力。

人们在苦难之中往往能够认清楚自己的潜力，从而爆发出史无前例的力量。一位著名的科学家说过，智慧的人会从巨大的失败中收获新的发现。

从失败中获得的潜力，能引导人们获得成功。有勇气的人，如同河蚌将泥沙当作孕育珍珠的最佳温床一样，将逆境当作是顺境。

为了训练刚会飞翔的雏鹰，老鹰会狠心地将它们赶出巢穴。没有这种狠心的训练，雏鹰无法熟练地掌握追逐猎物的能力，也无法成为百鸟之王。就像钻石的闪耀夺目是藏在无数打磨之下，人们坚毅果敢的样子，也隐藏在苦难的雕琢背后。

外界的刺激，可以激发人体内的巨大力量。

塞万提斯在监狱里创作了著作《堂吉诃德》，当时他连稿纸都买不起，只有一小块皮革。有人劝一位富翁去资助他，富翁说："上帝不让我去救济他，因为贫穷会激发他内心的潜能。"

但丁被判死刑，在被流放的二十年中，不知疲倦地坚持工作；约瑟在地坑和暗牢里受尽非人的折磨，后来登上了埃及宰相之位；马丁·路德被监禁在华脱堡时，排除万难，完成了《圣经》德文翻译本。

受尽异族压迫的犹太人回报以世界馨香，他们创作出了最美的诗歌与最智慧的箴言。不断的压迫给了他们繁荣的滋养，他们将苦难视为快乐的种子。

席勒身患疾病，却写出了最美的词律；贝多芬两耳失聪，却创作出了伟大的乐章；弥尔顿双眼失明却写出了不朽的《失乐园》。

苦难，是生活给予人们的另一种形式的馈赠，只有在逆境中挺直脊梁的人才能真正掌控自己的命运！

自信心最可贵

自信心对于一个人的成功有关键性的作用，它比金钱资助和亲人的帮助更重要。人们克服困难、成就事业也离不开自信心。

有些人一旦发现自己在哪方面总是做不好，就容易丧失继续奋斗的动力，认为自己再努力也不会有什么结果。这是很多人都有的一种通病。但是另外一种人和普通人不一样，他们知道自己没什么特别的地方，但是他们最后却成功地完成了各项任务。这就是因为他们的自信心更胜别人一筹，并且以此为动力努力奋斗，最终取得胜利。如果不尝试，你有多少潜能你自己根本不知道。

每个人其实与生俱来都有一定的独立能力。但是在现实生活中，只有少数人能够独立自主的生活。这是因为让他们习惯于依赖别人，比自己行动要轻松很多。一个人只要养成了这种习惯，就会逐渐丧失奋发向上的动力。

有些人会给子女留下巨额的财富，想让子女在生活、工作中更轻松一些。他们不知道，他们留给孩子的不是幸福，而是危机。青年人应该有独立自主的能力。可悲的是，很多年轻人已经养成了依赖别人的习惯。他们不愿意离开家人的帮助，不愿意去独立生活。但是我们应该明白：真正能够帮助我们的是我们自己，不是别人；是独立自主，而不是懒惰依赖。

人们只有改掉依赖别人的习惯，自己去独立完成事情，才能逐渐走向成功。打开成功之门的钥匙和获得成功的基础是独立自主。

那些努力拼搏的人，在困境中可以充分发掘自己的潜力。在困难来袭、生活工作即将遭受变故的关键时刻，彰显出非凡的控制能力。

那些努力奋斗的人，往往都是在逆境中成长起来，最终成功的。

当你开始独立自主时，也就意味着你已经找到了通往成功的方向。发展自己潜力的重要因素就是放弃依赖别人的思想，自立自强。

在狂风暴雨将要把船只摧毁的关键时刻，才是显现舵手水平的关键时刻。作为船只的导航者，舵手是否拥有经验和超越常人的心理、身体素质，风平浪静时是无法判断的，只有在危急时刻才能显现出来。

别人对你进行资金资助，更多时候会使你觉得颓废不安。

实际上，真正的好朋友，绝对不是那些直接向你提供资金援助的人，而是那些鼓励你独立自主的人。

人们在自己的工作岗位中独立自主，会带来莫大的满足感。身体健康、习惯于依赖别人的人，一定会觉得失去了什么。

怯懦不自信的人，不敢做自己想做的事情。这会导致很多人一辈子碌碌无为。他们不善于表达自己的观点和看法，永远无法成就大事。人生中最大的耻辱，就是不善于表达自己的意愿，不愿意表现自己的潜能。让自己变得自信起来吧！朝着目标奋斗，一定会取得好成绩！

善待挫折

人类有几种本性十分隐秘，除非遭到巨大的打击和刺激，否则永远都埋在最深层，不会显露出来。但是每当人们受到讥讽、凌辱和欺侮的时候，体内就会涌现出一种新的力量，被赋予前所未有的勇气去做从前做不了的事。

马塞纳是拿破仑的一员大将，平时总是少言寡语。但是每当他看到战场上遍体鳞伤的尸体时，就会爆发出内在的"狮性"，打起仗来就会像猛兽一般。

艰难的处境和失望到谷底的境地，在历史上造就了无数的伟人。巨大的危机和事变，往往会让人们脱颖而出。

我曾和一位商场中的成功人士聊起"挫折"这个话题。他一生中获得的每一次成功，都离不开挫折和苦难的助力。他觉得，脚踏实地，克服各种挫折，从努力中收获成就，才能够给人以巨大的满足感。所以现在面对一些轻而易举得来的成功，反而没有那么高兴了。这位商人不喜欢做容易的项目，因为这不能让他振奋精神，无法充分发挥他的潜力。

有一位自幼家境贫寒的年轻人，在四年大学生涯中，他褴褛的衣衫常常被那些家境富裕的同学嘲笑。但是他不为所动，而是一直坚信要做一个伟大的人。后来，这个年轻人埋头苦干，果然取得了卓越的成就。那时的一切嘲讽，都成为他成功路上为其庆祝的礼炮。

今天，很多成功人士都把自己取得的成就归功于生活中的挫折和个体的缺陷。如果没有那些挫折和缺陷的刺激，他们只能发挥出 25% 的潜能，而要激发出剩余 75% 的才能，则离不开困难的磨炼。

历史上有无数这样的例子，往往那些能在学业和事业中做出意想不到的成绩来的女子，都是一些相貌普通，甚至长相丑陋的人。养成可贵的品格，形成独特的个人魅力，这可以看作是对其外形的一种弥补。

英国有一个人一出生就没有手和脚，但在生活中却可以像正常人一样行动。有一个人因为好奇，特意去拜访他。没想到，那个英国人得体的谈吐举止，敏锐的思维，竟让来访客人完全忘掉了他是个残疾人。

很多人做梦也没想到，自己的身体里面竟然蕴藏着这么大的能量，有的人甚至到死都没有发现。

当然，也不是人人经历挫折和困难的刺激后都可以焕发出全新的自己，所以在经历了挫折和困难的刺激后，世界上真正能发现"自己"，把自己全部的能量发挥出来的人是极少数的。

加强自我修养

世界上很多人才华并不出众，但是他们却凭借良好的态度让事情总是可以完成得很顺利。著名金融家乔治·皮博笛先生曾经任职于一家商店。有一回，一位老妇人来这家商店买东西，但是却没有买到合适的东西。皮博笛先生很和善地向老妇人表达了歉意，然后他又特意带着那位老妇人去别的商店选购，最后终于让她满意而归。后来的日子里，老妇人为此一直很感激皮博笛先生。临死前，老妇人专门列了一条遗嘱：要专门报答皮博笛先生。

向往成功的年轻人所必备的重要素质是诚实和自信，但是想要获得成功仅有这些还不够，还需要良好的态度这一重要的资本。良好的态度可以为你赢得良好的第一印象。一个言行粗鄙的人不可能给别人留下好印象，只能让别人更加反感，更别提在工作中获得别人的信任了。只要他态度良好，友善待人，哪怕是一个长相普通，甚至有点残疾的人，也会在竞争中脱颖而出。

我的一位朋友年轻时生活很拮据，好不容易凑钱在农村开起了一家小杂货店。店铺开张后，他态度谦和，待人和善，为每一位顾客都提供贴心的服务，对每一位顾客的兴趣和要求都了如指掌。后来他名声大噪，连离他商店很远的村民也来找他买东西。随着店铺的规模越来越大，他开起了多家连锁店。

我也见过几家原本生意不错的商店，因为辞退了一些态度好的店员，而使生意大受影响。

一些经营规模很大的商店，因为老板雇用了很多态度友善的店员，所以商店的声誉不断变好。法国巴黎一家公司，就是以店员服务态度好而著称。纽约也有两家类似的百货公司，都是以店员服务态度好而闻名。

很多人因为自幼缺乏良好的教育，在很多事情上都表现得野蛮无礼，这些人如果不改正自己的缺点，做什么事情都不会顺利的。

如果一个人从小就接受关于为人处世的教育，长大之后自然就会拥有良好的态度。优秀的品格和良好的态度在通往成功的道路上可以激发你的潜力。拥有这些特质的人更容易成功。那些家财万贯却性格、态度古怪的人，跟态度和善、学识渊博的人相比，差距显而易见。

如果每个人都从小接受良好的接人待物的教育，待人谦和，那么置身于这样的社会中，会游刃有余得多。那样的话，无论走到哪里，遇见谁，我们都会感到这个社会充满愉悦和快乐。

财富之路的基石

不用费尽心思寻找，你的资本就在你的身上。

就像盖房屋必须先画图纸，修铁路需要先把建筑材料准备齐全，雕刻需要先在石头上大致勾勒纹路，要想做成一番事业，必须要有一笔资本。

没有什么事情是一蹴而就的，成就杰出事业的人，大都在年轻时就播下了成功的种子，然后才收获了一生美满的果实。

年轻人千万不能急功近利，机会只留给有准备的人。你应该先储备学问与经验，积累将来成功的资本。与以往情况不同的是，如今社会上最具有竞争力的资源，是专业和品质过硬的人才。

汉密尔顿曾经说过："训练有素的人是这个时代最珍贵的人才。"的确，以前美国缺少各类工作人员，任何人不需要接受高等学校的教育，只要你品行端正，做事有条理，很容易就可以获得一份工作，但是现在情况大不相同。

也许因为家境贫寒，你无法到高等学校去学习，但是你是可以抽出哪怕一个小时的时间投入到学习中。坚持每天去专攻一门学科，长此以往，你会发现自己积累了大量的知识。

什么样的年轻人前途一定是光明的？那当然是注重生活品质，努力提高自己学识，不浪费空闲时间的人。不仅如此，这类年轻人还每天关注时事政治与社会问题，做事情时具有很强的行动力，总能保持乐观积极的心态。

但是我们身边也不乏这样的人，他们体格健壮，受过良好的教育，也有处理工作中各类事情的经验，但是他们在事业和生活中却未有起色。追根求源，就是他们年轻时不肯努力求知，到了处理的困难时，才觉得手忙脚乱。

我也跟一些中年人交流过，虽然他们如今积累了可观的财富，但是由于知识贫乏，无法取得更大的突破，甚至错失了一些晋升的工作机会。这是多么令人遗憾啊！

最可怜的是哪些人呢？是那些年轻时不学无术，年龄大了以后求学无门的人，他们没有较好的经济条件，甚至可以说生活上是捉襟见肘，他们没有志趣和自信心，他们的人生不能不说是乏味可惜的。

"书到用时方恨少"，我们必须有意识地积累经验和知识，这些才是我们在危急关头的救命稻草。

比如一个商人，若要想成为出色的商人，他就不能止步于现状。和其他普通商人一样，而是他必须做好充足的准备，学习高超的经商本领，这样才能拓展业务，或者应付萧条的经济状况。又比如，一个建筑师在平常的工作中只需要用到一部分知识，就足以把手头的工作完成，但是遇到进击的突发情况，就需要用到他所有的技能、学识和经验了。而他在过去所积累的可以在短时间内汇聚成一股力量，显示出强大的威力。

别人可以从你的性格和工作效率上窥探，你体内到底有多大力量。周围人也会给你的能力定下等级。但是积累了这些力量，你就一定可以获得成功吗？

迈克尔·安杰罗先生曾经去看望他的一个画家朋友勒菲尔，不巧，勒菲尔外出不在。安杰罗先生为了表示对朋友工作的赞扬和鼓励，便在画布上写下了"了不起"三个大字。勒菲尔回家后看到这几个字兴奋不已，并在心里暗暗给自己加油。

我希望你也可以铭记"了不起"这三个字，最好将它写出来挂在你办公或者休息的地方，时常默诵。通过这种自我鼓励的方式，激发起你内心的潜能。

你获得成功的最大阻碍，就是业务上没有任何进展。当你刚离开学校时，或许心中怀揣有巨大的梦想，打算勤学苦读求得一番成绩；又或者，你准备全力以赴冲击事业上的新成功；或者建立一个温馨舒适的家庭；或者准备拥有一种令人羡慕的社交生活。可是，等你真正踏入社会以后，你很难在诱惑面前还保持一颗坚韧的心，也没有办法安定于手头的工作。诱惑会让你在风潮的漩涡中迷失自己。当你对自己的职业和工作失去了兴趣，那么你的人生也就走到了尽头。人生原本拥有的一切快乐、幸福、舒适都会离你而去。除非你可以觉醒，重新来过，否则虽然岁月积淀，但是见识和才能并不会随之增长，反而会日渐减少，那么你剩下来的岁月只能变得惨淡而无趣。

立即行动起来吧！给予自己无穷的力量，这才是别人难以企及的、专属你的财富！不要把一天、一个小时甚至是一分钟随意浪费在没有意义的事情上，要在知识、经验、头脑上时刻追求进步。一个有真才实学的人，不用担心运气不济，也不用惧怕前方的艰难困苦。如果你在慢慢累积知识、经验，那么即使你遭遇到了经济上的危机，即便是工作中并没有惊人的财富和高额的薪水，老板仍然会重视你、尊重你，因为你拥有别人难以企及的财富！

贫寒成就伟人

英国一位著名的作家，在游历美国时发现了这样一个现象，美国的很多伟人都出身于贫苦的农村。林肯、加菲尔德、克莱门斯、沃纳梅克、克鲁斯·菲尔德、洛克菲勒、比彻、爱迪生和威斯汀豪斯等，无一不是从贫苦农村中走出来的名人或者领袖。

著名律师韦伯斯特在美国西部旅行时遇到一个当地人，与其聊天的过程中，韦伯斯特发现当地人一直在夸耀他们地区的特产如何丰富。

"那你们的特产到底是什么？"当地人问。

韦伯斯特自豪地说："我们的特产是'人才'！"

美国历届总统大部分都出生于农村。温盖特曾说："在农村长大的人在很多方面都比在都市出生的人厉害。这是个很奇怪的现象。堂堂纽约城，竟然出不了几个名人。伦敦、巴黎、柏林这样的大城市也有类似的情况发生。"

一位作家曾经针对这个问题做过一次有趣的统计，在他调研的 40 位著名成功人士中，出身于农村的就有 22 位。很有意思的是，这 40 位成功者平均从 16 岁开始就去城市中找工作了。

可以说，城市的繁荣离不开那些涌入的身体健壮、忠厚老实、气魄非凡的乡村居民。

农村的孩子要比城市的孩子幸福得多。田野乡间充满了清新的空气，人们生活得惬意而舒适。农村的孩子们有着结实的肌肉，他们在农活中锻炼了身体，也训练了自己的双手和头脑。虽然没有完备的工具，也没有正式的训练，但是他们凭借经验，也可以熟练修理机件，他们在农村的生活中逐渐积累如何利用、开发大自然这一宝库的技能。

淳朴的性格也在农村的生活中逐渐形成，四季景象的变迁似乎在告诉人们做人的意义和生命的伟大。在农村，孩子们在日常生活中所接触到的一切事物，都仿佛是打开知识大门的钥匙。农村生活带给了他们知识、智慧、品格和身体素质，这些都是他们将来成就伟大的重要原因。

面对农村贫困的处境，每一个孩子都对更美好的生活充满向往，所以他们才会满怀希望，希望有朝一日可以到城市中寻求更多的机遇和荣耀。大都市在他们看来，是成功的海洋。世界上很多人都是因为经历过早年的农村生活，才成就伟大的事业。

著名的牧师、市政改革家派克斯特先生对于农村和青年人成长之间的关系是这样理解的：他认为农村的年轻人可以尽量在家乡找一份好的工作，在农村的发展前途不一定比城市小。通常情况下，人们去城市的目的是盈利，如果他们只是机械地盈利，那么对于一个人来说是毫无意义的，所谓城市不过是悲剧、诱惑、犯罪的集中地，猛烈的市场竞争情况越来越恶化。

著名主教认为人们应该理性看待来城市谋取职业的行为，在城市中不乏高素质的专业人士，要想在这里出人头地并非易事。有些人为了达到目标，甚至在无限制的加班中消耗了自身的精力和工作的兴趣。

城市的生活、工作节奏都比较快，如果自制力不强，没有坚强的信念，找不到适合自己发展的职业方向，很难在繁华的城市生活中保持理智，还有可能将自己淹没在城市的高强度工作节奏中。

所以，面对社会生活的发展，农村中的年轻人万不可急躁和迷茫，应该努力锻炼自己的头脑和双手，积累自己的内在资本，一旦有了机会，便可以大展身手。

像林肯那样，当你身边是森林，你只需要用心积累，不断攀登；当你身边是繁华，你只需要下定决心，全力以赴。让踏实和无畏成就最精彩的自己！

走出穷困的秘诀

穷困是一种不正常的状态，没有人会喜欢。穷困是社会中一种病态的状态，是千百年来不良思想、不良环境及生活遗留的后遗症。我们会发现，只要努力做事，获得成功，自然能走出穷困。

令人惋惜的是，很多人想摆脱穷困，却不想花费力气。假如这世界上所有穷困潦倒的人，都敢于从困境中奋力站起来，朝着自己心中的美好理想前进，不用多久，穷困的境地就会被他打破。其实，很多时候，懒惰是引起贫困的首要因素。懒惰的人不仅常常浪费，而且大多不勤奋。贪图享乐、投机取巧、习惯依赖别人等，都是懒惰者身上最明显的特质。

如果有人决定要摆脱穷困，就应该从各个方面去努力，首先从衣着、面容、态度等方面开始做起，彻底清除穷困的痕迹。其次，还应该充分发挥自己的才能，无论发生什么事情都无法动摇你的决心。只有这样，才能充分发掘自己的潜能，最终摆脱穷困，走向成功。

事实上，我们的身上有很多品格与穷困不相符合，比如勇敢、自信。有些人虽然身处困境，但是依然顽强拼搏，与命运勇敢抗争，最终走向成功。如果一个人失去自信，又胆小怯懦，甘愿过穷困的生活，那么他很难有所作为。

如果你安于穷困，不思进取，完全没有动心思来改变自己的状态，你怎么可能进步呢？想必只能在穷困中度过一生。

有一个美国的名牌大学毕业生，完全依赖于父亲每周提供给他的生活费。他虽然尝试过很多工作，但是一事无成。他对自己没有信心，不相信自己会事业有成。

这就属于一种认为贫富由天定的心理，这是很消极的状态。

其实穷困并不可怕，可怕的是失去斗志和信念，甘愿被命运左右。如果你周围一片黑暗，看不到未来，那么你应该扭转方向，走向有阳光的方向。

每个人都有争取美满人生的权利。在这个世界上，我们应该相信自己的潜能，努力去争取最好的结果。面朝大海，奋勇前行，走出穷困。

第四章

·

安贫知进取

人们对生活常有美好的期待，比如成家立业、生活富足、事业有成等。为了激发自己做出最大的努力，我们需要对自己的前途树立美好的期待。

安贫知进取

激发自己的潜能

约翰·费尔德的儿子马歇尔近来一直在戴维斯的小店里帮忙，边工作，边学习做生意。

面对约翰·费尔德对于儿子做生意潜能的询问，戴维斯深思之后回答："约翰，咱们是多年的老朋友，为了让你有准确的判断，以后不会后悔，有话我就直说了。我很喜欢你的儿子马歇尔，他善良稳重，待人真诚。但是我看一眼就知道，即使他跟着我学习再久，他也成不了优秀的商人。这么说吧，他不适合做生意。你还是把他带回乡下养牛吧！"

如果马歇尔还留在戴维斯的店里，估计他以后也不会闯出什么名堂。其实是因为戴维斯店铺的环境不能激发他的潜能，并不是因为他没有做生意的天赋。后来，他们一家来到了芝加哥，看到很多穷苦人家的孩子都做出了惊人的事业，一下子又点燃了马歇尔内心里对于做大商人的梦想。他问自己："别人能做一番事业，为什么我不可以？"

通常，人的才能与源泉——天赋，是难以改变的。实际上，大多数人的志气和才能都"深藏不露"，需要依靠外界的刺激才能被激发。一旦志气被成功地激发出来，还需要坚持不懈的关注和教育，否则一部分志气没有发挥出来，最后会迅速萎缩，消失不见。

所以，人会因为天赋和才能不会被激发而变得迟钝，甚至失去自己原本的其他优势。

爱默生曾说："让我去做我能力范围之内的事情，是我最渴望的。"拿破仑、林肯办不到的事情，不代表其他人办不到。只有做自己力所能及的事情，才能更好展示自身的才华。

激发出身上巨大的潜藏已久的才能，每个人都有可能在事业中出类拔萃。

> 美国有一位直到中年还不识文墨的铁匠。谁曾想到，在60岁的时候，他成了全城最大图书馆的负责人。这位铁匠将帮助同胞们接受教育，获取知识作为自己唯一的希望。因此，他获得了很多读者的喜爱和尊重。你可能会问，这位铁匠自小没有接受良好的教育，为何长大以后会有怀有如此雄心壮志？原来，这都源于一次演讲。有一次，他无意间听到了一场关于"教育的价值"的专题演讲，演讲激发了他的思维和志向，唤醒了身上的潜能，让他最终成就了一番事业。

很多人在得以挂云帆济沧海，展现才能的时候，已经临近不惑之年。这是什么原因呢？有的人从富有感染力的书籍中获得灵感，有的人感动于一场极富感染力的演讲，有的人受到来自朋友的热切鼓励。这些都是最能激发潜能的途径。

那些事业上失败的人，往往都是因为他们的潜能从来没有被激发，因此也没有动力从坎坷的环境中崛起。

我们可以在印第安人的学校里看到很多印第安青年的照片。照片上，他们双目有神、神情自信、才华横溢、仪表堂堂。看到这些，你可能会觉得他们一定可以做出伟大的事业。但是事实恰恰相反。他们中的大部分人回到家乡后，很快就变回老样子。究其原因，是因为大多数人没有坚强的意志，没有从环境的束缚中走出来，让自己在学校中的努力化为乌有。

你要不惜一切代价去努力拼搏，让自己走入能够促进你进取的环境里，走入可以激发你潜能的能力圈中，无论什么情形都无法阻挡你前进的脚步。努力接近那些可以让你变得更优秀的人，在他们潜移默化的影响中奋发图强。即便身处艰难的奋斗道路中，那些榜样的力量和鼓励，也会引领你点燃热情，做出更好的成绩。

梦想造就未来

世界上很多人因为拥有美丽的梦想，而最终成就了自己。在这点上，莎士比亚就是一个典型的例子。是他告诉人们："腐朽之中藏有神奇，平凡之中蕴有非凡。"

有人认为，在实际生活中，想象力并没有明显的作用，似乎只对艺术家、音乐家和诗人管用。但是事实证明，无论是工业界的领袖，还是商业中的巨头，各个领域中的卓越人物都是拥有梦想的人。他们执着地相信自己的梦想会变成现实，并为之付出了持之以恒地努力，最终达成了心愿。

在人类历史长河中，如果没有梦想者的成功事例在前面指引，还有谁愿意去了解那些枯燥乏味的历史呢？作为人类的先锋，梦想者目光长远，拥有胆识和气魄，一生都辛勤耕耘，带领人类走出了一条宽广平坦之路。是他们，解救了那些目光短浅、不思进取而又深陷迷信的人类，是他们实现了常人眼中实现不了的事情。

如果没有梦想者开辟美洲西部的领地，美国人至今还漂泊在大西洋的沿岸；如果没有马可尼发明的无线电，大海中遇险的船只不知要带走多少无辜的生命；如果没有莫尔发明的电报，人与人之间的交流至今还限制于车马船只中，世界的讯息依然闭塞；没有罗杰斯驾驶飞机，人们很难探寻到欧洲大陆全貌；如果没有菲尔特发明的无线电报，美欧大陆无法建立起密切联系；如果没有斯蒂芬孙制造火车机车，人类的交通工具、运输能力难以实现空前的提高……

过去各个时代的梦想，汇成了今天人类所拥有的美好生活。

梦想的力量，是人类拥有的最神奇的力量。如果我们坚信明天会更好，就不会一味地陷在痛苦之中。无论前方有多少艰难险阻，拥有伟大的梦想，便不能阻止我们前进的脚步。

拥有梦想的人，就拥有了从烦恼、痛苦、困难中走出来的能力，他心中充满的希望，可以激发内在的潜能，赋予他继续奋斗的动力和勇气。

梦想的实现需要顽强的毅力和决心，还需要艰苦的劳作和不断的努力。

梦想的能力具有两面性，这种能力可能会被滥用或者误用。如果一个人每天沉迷于建造梦想的空中楼阁，而不去付出脚踏实地的努力，天赋和才能就会被徒劳地浪费掉。

什么梦想最有价值？那就是造福人类的梦想。

约翰·哈佛从几百美元起步，创办了世界闻名的哈佛大学。这告诉我们，为人类的发展而努力的梦想，会永远铭记在世界发展史上。

梦想造就有意义的人生，它让深陷困境的人走出泥潭。我们应该向人类的梦想者致以最深切的感谢！

希望的力量

当你总是不明白自己的希望之火日为什么日渐衰弱时，你应该想一想，自己是否忽视了这样一个道理：只有坚持心中的信念，才能最终实现梦想。

与理想、梦幻相比，梦想更有价值。因为希望可以预见未来，显示不同理想和能力的差异，并指导人们的行动。

希望具有鼓舞人心和创造性的魔力，能让人们全身心地去完成自己从事的事业。积极进取的希望可以让人们在实践中弥补才能，增长才干，粉碎道路中一切障碍，一点点接近梦想。上帝是慷慨而公平的，所有付出努力的人肯定会有所回报。

南方给予候鸟以温暖，所以我们在冬季看到候鸟南飞的毅力。上帝希望人们去实现更伟大的使命，所以也赐予人们以希望。只要你付出了踏实的努力，你就可以获得想要的东西。是希望让人们的人格充分发展，让人们不断超越自己。

不过，希望也不是万能的。不合情理的妄想会将人引向歧途。每个人都应该树立远大的理想，抱有执着的信念，远离肮脏的思想，以更加坚定的姿态迈向高尚的目标。

希望中孕育着未来的可能。无论你想要得到什么，或是健康的身体，或是高尚的人格，或是大型的公司、企业。只要你方法得当，措施合理。没有什么不可能。即便有些事情看起来难以完成，只要坚定信念，持之以恒，一定会达到心中的目标。对事业、生活常保有积极、乐观心态的人，可以充分发挥自己的潜力，最终达到比较高的境界。积极乐观的思想，可以弥补个人能力的不足，可以击碎前进道路上的一切阻碍。

除了希望，人生道路上还需要百折不挠的进取之心。这之中可以迸发强大的创造力。有了这种创造力，再加上坚持不懈的努力，就一定会实现成功。不过，如果想法只存在于脑中，不付诸行动，再恢宏的理想也只是过眼云烟。

万丈高楼平地起，工程师绘制好蓝图才能开始建造大厦。同样，我们应该确立好目标之后，再开始行动。

行之有效的计划是我们实现理想的重要保证。

你应该对自己的理想充满信心和热忱，并付出持之以恒的努力，这样才能改变自己的命运。

希望对一个人的工作和生活至关重要，具有不可思议的力量。怀揣希望的人，才能充分激发自身潜能，从而实现自己的理想。

期待的转化

每个人的心中，都埋藏着美好的期待：期待前途顺遂，期待心想事成。这种期待并不是空想，它往往可以转化成人们前进中的巨大动力。

我们应该时刻怀有一种积极的期待态度面对人生。何谓积极的期待态度？那就是希望获得让人觉得美好的事物。

人们对于工作、生活都有着各类美好期待。树立期待，是激发我们努力的有效方法，这样可以鞭策我们不断去努力。

成家立业、实现事业上的伟大宏图，都是我们美好的期待。只有对自己的前途有美好的期待，才能激发我们最大的努力。每一种期待都将带给我们不断进取的动力。

有的人面对生活特别消极。他们认为幸福离自己太远了，在他们看来，舒适富贵是属于另一个阶层的人。如果他一直这么想，就相当于把自己从美好生活中推开。试问：这种自卑的念头深入骨髓之后，这个人如何还能重新拥抱美好呢？

志趣不高的人、品格卑微的人可能会过着低贱的生活。他们对自己没有更高的期待。而社会现实告诉我们，甘于贫苦生活的人，只配过穷苦的生活。

即便人们期待成功，也应该抱有怀疑的态度。没有坚定的信念和自信心，做事情总是患得患失的人，不能达到目标。只有全心全意期待成功，才能取得成功。我们要想一步步接近理想，就必须以积极、乐观的思想和情绪为先。

如果想法和行动相悖，手里的工作和心中所想的并不一致，那么，就算再卖力，仍然会一事无成。当他们做着手中的工作，心里想着别的工作，心不在焉的状态很难激发起他对生活、工作真正的渴望。做事情不够专一，这会让理想很难实现。请你牢牢记住一句话："内心里期待什么，就一定能做什么。"

恐惧常常能磨灭人的锐气。如果你内心十分恐惧，那么你做任何事都不会成功。远大的理想、坚定的信仰能够改变人的习惯和品格，让人变得不再懦弱。对未来充满希望，保持健康和乐观，对未来事业上的积极转折时刻保持信心，期待将来可以过上美好的生活……这些期待，都是成功的资本，都可以促使我们向成功之路进发。

每个成功者都是具有乐观精神的人。无论身处何种险境，都应该坚持追求自己的理想，让乐观精神推动你前进。

期待就像温暖的春风，可以吹散我们心头的阴霾，让我们变得温暖、和善起来，我们体内的潜力也因此被唤醒、被激发。这些力量将永远留存在我们的体内。

你应该将任何怀疑的思想都赶出去，脑中只想着坚定的信念。无论如何都应该在乐观的期待中，奋发向上，持之以恒，以必胜的信念和决心一路踏歌而行。

成功源于自信

有些普通人也会做出惊人的事业，只要他们拥有足够的信心。即便是有些才华出众的人也无法做出成绩，因为他们性格怯懦，意志不坚定。

据说同一支军队，在自信、坚强的拿破仑手下战斗，便会提升一倍的战斗力。可想而知，军队的战斗力很大程度上取决于士兵们对于将领的信心。如果将领的态度是犹豫不决的，那么全军的士气就会受到影响。

一个人成就的高低取决于一个人自信心的强弱。如果拿破仑在率领军队翻越阿尔卑斯山的时候，只是坐着发号施令，士兵们永远无法征服那座高山。因此，无论做什么事情，都必须坚信自己的信念，这才是直达成功的重要因素。

伟大人物的成功无一不是因为坚毅和信心。无论是才能的大小还是天资的高低，都得给自己充分的信心和鼓励，相信自己能做成事情，就一定可以成功。

一位士兵在给拿破仑送信的过程中，由于舟车劳顿，在就要到达目的地的时候，马匹不小心因为摔跤死了。拿破仑接到信以后，立刻回信交给那位士兵，吩咐士兵骑着自己的坐骑迅速把信送回去。

士兵看到拿破仑装饰得很豪华的骏马，不好意思地说："将军，我不配骑这么漂亮的马匹，我只是一个普通兵。"

拿破仑说："法兰西士兵值得拥有世界上所有的东西。"

世界上像这位法国士兵一样的人还有很多。他们觉得自己不配与伟人相提并论，无形之中表现了自己的怯懦和自卑。这其实是他们那种不追求上进的心理作祟。

很多人都觉得自己一辈子都无法享有这个世界上最好的东西，生活中一切的美好都属于那些命运的眷顾者来享受。自卑心还会动摇积极进取的观念。很多年轻人一辈子过着平庸的生活，原因就在于他们没有追求。

自信是人们做任何事业最可靠的资本，能排除一切障碍，克服各种困难。但若想要面对挫折还能保持自信心，就需要树立坚定的信念，让自己变得坚定。

伟人之所以在自己的领域中可以成功，很重要的原因就是他们在奋斗过程中总是自信十足。这样一来，他们在做事时往往不惜拿出全部的精力，冲破阻碍，直至成功。自信心可以带给他们巨大的能量，让他们名垂千古。

玛丽·科莱莉说："如果我只是微不足道的泥土，我也只能让勇敢的人来践踏。"如果在每件事情上都没有自信、自我否定，言行举止处处卑微，这种人很难得到别人的尊重。

我们生而平等，每个人都被上帝赋予巨大的力量，我们都有机会去从事伟大的事业。这种力量就潜伏在我们的身体里。如果我们对自己的人生尽职尽责，在最有力量、最有可能成功的时候不发挥自己的才能，这对于世界来说也不失为是一种损失。世界上的新鲜事物和行业层出不穷，正在等着我们去努力奋起创造！

绝地反击

一颗鱼雷可以成功破坏一艘军舰的防御，可是，如果没有发射器，它将无法掀起波澜。

就像鱼雷的爆炸，必须经过狂力抛掷才能实现一样，人类潜能的爆发，必须经过巨大的挫折才能发挥得淋漓尽致。

美国总统林肯曾经做过木工、检测员、店铺管理员、执业律师，甚至一度官至美国国会议员。但是这一切都无法激发他体内全部的潜能。直到国家陷入巨大危机，面临生死存亡之际，他担负起了重大的历史使命，他体内的巨大潜能才如洪水一般倾泻而出，他也因此成为美国历史上最著名的英雄之一。

格兰特将军也有类似的经历。种地、制作皮革、贩卖木材、商店店员等工作都无法唤醒他体内沉睡的力量。直到美国爆发南北战争，他才如醒狮一般震慑战场，名垂后世。

纵览人类历史，这样的例子不胜枚举。有些伟大的人物跌到了谷底，才开始寻找生命的出路，迸发出巨大的勇气。有的勇士在山穷水尽之时，才竭尽全力拼杀出一条生路。

时事造就英雄，伟人面对常人无法承受的困难时，会爆发出潜能，并与之直面搏斗，最终成为令世人铭记的英雄。

在美国历史上，很多商界巨擘在刚刚经营事业的时候，显得能力平平，直到灾祸降临，产业陷入巨大的危机，他们内心中的能量才彻底被激发出来。

人们通常在失去生命中最重要的东西，丧失了支撑自己的外力时，才能体会到自己内心世界的强大。比如失去亲人、失去工作或者灾祸降临，这些时候，人只能自己肩负起重任，才能实现绝地反击。人真正的力量，就潜伏在自身体内，并且只有面对绝境，才能彻底爆发。

从来没有承担过什么重大的责任，就没有办法激发人体内的潜能。很多身强体壮但是出身平凡的年轻人，之所以处处显得拘束，很难在事业上有自己的建树，就是因为他没有承担过什么责任。责任可以让一个人得到快速的成长，可以激发人体内真正的力量。

巨大的责任，能够激发起人创业的能力。"有什么就展现什么"的人生哲学其实带有消极的意味，不遇到正确的环境，你自己都无法预估到你所具有潜能的威力。

一个人被赋予重大的责任，并且被拉至水底，这种情势必定会激发起他内心振奋的精神，促使他完成看似不可能完成的任务。在这个过程中，他会形成自信、坚毅、勇敢等优良品质。

亲爱的读者们，如果肩负重大的责任，请你愉快地接受吧，因为这是你走向成功的最佳机会。

财富
思维

/ 一生的资本 /

第五章

·

致富道路上必需的个性特征

　　果断的决策力，会让你的人生如狂风暴雨中稳健的航船，开向胜利的彼岸……

致富道路上必需的个性特征

意志坚定和行事果断

行事果敢、意志坚强的人虽然在事业中难免会犯错，但是相比那些做事畏首畏尾的人来说，他们仍然具有较强的价值。

做事犹豫不决的人在世界上最可怜。一旦发生意料之外的状况，自己无法决定，必须寻求别人的意见。这样患得患失的人，也很难得到别人的信赖。

有些人始终处于一种担心的状态，不是担心今天刚决定的事情，就是担心明天会有变故。他们处理事情时总是优柔寡断，也因此无法实现自己美好的梦想。

在犹豫不决的处事态度没有影响到你过多力量的情况下，应该坚决地和它斗争。要锻炼自己遇事果断处理的能力，不能一拖再拖，最后造成不可挽回的局面。

除了做比较复杂的事情需要深思熟虑，做其他事情，一旦打定主意，就要抱着破釜沉舟的决心，不要给自己留后路。这样才能养成果断行事的习惯，不但可以增强自己的信心，也可以获得他人的信赖。刚开始时，可能会做出一些错误的决策，但在这个过程中获得的优良品质，可以将损失弥补。

我认识一位犹豫不决的妇女。每次她想买东西时，她会跑遍全城所有的商场。走进某家商场时，她会跑到各个柜台反复比对商品的颜色和款式，不仅如此，她还会反复询问各种问题，这让柜台的店员们很头疼。如果遇到她决定要买的东西后，她还会出于纠结，再调换两三次。

她打算买一身暖和的衣服。不过她既不希望衣服穿起来太笨重，又不喜欢太暖和。她想要的这身衣服，一年四季都可以穿。不仅如此，她还希望这身衣服可以在山上穿，也可以在海边穿，可以在教堂穿，也可以在剧院里穿。生活中任何场合都应该可以穿这身衣服。从哪里可以买到这样一身衣服呢？万一她够幸运碰到了这样一身衣服，她的心里仍然会怀疑自己买的东西是不是真的物有所值，是不是需要带回去让别人给一些意见，然后再去调换？不管怎么样，她都不会满意。

我还认识一个做事拖沓的人。他写信的时候，不到最后一分钟，他都不会落笔。因为他总担心信中会不会有什么要改动的地方。即便是信封和邮票都准备好了，即将投入邮筒的一瞬间，他会再把信封拆开，调整信中的内容。这个人是社会中的名人，也是我的好朋友。在其他方面，他有着过人的才能和品格，但是这种犹豫不决的性格，导致他很难让别人信赖他。身边的人都为他这方面的性格缺陷而感到遗憾。

在培养一个人的品格过程中，这种优柔寡断的性格具有极强的危害。不仅会挫败一个人的自信心，影响其判断力，还会伤害他的精神力。

要想提升自身才能，你就需要正确地认识决策力的能量，培养自己果断的决策力！

敢于创新

法拉格特将军问责杜邦为什么没有完成攻陷斯登城的原因时，告诉杜邦："你找了很多借口，最重要的原因其实是你根本不相信自己可以完成。"

我们每个人都应该相信自己的能力，炼就坚强的意志，只有明白这个道理，并且坚持不懈，才能实现理想。

巴罗·洛特希尔德的座右铭就是"勇往直前"，这也是世界上无数成功人士的成功秘籍。

无论是哪个国家、哪个时代的杰出人物，都因自力更生而成为时代的翘楚。费尔特、斯蒂芬孙、富尔顿、贝尔、莫尔斯、艾略特等就是他们之中的代表人物。

要想创造灿烂辉煌的人生，必须相信自己，不能轻言放弃，不能因循守旧，更不能故步自封。在历史长河中必须发挥创新精神和冒险精神，这两点是进取者必不可少的。

拿破仑从没有集中学习过如何制定战略战术，但是他却凭借自己制定的战略战术称霸欧洲战场。格兰特将军在实战中从不照搬战术，虽然将士因此曾指责他，但是后来他用战场的胜利说服了大家。西奥多·罗斯福从警察、公务人员、副总统一路走来，不是照搬前任总统的施政方针，而是按照自己的意志行事，并加入自己的创造和设想，最终在事业上取得了非凡的政绩。

缺乏开拓精神的人，一辈子只能碌碌无为，而具有非凡创造力和意志力的人，都会成为行业中的先锋。

实际上，模仿别人的人，无论其模仿的对象多么成功，他终究难以比得上。那些没有开拓精神、怯懦胆小的人，一辈子只能原地踏步；那些具有坚强意志力和出众创造力的人，大多都是创新的先驱。成功无法复制，只能通过不懈的努力来创造。

比彻和布鲁克斯作为传教士的榜样，他们的说话方式和手势姿态等，都被无数年轻传教士学习模仿，但是没有人获得成功。

在现代社会中，社会中的幸运者们都极其富有创造力，他们在各个行业中都因出众的能力而掌握着事业中的主动权。那些因循守旧、不知进取、盲目随波逐流的人终究会被时代所抛弃。每个时代需要的都是那些能够挣脱旧观念、开创新局面的创造者。

才能、勇气、坚毅、决心、创造等品质是促成我们成功的伟大力量，而且蕴藏在我们的身体内部。

成功者在前进的道路上总会看到暖阳。相反，他们不会一味地模仿别人，更不会使用别人已经用过的方法。他们会努力创新，专注地按照自己的计划一步步去努力完成工作中的每一个任务。

今天世界文明发展取得的成果，离不开人们的努力。这些创造者为社会的进步发挥了巨大的作用。他们不断奋勇前进，以新思路、新奇迹，推动着历史的车轮。

渴望自由

人们的热忱往往会在受约束的环境中被压抑，能力也会逐渐被削弱。这时候，他需要鼓起勇气，重拾自信，这样才能避免雄心抱负随着时间的推移而消磨殆尽。

有梦想的人只有挣脱束缚才能充分发挥自己的才能，实现梦想。而在艰苦的环境中，你的潜能会被轻易埋没，更别提发挥才能了。那些没有被发掘的潜能，就像是深藏在地下的钻石，被砂石土粒掩埋着。要将它从黑暗之中解放出来，你就需要忍受打磨的煎熬。

有些人因为偏信迷信，性格变得极端、狭隘，但是这种人往往并不清楚自己为何会变成这个样子。他们没有勇气通过行动来弥补过去的不幸，只能最后落得个凄惨的境地。

怯懦的性格也会禁锢心灵。一些青年曾经雄心勃勃地立志要改变命运，但是由于缺乏自信，时常止步于计划之中。有的人碰到一点挫折就容易萌生退意，他们担心别人对自己的负面评价，这种消极的心态束缚了他们的意志。他们只是被动地幻想奇迹发生，这种人几乎没有成功的希望。

创业的第一步是解除那些阻碍你成功的东西，进入一个比较宽松的环境中静下心来思考。阻碍一个人成功的因素主要有两个，一个信念松动不够自信；一个是否定自己的能动性和创造性。

有些人由于缺乏摆脱自身束缚的勇气和决心，本来可以有所成就，最后也只能从事普通的工作。奋斗的力量，可以使杰出的人物树立宏伟的目标，塑造宽阔的胸怀，拥有过人的智慧和丰富精神。他们挣脱了社会中的束缚，获得自由后提升了自己的品格和魅力。

思想的狭隘，会让一个人的雄心走向堕落，也会让一个人彻底消沉，摧毁一个人前进的力量。所以不管怎么样，我们都应将自己的热情全力挥洒在人生的道路上，这样才能充分发掘自己的潜力，享受最愉悦的生活。

巨额的薪资和酬劳，以及尊贵的社会地位，或者别人的诱惑都无法动摇一个有远大理想的人。他们也不可能因为这些诱惑而使自己封闭在一个不能自由进步的圈子里。

没有行为、言论、思想自由，原本前途光明的青年终会丧失自信，萎靡不振，实在令人遗憾。

所以，为了争取生命的自由，人生应该不惜一切代价来完成。

诚恳和机智

真诚的朋友随时随地都会给我们鼓励，当我们遇到麻烦的时候，他总是竭尽全力来帮助我们。他为我们的胜利而欣喜，为我们的进步而欣慰。

如果我们是医生，治好了别人的疑难杂症，那么他一定会为我们大肆宣传。当他听到有人在背后恶意地议论我们，他也会尽力维护我们的利益和声誉。如果你想要有这样的好朋友，就一定要学会"诚恳"。拥有这样的品质才能帮助你交到知心的朋友。

对于每一个人来说，"诚恳"是我们立足于社会的无价之宝。但这并不意味着可以直来直去。诚恳之外，还需要添加一味助推剂，那就是"机智"。很多人为人太过于耿直，很容易将自己的底牌全部露出。有时候会让别人觉得他在自夸，有时候会让别人觉得他很愚笨。这样就很难挽回为人诚恳的形象。

有些人喜欢到处惹是生非，喜欢跟别人开玩笑，甚至很过分的恶作剧。当别人遇到不幸的时候，他们甚至会幸灾乐祸，或者时不时投以冷嘲热讽。这种人在哪儿都不受欢迎。

那些又不机智，为人又不诚恳的人，在生活、工作中是很可悲的。他们常常觉得自己很受别人欢迎，于是常常拿别人开玩笑，处处耍小心机。事实上别人对这种人是避而远之的。

举止粗俗、语言刻薄的人，常会惹是生非、自讨苦吃，这一辈子都很难结交到好朋友。

我们会遇到一些特别喜欢掩饰自己不足之处的人。他们会通过各种各样的方法，来遮掩自己的身体、长相、教育背景等方面的不足。慢慢地，人们会感觉到他们的不诚恳，在与其交往时，也会有所顾虑。

对于一个人的人生来说，机智是一种能力。如果销售人员缺乏机智，可能一件商品也卖不出去；如果一位银行柜台人员缺乏机智，可能得不到一笔投资资金的注入；如果一位医生缺乏机智，可能会引起很多病人的不满。尤其是企业的管理层员工，更加离不开机智。因为有了机智，可以避免很多商业纠纷。

机智在人际交往中会有很多好处，每个人都应该学习培养这种能力。

在事业上做出一番成绩的人，一定结交了很多的朋友，他眼中的未来也是无比光明的。在未来他会拥有更多的挚友，并且会获得他们的支持与信任。

精益求精

在某一公司雄伟的建筑物上雕刻着这样一句话：“在这里，万事应该追求精益求精。”

如果每个人都能将“精益求精”当作自己的人生格言，那么人类的福利不知会增加多少。

很多做事马虎的人，以敷衍了事的态度导致了事业无成，酿成了无可挽回的惨剧。不久之前，位于宾夕法尼亚的奥斯汀镇，由于筑堤工程在实施过程中与设计图纸出现了偏差，导致堤岸溃决，全镇因此遭受了巨大的损失，无数镇民在洪水中丧生。在人类生存的家园中，这种因为工作疏忽导致的惨剧随时都可能会再次上演。

每个人做事都应该认真负责，不能半途而废。这样做不但可以避免很多悲剧的发生，每个人还会在此过程中锤炼高尚的人格。

做事情的时候，应该怀抱着必胜的决心，这是走向成功唯一的方法。要想获得成功，就应该追求精益求精。世界上为人类的幸福生活而奋起的人，都具有这样的品质。

很多青年人似乎不了解，日常工作的完成情况决定着一个人职位的晋升。很多年轻人没有成功，就是因为做事过于轻率，在工作中无法做到尽善尽美。而机会往往藏身在平凡的岗位上。

有的青年人会问自己："做这种低微的工作，还能看到希望吗？"可是只要你把普通的工作做得更完美、更迅速、更专注，调动自己的全部智慧来发挥才能，就可以引起别人的注意。所以不管怎么样，都不应该轻看自己的工作。

充分的准备才能让我们更顺利地完成一件工作。据说法国著名小说家巴尔扎克有时候会花上一星期的时间来写一页小说。而一些现代作家竟然还惊讶巴尔扎克是如何取得如此大的声誉。英国小说家狄更斯可以花半年的时间准备一次朗读，在没有完全准备好之前，他不会轻易地向观众展示……

很多人以时间不够，来为工作不细致找理由。其实这跟人的工作态度和风格息息相关，我们要将精益求精的态度延伸到工作中的各个方面，认真踏实地完成任务，以此形式为事业的发展增加助力。

正直的气节

随着岁月的流逝，林肯的美名与日俱增。这是因为他一生都保持着正直的气节，从来没有做任何玷污自己人格和损毁名誉的事情。

在人类的历史上，林肯的事迹广为流传，令人钦佩。看来，这印证了那句话："世界上最伟大的一种力量，就是正直的气节。"

如果一个青年人刚走入社会，就决定无论做任何事情时，都以完美的人格标准来要求自己，那么他在事业中就不会失败。相反，那些品格堕落的人，永远不可能成就真正伟大的事业。

有些年轻人没有正确地认识人格气节，他们过于重视技巧和权谋，忽视了正直品格的培养。这会让他的力量受到削弱，最终连自尊心和自信心，包括前途也会被葬送掉。

所以，无论再大的诱惑，也不能出卖自己的人格，如果一个人过度在意自己的名利，那么他会很容易做出违背良心的事情。

正直、诚实、公平是成功道路上所必需的素养。而这些美德，林肯身上都具备，因此，他可以完成轰轰烈烈的事业。

林肯做律师的时候，碰到过这样的一桩事情：有人请他为一桩明显理亏的一方做辩护律师。林肯说："我不能接这个案子。如果我按照你说的去做，在出庭时，我会无法控制自己地说出'林肯，你这个骗子'。"

如果一个人从事着不正当的职业，时刻将自己的真面目隐藏起来，他会鄙视自己。他的灵魂会受到良心的拷问："你是一个骗子，你是不道义的人。"这会让他的人格遭到非议，也会让他的力量受到削弱，最终葬送掉自己身上最可贵的东西，那就是自尊和自信。

　　无论身处哪种职业，你都要将工作成绩和高尚品格的建立摆在同样重要的位置上。你始终要记住，你是在做一个高尚的人。这样，你的生活和职业生涯才会变得更加有意义。

诚信是最好的策略

　　前段时间，一位经营布料的老板跟友人说："我一直在想办法，怎么增加营业额。现在照我看，应该在广告上加大投入。让成本降低，这样利润才能增加。"所以他们开始在店里把整匹的布料剪成一块块的，忙得不亦乐乎。这位老板觉得，只要人们看到这样的广告，就会信以为真，然后纷纷来购买……

　　但是仔细一想，如果顾客们发现店家的欺骗行为，还会有人来这家商店买东西吗？

　　很多人觉得说谎可以给自己带来利益，就算一些信誉很好的公司，也会用欺骗人的手段来给自己带来好处，让商品的缺点得以掩盖。也有很多人认为，在商场上，很多欺瞒行为是大家默认可以做的。他们觉得在商场上讲实话是不可能做到的。

　　有些新闻报道与事实不符，常常歪曲真实情况，误导民众。其实，媒介单位的声誉和人的声誉同等重要。如果一家传媒公司总是造假，那么很快它就会失去客户的信任，销售量会大幅度下降。只有那些基于事实、讲究诚信的媒体，才能最终存活下来。

因此，一贯说真话累积出的声誉，与由欺骗获得的好处相比，价值高出上百倍。

在商业社会中，最大的危害就是失去诚信。在经济萎靡的时期，有人更喜欢欺骗消费者，利用不当的方式谋取利益。但是他们万万没有想到，这样做虽然累积了金钱，但是会因此破坏掉人格和信用。这两样东西，是用金钱买不回来的，结果也得不偿失。

在国内的一些商行中，大多数商店很少存在于 100 年以上。在刚开始营业的时候，他们就通过欺骗的方式敛财，但实际上由于缺乏扎实的根基很快便面临倒闭的威胁。他们整天在想如何骗取消费者的钱财，而不是如何通过提升服务和产品质量来增加销售额。

美国很多商行大公司，光名字和品牌就价值不菲，这就是因为他们以诚信待人。不得不说，诚信是企业最好的广告。

从事符合道义的工作

前些日子，我跟一位年轻人聊起他的工作。他面露难色地告诉我，他已经经营娱乐场所有六年了。虽然这份工作很赚钱，但是被人看不起，他很讨厌这份工作。他还表示，以后有机会了他一定会离开这个行业。我认为这个年轻人是在自欺欺人。

很多年轻人对自己的工作感到不满意，不愿意让别人知道自己的工作。有的人从事着违背良心的工作，压抑着内心的挣扎和反抗，不断找借口来麻痹自己。他们会说，过几年等赚够了钱，就可以去从事其他正当的事情了。

一个拥有美好年华的年轻人却从事着一种与其理想相悖，与真善美相矛盾的工作，这实在是令人觉得可悲。他们本来可以从事自己喜欢的职业，光明正大地工作，这样委屈自己，会让自己变得越来越疲惫。

凡是从事不正当工作的人，慢慢地，良心也会被泯灭。

有的人在金钱的漩涡中迷失自我。

当你明白自己的工作不正当时，应该立刻停止这份工作。如果你分不清工作的好坏，那就立刻放弃，不要拖延，以免事情向着更糟糕的方向发展去。

宁可生活贫苦一些，也不能违背自己的良心，宁可去做力气活，也不能做牺牲自尊的事情。

你可以选择各种各样的工作，为什么非要做一些不正当的工作呢？

选择工作时，不能以工资高低、名利大小为标准，应该选择那些可以让你得到长远良性发展、保持自己品格的职业。

人格永远胜于财富与虚名。

尊重自己的职业

如何判断一个人做事的好坏？请去观察他的工作态度。如果一个人做事觉得被束缚，感到工作很辛苦，没有任何乐趣，那么他绝对不会有杰出的发展。

人生很重要的一部分内容就是工作。一个人的工作态度和他本人的性情态度有着密切的联系。因此，了解一个人的工作，某种程度上来说就是了解他的为人。

一个不会尊重自己的人，肯定也会轻视、敷衍自己的工作。而社会上有很多不尊重自己工作的人，他们将工作看作是生活中不可避免的操劳。他根本没有把工作看作是开创事业或者发展人格的重要工具。

如果你因为各种原因从事着乏味的工作，你应该自己去从中找出乐趣，这才是正确的工作态度。在任何情况下，我们都不能厌恶自己的工作，而应该付出十二分的热忱，这样才能将工作变成一件有趣的事儿，才能有机会在工作中取得成绩。

一个人的事业，就像他手中的雕塑，无论造型美丑，都应该亲手完成。而一个人的一言一行，不管是写一封信，还是出售一件货物，或者说是一句话，表达一个观点，都在说明雕像的外观是否好看，形态是否可爱。

当一个人工作时，如果可以发挥自己的专长，以坚韧不拔的精神和火一般的热情投入到工作中，无论工作类型如何，都不会觉得工作辛苦。如果我们不能在平凡的工作中去做最大的努力，就不会取得好成绩；如果我们在工作中始终冷漠，最终也不过是个普普通通的工匠。因此，在各个行业中，其实都为有恒心善努力的人准备了各种平台、机会。在整个社会中，没有任何工作可以被轻视。

人们应当全力以赴地做任何事情，这决定了一个人是否会在未来事业上取得进步。如果一个人通过全身心的工作来战胜工作中的辛苦，那么他就掌握了通往成功的秘诀。

你应该树立这样的决心：无论做什么事情，都应该尽善尽美，充分发挥自己的专长，不能对工作敷衍了事，因为你敷衍工作，也就是在践踏自己。

坚 毅

坚毅是一把克服困难的万能钥匙。没有一个行业是可以不努力就获得成功的。开凿山洞、架设桥梁、铺设铁路，哪一样可以没有坚毅的精神呢？

在农村，有很多因为坚毅而走向成功的例子。柔弱的女子凭借坚毅而战胜困难；残疾人依靠坚毅侍奉父母，贫困的孩子因为坚毅找到了出路……正是因为坚毅的力量，世界的面貌才得以焕然一新。

在这个世界上，坚毅可以让终日奔波的人不知疲倦，可以让困顿郁闷的人走进阳光，可以让迷茫的人看到希望。

成功者的经验告诉我们，坚毅可以克服穷困的境地。纵观历史长河，以金钱作为资本而获得成功的人，远没有凭借坚毅的精神获得成功的人多。

已故的克雷基夫人曾说："美国人成功的秘诀，就是百折不挠，不怕失败。他们专注于自己的目标，不怕失败，才一步步获得了成就。"

有些人一旦失败，就会拿这次失败当借口，消沉、低迷下去。不过，对于那些意志坚定的人来说，他们只会越挫越勇。

有这样一些人，他们做任何事情都会付出全力，目标清晰，当面对失败时，他们也能够淡然处之，然后以更大的决心一往无前。比如格兰特，他的字典里从来没有"退缩"和"不可能"这类字眼。他面对困难从不屈服，不到最后关头不会放弃。任何灾难和磨炼都不能让他丧失信心。那些一心想要成功的人，不会以一两次失败来决定自己的输赢。即便失败了，他们仍然会坚持奋斗，永不停歇。每次失败以后都会重新站起来，加倍努力，直到实现最后的目标。

缺乏坚毅、勇敢品质的人，会错失好的机遇。他们不敢冒险，不敢轻易尝试新鲜事物。一旦遇到困难会习惯性退缩。一旦成功，又会像小人一样猖狂。坚毅勇敢，是伟大之人都具有的品质。

历史上那些功成名就的人，都是由坚毅成就的。真正坚毅的人，在工作中常能埋头苦干，直到事业成功。发明家们历经艰辛，一旦获得成功，会拥有无尽的欢乐，也会获得无上的成就感。没有人可以忍受在发明缝纫机时经历的苦痛。世界上所有成功的事业，都是坚毅之人创造出来的。当其他人放弃奋斗时，他们却能够一往无前地坚持下去。

很多人开始做事时信心满满，但是慢慢地由于缺乏韧劲儿，很容易在过程中半途而废。任何事情在开头坚持很容易，但是就像赛跑一样，胜负并不在于选手起跑时地速度，而是看谁第一个冲过终点。

一个人能否成功，就在于他是否拥有坚毅的力量。遇到困难就退缩，甚至一味地躲避，只能遭受到更坏的事情。

有人给经商的朋友推荐优秀的员工时，提到了员工很多的优点。经商的那位朋友反问道："这个人可以长期保持这些优点吗？"这确实应该引人深思。这个人有什么优点？能否长久地保持下去，这都是值得引人深思的问题。只有具备坚毅的精神，才能克服一切艰难险阻，走上人生理想之路。

为人善良

以前，有个国王很疼爱他的小儿子，给了小王子所有他想要的东西。可是小王子并不快乐，他整日忧愁，郁郁寡欢。

有一天，一位魔术师告诉国王，他可以让小王子快乐起来。

"只要你能让他找到快乐，我就赏赐你想要的任何东西。"魔术师带着小王子走入了一间密室。在这里，魔术师用白笔在纸条上写下了几个字交给小王子。随后，让他到另一个暗室里，点一根蜡烛，在光亮下看看上面写了什么内容。之后，魔术师就离开了。

小王子借着蜡烛微弱的灯光，看到纸上写着"每天做一件善事"，他按照这句话生活，不久以后就变成了一位快乐的王子。

人活一世，就应该以真诚、善良的态度对待别人，这样才能赢得大家的尊重，收获快乐。

一位哲学家曾经问他的学生："你觉得世界上什么东西最可爱？"学生回答说："善良。"哲学家赞同道："回答地不错，善良是最可爱、最宝贵的东西。只有善良的人，才能对得起自己的良心。"

人生最宝贵的美德就是与人为善。如果人们可以明白这点，再去帮助别人，那么他的生命将会有惊人的成绩。

不是所有的付出都以获得回报为前提。一个人给予别人的帮助越多，自然而然就会有所收获。有时候几句鼓励的话语，都可以给人带来巨大的力量，造就一个成功者。而那些对他人冷漠的小气的人，会让自己变得孤立无援。人最大的弱点之一就是容易怀疑别人或者指责别人。因此，坏人中也有善良之人，守财奴中也会有慈善家，胆小的人中也会出英雄。

很多人太自私，他们往往只会看到别人的缺点。而我们在生活中，应该善于看到别人的长处。与人相处要心怀怜悯与感恩，不能以恶意的眼光去揣测别人。善良，将会带给我们丰足的收获。

第六章
·
增长财富必需的能力

决定你一生事业的唯一定律
是：你所做的工作，应该是你最
能胜任的。

增长财富必需
的能力

谈吐得体

哈佛校长艾略特认为，有教养的年轻人应该具有一种基本能力，那就是正确运用本国语言的能力。

善于言辞，行为得体的年轻人，最容易得到大众的关注，他们也最容易走向行业内的成功。比如善于交流的医生可以拥有一大批患者，善于言谈的律师可以吸引更多想要诉讼的客户，商铺店员可以通过交谈建立回头客。即便是贫穷的人，能言善辩的能力也可以让他成为有钱人。

在社交中，举止言谈得体是特别重要的。

一个人的谈吐，离不开辛苦的训练。大量的阅读，充分的准备，才能让他表现得体。如果他做不到这些，那么他讲出来的话很可能缺乏水平。这就说明了谈话技巧的重要性。

有些年轻人喜欢跟朋友闲侃一些无聊的事情，养成喜欢跟风、不加思考的毛病。而有的人喜欢在公共场合大声喧哗，说一些粗俗难堪的话。这些都从不同程度上显示了一个人的素养。

说话，就是你个人素质的展现，还能让别人在很短的时间内了解你的生活经历。

与善于言谈的人交流，是一件令人身心愉悦的事情。善于言辞的人，在工作中往往也会做出不一般的成绩。不过要想谋求更有价值的工作和薪水，仅仅凭借言谈举止，向别人展示你的热情、活泼的性格远远不够。你还应该学会关注对方在交谈中展现的兴趣点，以及说话的逻辑性。

要想提高口头表达能力，还可以尝试去接触有教养的朋友圈子，少和那些品性缺乏高尚的人相处。

有些人虽然拥有丰富的内在，但是缺少灵动的表达能力，所以也很难让他取得别人的夸赞。他们说话时，不善言辞，常把对方搞得一头雾水。

为了避免这些情况，应该多读书，在读书中开阔视野，丰富自己掌握的新观点。同时，还可以学习一些修辞方面的知识，注意遣词造句，不断提升自己的言谈"功力"。

机 智

如果一个人不够机智，不能随机应变，往往会造成巨大的损失。这样的例子在生活中随处可见。有些人因为缺乏机智而浪费了一身的才能。还有的人由于缺乏机智，导致店铺关门，公司业绩减少，朋友之间和气大伤，作家损失了粉丝群，牧师没有了信徒，政治家失去了拥护者，教师失去了学生的信赖……

一个人如果想要很好地运用自己的才能，就应该充分发挥自己的机智，在面对问题时能随机应变。

受过高等教育的人或者在某个领域造诣很高的人，事业中若有了机智就能顺利发展，直至有所成就。

机智的人懂得如何扬长避短，很容易获得别人的信赖与尊敬。

在任何一个行业，机智都是一大笔资产。比如商场策划一场活动的时候，利用机智，可以想出吸引顾客的最佳办法。

在总结自己成功的要素时，一位著名的商人说道，他认为最重要的就是机智，其次才是热情、常识和衣着打扮。

我身边有这么一个人。他的事业一直没有得到好的发展。并不是因为他不够努力，而是因为他缺少机智。在面对问题时，他不能灵活处理，无意之间总会对人造成伤害。这一弱点不仅影响了他的工作，也影响了他的生活。

很多人之所以缺乏机智，是因为他们看不清局势，头脑不够敏锐。

曾经有一个在城市生活的女人，从乡下朋友那里回来后，给那位朋友寄了一封感谢信。本来她想表达自己的感激之情，但是信中描述的在乡下被蚊虫叮咬的过程却刺痛了那位朋友的心。

与别人初次见面时，机智的人总能找出符合对方心理、令对方感兴趣的话，以此作为交谈的契机。机智的人是一个好的倾听者，即使对方谈论的事情他不感兴趣，他也会耐心听完。

如何才能掌握机智呢？一位作家的观点应该可以给我们很大的启发：

> 对于人类的天生情感，应该能够感同身受，比如恐惧、敏感、希望等。
>
> 对待任何事情，不要只考虑自己，应该设身处地地

为别人考虑。

当表示反对的意见时，应该也尽可能不伤害对方。

要能迅速判断事情的好坏，必要的时候，要能够适当忍让。

不要过于执着，要记住，你的意见在众多意见当中，只是一种而已。

要想消除矛盾，就应该以诚恳、宽容的态度处理问题。

不管遇到什么事情，都应该乐于接受，勇敢面对。

重中之重是，接人待物应该温和、乐观、诚实。

及 时 充 电

一些朴实善良的青年，出于对未来的计划和打算，积极勤奋地投身于工作，在生活中很勤俭，节省下来的钱以备不时之需，但是最终也没有能达到满意的生活。这是什么原因呢？

其实是因为他们不懂得如何创造财富，到了中老年以后，他们的储蓄很快就会消耗殆尽。

社会上很多人没有防范意识，钱财很容易被一些居心不良的人骗走。很多人将自己的幸福生活建立在欺骗的基础上。他们常常可以依靠一个巧妙的广告、一张诱人的传单或者一张欺骗性的宣传单轻松地将别人的钱据为己有。

一个具有商业知识头脑、由贫苦中奋斗出来的人，是不会把自己的血汗钱投入不靠谱的项目中的。很多人为了避免更多的损失，将自己的资本全部委托给律师或者商业经纪人去处理。这种方法的前提是要确认受委托人是否诚实可靠。很多经验不足的人，尤其是女性，很容易让受委托人钻空子，利用特权侵占其财产。

很多从大学毕业的人，虽然有一定的知识量，但是却不会利用实用的商业知识。这是因为学校也忽略了向学生传授相关知识，培养相关技能。父母把子女送到学校之后，也不了解子女是否了解普通商业原理和一般商业技能。

要想避免钱财耗尽，在校学生应该学习商业常识，以免毕业后参加工作受到别人的嘲笑和欺骗。

积蓄金钱并擅长投资，并不是想象中的那么简单，甚至那些有丰富商业知识和经验的人也觉得并非易事，对于那些没有受过商业训练的人就更难了。

选择合适的职业

每个人都会遇到一个问题——"哪一种职业比较适合自己呢？"如果一个年轻人找不到适合自己的职业，那么他的生活一定很无趣。

适合你的好职业应该有益于你的发展，可以帮助你不断进步，让你在行业内学得更加扎实，让你的前途一片光明。在你可以选择的范围之内，不要从事那些损害你健康、剥夺你休息时间、内容繁杂的工作。不要为自己的职业担心，那些不适合你的工作完全没有必要尝试。

有些人从事低贱的工作，只是为了微薄的薪水。那些不适合你的职业，会让你的状态变得更差。

选择职业，就选那种正大光明的职业。从事非法职业只能让你的内心不安，很难得到成功的机会。即便你的能力不逊于钢铁大王卡耐基和富商培比第，也不见得会做得有多好。

在众多职业中选择一个合适的职业，就像从书籍中选出有益的读物一样。你应该挑选那些合理、适合自己的工作。我们要从长计议，选择那些在未来有利于我们人格和能力发展的职业。

不管是谁，如果仅仅因为争强好胜，忽略对自己品格和能力的培养，那么一生肯定会碌碌无为。

年轻人应该把自己的才华和精力都消耗在那么有意义的工作上，释放自己出色的能力。否则，即便你身强体壮、知识丰富、才能出众，也只能将自己的才能白白浪费。

为了一点钱不惜牺牲自己的人格，去做违法的事情，这是丧失脸面的事情，同时也违背了自己的良心和意志。

心中怀有梦想的年轻人应该好好利用自己的青春，去过一种高尚的生活。但是他们却以"命运不济"为借口，这是多么可叹啊！

我们可以选择的职业有很多，必须有长远的规划才能成功。

凡是可以成就大事的人，遇到重要的事情，必须深思熟虑：

"我应该把精力集中在什么地方呢？怎么做才能获得最大的效益呢？"

适合你性格、才能和体力的环境是首要考虑的因素。以此来逐步实现你的目的，昂首向前。

很多人觉得我们小时候对一些事情感兴趣，长大后肯定就会从事相关的职业。其实这种观点是错误的。很多人到了中年才确定自己想要什么。

有人问美国银行家乔治·皮博笛咨询，他是怎么找到这份工作的，只听乔治·皮博笛解释道："我没有刻意地找工作，而是工作选择了我。"生活中很细小的一些事情都可能会影响到人一生的命运。

亨利·狄克教授认为，万事只要做起来有兴趣、有把握，那么完全可以当机立断。一个人最大的缺点就是犹豫不决。只有那些事事都认真对待，踏实努力的人，才能让自己得到进步，得到飞跃。

托马斯·斯莱克博士说："我总是在思考怎么执行，所以到今天我会取得这样的成绩。如果我总是在犹豫，那么我一定不会拥有成功。"

有些人在选择职业的时候，总会思前想后，手足无措。他们总是在想："我该做什么？""我该怎么办？""我要怎么发挥自己最大的潜能？"如果有人可以帮助他们决断这些问题，不但会减少他们的忧虑和烦恼，也会间接影响到人类文明的发展进程。如果人人都可以从事合适自己的职业，那么世界的文明进程肯定又要往前推进。

如果还没有确定你的职业就慢慢来，一定要慎重考虑。不要被找工作这件事情扰乱得心烦意乱。你只需要做好完全的准备，端正自己的品性，修炼自己勤勉的毅力，必定能找到适合自己的岗位平台。

我们尽量将自己的事业把握好，工作和职业是一门博大精深的学问，我们在工作中也逐步获取长远的发展。

从事最合适的职业（Ⅰ）

有些人有着丰富的学识，但是由于他们从事的职业和他们的才能不相符，时间久了，他们原本的工作能力也会降低。在生活中，我们随处可见这种例子。由此可见，不称心的工作很容易消耗人的精力，践踏人的才能。

青年必须要树立远大的志向，才能聚精会神、全力以赴地做事。不称心的职业会摧残人的希望，践踏人的自尊，削弱人的内在力量。

一个人的工作是否合心，从他的言行举止就可以看出。工作不合心的人，往往说话、走路会很没有精神，做事懒洋洋的。

一些家长会强迫子女从事他们并不感兴趣的工作。他们希望子女可以按照他们的既定计划，走上一条步步高升的路。但是他们丝毫不在乎子女自己的意志、兴趣、性格特点。这些可怜的孩子常常感到无比压抑和痛苦。最终会白白葬送一生的大好前程。

一位著名的作家曾说："一般来说，家长们常常会根据自己的体验和经历，向子女强行灌输自己的观点。尤其是那些在某一领域有一定成就的家长，他们更加理所当然地认为子女应该按照他们既定的路线去发展。"他们考虑的仅仅是自己的兴趣点和经验。随着社会的不断发展，环境的不断发展，那些家长却丝毫没有意识到自己的做法有多么不合适。

人们应该做自己最感兴趣的工作。当子女获得一份称心如意的工作时，家长应该少对子女的工作品头论足，避免子女陷入烦恼。

你应该选择和你的才能、体力、智力相吻合的职业，同时还应该适合自己的性格特点。这样也不会在日后产生抱怨。在选择工作这件事情上，你应该坚定意志，去选择最合你心愿的工作。当你的家人、朋友劝你做律师、政治家、演说家、医生、艺术家或者工程师的时候，你应该有自己的主张，不能盲目相信别人。你需要冷静下来，分析自己的个性特征和兴趣。如果一时难以定夺，则应该各种职业都尝试一下。同时，你需要不断地给自己强大的心理暗示，相信自己一定会好好完成工作。

从事最合适的职业（Ⅱ）

如果你选择了不适合自己的职业，那你可能也会丧失掉生活的乐趣。但是大多青年人没有考虑到这点，他们往往愿意去做在别人眼中很光鲜靓丽的工作。他们以为成功的办法就是做一份体面的工作，根本无视自己的实际情况，他们根本不懂成功的真正含义。

培养为人处世的能力是最为重要，最有价值的。一个人除了有理智之外，最重要的的东西就是感情。感情其实和学问一样宝贵。但是很多受过教育的青年会觉得不习惯。想要改掉这些习惯，就必须要从修身养性开始，让自己成为一个令人愉悦、受人尊敬的人。

择业之初，除了考虑自己的兴趣、性格特点，还应该考虑自己能否胜任。一旦做出决定，就不能给自己留退路，要将全部的精力和勇气付出在工作中，消除恐惧，一往无前。别让一身的才能禁锢在不适合的工作中，消磨光你的精气神。

一旦你决定了要从事某一种职业，就应该坚定自己的信心。立刻打起精神来，不断地鼓励自己。这样才能带给自己必胜的决心和信念。

当你选择了自己感兴趣的职业，工作时即便没有人监督也会做得很好。相反，从事着自己不感兴趣的职业，即便是有人专门监督，也无法令你专心工作。

在选择职业的时候，你应该对某些问题仔细考量：自己能否胜任这份工作？自己对这份工作是不是真的感兴趣？一旦你胜任了这份工作，就需要全力以赴。

只要你的兴趣和你选择的职业相吻合，你就不会失败。但是在工作的时候，有人很容易受到外界的诱惑和困扰，让自己陷入困难的境地。

每个人都有自己的专长，都会找到适合自己的天地。你只需要在选择职业的时候，多问问自己："我最感兴趣的工作是什么？"

当你觉得工作没有前途，你就应该停下来认真思考，问题究竟是什么？找出失败的原因，你还可以东山再起。

爱迪生曾说："正如一叶小舟驶入大江大河一样，年轻人踏入社会，应该处处谨慎小心，耐心地排除掉身边的障碍与困难，这样才能安然驶入大海。"

当你在工作时信心十足，动力满满，精力充沛有加，那么恭喜你，你正在从事适合自己的职业。你那振奋的精神和乐观积极的态度，会带给身边人愉悦气息。

如何谋求心仪的职业

很多年前，为了当一名新闻记者，一个年轻人跑到了美国西部。但是刚到西部不久，由于人生地不熟，只好通过写信的方式请教报界名人塞寥尔·克莱门斯先生（即马克·吐温）。很快，塞寥尔·克莱门斯先生在回信中说道："只要你能够按照我说的去做，我可以在报界为你找一份工作。那么，你想进哪一家报社呢？"

接到克莱门斯先生的回信以后，年轻人特别兴奋，他赶紧回信向克莱门斯先生致谢，并且说明他所向往的报社名称和地址。不久，克莱门斯先生的第二封回信就到了，年轻人看到信中写着："只要你肯暂时不拿薪水只做工作，任何一家报社都不会拒绝你。你可以向报社表明，你可以先干工作，不要报酬。这样一来，哪家报社都不好意思回绝你。"

"当你获得了工作机会后，就要主动做事，慢慢地等到同事们确实需要你帮忙时，你再去做相关的采访。如果他们感到你写的稿件内容符合事实，编辑自然而然会陆续向你预约稿件。这么一来，你就会慢慢地得到职位上的晋升。领导和同事也会慢慢重视你。你的名字和工作业绩也会被大家认可。"

"不用过多久，其他报社也会竞相聘用你。这时候，你可以告诉主编，其他报社允诺你的月薪标准。如果这里也愿意付给你同等的薪资，你可以考虑在这里继续做下去。如果其他报社给出的薪资标准更高则更好，但是如果与这里给出的薪资标准差不多，还是留在老地方比较好。"

读完信以后，这位年轻人对克莱门斯先生的方法还有一些怀疑，但是他仍旧照做了。过了一段时间，他果然进到了一家有名的报社编辑部，不出一个月，另一家报社也向他敞开大门。原先的报社知道这个情况以后，就按照对方给出的薪资标准加倍付给这位年轻人。就这样，这位年轻人在这家报社工作了四年，也因此涨了两次薪水，现在的他，不再是普通员工了，而成了报社的主编。

除了这位年轻人，还有五位年轻人去请教克莱门斯先生。他们同样获得了同样的工作指导。也因此，他们都找到了理想中的工作。

如今，美国一家名望很高的日报主编就是当年那五位年轻人中的一位。那位主编在 20 年前仅仅是一位普通的年轻人。采取了克莱门斯的方法之后，顺利地进入了一家报社，并且一步步走上高管的职位，实现了自己的理想。

昌西·迪普告诉我们一个很好的例子。一位年轻人名叫詹姆斯·路特，他住在伊里铁路附近。一开始，他在铁路局负责货物管理。不久之后，由于工作能力出色，他被领导提升为车站运货部主管。上任之后，路特立刻开始对车站的货运工作进行整改。一切都变得井井有条。工作上的成就也让他再次得到晋升的机会。铁路部门领导委派他任职铁路货运管理处主任，最后官至中央铁路局做货运部主任，年薪15000美元，这在当时是很高的薪资待遇了。

有一天，路特在工作中遇到了难以解决的问题，就去向范德尔比特请教。但是，范德尔比特却反问他："你凭什么每年可以拿15000美元的薪水呢？""因为我负责管理运货事宜。"路特答道。范德尔比特又毫不客气地说："那这么说，你是想把这份薪水让给我了？"路特顿时觉得脸红了起来，赶紧起身回去思考解决方案。后来，他又一步步做到了中央铁路局副局长。范德尔比特退休之后，路特就被任命为中央铁路局局长。

昌西·迪普先生说："如果没有当初全力以赴的工作，解决工作中的各种难题，路特的职位早就不保了。"

不止为薪水而工作

如果想要让我对刚踏入社会的年轻人提几点建议，我希望他们能够牢记："尤其是在刚开始工作的时候，不用太考虑薪水的高低。一定要多注意工作的隐含价值。"我们的才能会因为工作内容而发挥出来，所以，工作本身就是训练品格的有效工具。企业对于我们来说，就是生活中的学校。有益的工作可以丰富我们的思想，提升我们的思想，增进我们的智慧。

如果一个人只是为了薪水而工作，到头来受害的只能是他自己。在日常生活中，他欺骗了自己。这种欺骗在日后也无法弥补。

在工作中就可以充实一个人的品格。如果他在工作时总是认真谨慎，无论他的薪水多么微薄，终有一日可以成功。

你应该可以明白，用消极怠工来报复老板是没有必要的。毕竟这段时间的工作经验最终是你自己的成果，如果在这个岗位做事，就应该尽力去积累珍贵的经验，建立自己良好的品格，这才是最重要的，也远非金钱可比。

毫无疑问，每个管理者都希望可以找到机智能干的员工。管理者是依据员工的业绩来决定晋升。所以，在工作中应该尽力做好，终有一天你会得到满意的岗位。

一名普通员工忽然被提升到重要的岗位上，看似很神奇，但其实薪水很少的时候，他就在尽职尽责地努力工作。这也是他看似升职很忽然，但是领导觉得很合理的原因。

很多年轻人觉得他们薪水太少，在工作中敷衍了事，这个过程中他们其实失去了比薪水更重要的东西。这无异于将自己的职业未来给断送掉。

每个人都应该换个角度思考自己的职业：我是为了自己而工作，我投身于公司是为了自己的发展。薪水固然重要，但这只是小问题。在公司的经验为自己累积踏入社会的更多资本，这才是自己应该追求的目标。

工作赋予我们最有价值的报酬，是通过工作获得的知识和工作经验。

在工作过程中，应该充分发挥自己的才能和创造力，运用自己的智慧，尽善尽美地完成工作。在工作中，应该追求进步，不能落伍，要用积极的心态来面对一切。只有这样，才能让老板发现你的才能。

工作虽然可以解决温饱问题，但是比温饱问题更重要的是，在工作中发挥自己的才能。世界上很多人似乎只是在为薪水而工作。这样一来，无形之中就是在降低自己的生命价值。

结交挚友

爱默生面对真挚的友谊曾说："一个真诚的朋友，抵得上无数的狐朋狗友。"真诚的朋友像是一道光，照亮了我们的人生。

好朋友可以在思想上与我们产生共鸣，了解我们的志向和优缺点，能鼓励我们做每一件正当的事情，打消我们做坏事的念头。这样的好朋友可以增加我们的能量和勇气，让我们树立不达目的誓不罢休的决心。

真正的朋友不仅可以在事业上帮助我们，而且可以提升我们的道德水平，安慰我们的精神，使我们的身心得到愉悦和放松。

英国伦敦的一家报社举办了一个活动，那就是征集对"朋友"这个词的解释。其中一位参赛者的解释虽然辞藻不够华丽，但是赢过了其他的解释。那就是："当所有人都抛弃我的时候，仍然守护我的那个人。"

一个商人正在焦头烂额中，因为他经济上遇到了巨大的挫折。突然，一位朋友跑过来帮助他，支持他，从而带他走出了困境，让他有了喘息的机会，得以重新振作。这样的朋友是多么可贵啊！

在现实生活中，真正的朋友越来越难找到了，很多人觉得交友是一件很随意的事情，这种观点很不正确。

我见过很多冷酷无情的人。比如信奉"生意第一，友谊第二"的人，比如面对朋友的求助置之不理的人等等。这些人做任何事情都会以牺牲友谊为代价，这样的代价是无可挽回的。

如果我们仔细研究依靠朋友走上人生成功之路的过程，我们会发现，这其实是一件很有意思的事情。一位作家对此进行了研究，他发现在现代社会中，人们依靠建立在对人格互相尊重的基础上的信用组织维系着关系。单枪匹马的人很难获得成功。

一个见多识广，聪明能干的人，如果交不到新朋友，即便他收入再高，也不能说他取得了什么真正的进步。

交友可以让我们结交到各种有趣的朋友，不仅可以陶冶我们的性情，提升我们的品格，还能在社会上方方面面帮助我们，比如帮我们宣传新书，帮我们介绍客户，帮我们宣传公司前景。总之，挚友总是给予我们鼓励和支持，可以让有时候心灰意冷的我们重新振作起来，重新以百折不挠的意志和忍耐方法去争取事业上的进步或者生活中的幸福，真正的朋友会恳切地期待着我们的成功。

而没有真挚朋友的人，很容易迷失自己，进行错误的归因，在面对挫折和失败时，可能会一蹶不振。

有些人命运坎坷，历经无数艰难困苦，他们在为成功而奋斗的道路上觉得心灰意冷、准备放弃的时候，突然想到老师在毕业前的嘱咐，又或者想起家人在临行前对自己的叮咛和期盼。于是，这些心灰意冷的人又会重新燃起希望，振奋起精神，以坚韧的精神和忍耐力去争取成功。

很多在惊涛骇浪中奋起的年轻人，一直怀着远大的理想，希望自己能够获得立足之地。在奋斗的过程中，他们会变得强大、有力量，因为他们懂得很多朋友在恳切地期待着他们理想实现、辉煌的那一天。

那些期待自己能够成功，期盼自己被好运庇佑的话，一般来说会被人牢牢地记在心里。

生活中有这样的例子。有的人虽然天性和善，很有成功的希望，但是他们没有得到旁人的鼓励和信任，最后竟然走向失败。

如果周围的人总是鄙视和打击他，甚至亲近的家人和学校的老师也对他表示失望，认为他无能、没有希望，即便这个年轻人具有成功的潜力，最后也会丢掉信心，过上颓废、不思进取的生活。

如果身边有朋友真的信任他、关爱他，能够肯定他身上的潜力，并常常鼓励他，那么他在以后发展的道路上也会觉得非常愉悦。

无论对于谁，如果你觉得对面的这个人，有独特的才能，并且充分信任他，那么你应该毫不吝惜地对他说："你将来一定会取得事业的成功，成为了不起的人物！"

交友的巨大效益

世界上没有人可以完全脱离集体独自生活。在社会中，每个人都像葡萄藤上的枝蔓一样，只要一脱离主干，树枝就会枯萎。

正因为依靠在主干上，葡萄才能有如此美味。

一个人接触面越广，他的知识、道德水平也就越发增多。如果一个人与社会断绝来往，那么他的能力也会逐步削减，社会交往可以增强一个人的综合能力。因此，人们应该相互学习，在各类团体活动中获得丰富的经验。

无论是谁，只要他细心聆听，身边的人总会带给他一些影响。有些信息可能是闻所未闻的。

经常与别人合作的话，可以激发自己更多的潜能。相反，即便有些潜伏的力量，单枪匹马也很难发挥出来。和一些品德高尚的人接触，才能增加自己的见识和才能。

有时候我们大部分的成就，都需要依靠他人的影响才能完成。他人总是在无意之间把帮助、希望、勉励贯穿到我们的生命之中。只有少数人才能明白这个道理。

我们身体的成长，都需要从身体外面汲取更多的营养，只不过有一些我们很难发现。

师生、同学们可以共同劳作，这是学校教育带给我们的价值。这些合作与交流，不仅可以让学生的思维变得敏锐，而且会激发他们的志气和能力，带给他们对未来的憧憬和希望。课本上的知识固然重要，但更重要的是知识和能力。

无论一个人有多大的成就和学问，如果他不懂如何跟别人交往，没有同情心，没有感兴趣的事情，无法跟别人同舟共进，那么，他的生命一定会更加孤寂。

如果你接触的人都是弱者，同样也会削弱自己的精神状态和工作能力，让自己逐渐堕落。要和比自己优秀的人交往，这样我们会进步更快。

有些人可以激发我们的能力和价值，与这样的人交往，我们可以获得更大的效益。所以，我们的人生会在和别人沟通交流的过程中走入新境地，更容易成功。

借助别人的力量

任何年轻人在刚刚踏入社会的时候，都应该学会接人待物，以便于相互帮助、相互促进，否则，依靠自己的能力很难获得成功。

钢铁大王卡耐基曾提前执笔在自己以后的墓志铭中写道："长眠于此地的人懂得在他的职业生涯中挖掘比自己更加优秀的人。"

大部分美国人都有一种特点，这也是美国成功人士身上最宝贵的经验，那就是善于观察别人，并且能够吸引一批人才共同进步，激发共同前进的动力。

如果你想成为企业的领导者，或者在事业上成就一番成绩。首先要一种鉴别人才的能力和眼光，能够识别出他人的长处，并且利用这些长处帮助自己进步。

一位商界名人告诉我，他的成功得益于对人才的鉴别能力。这种鉴别能力可以帮助他合理地安排每一位员工的岗位和职责。不仅如此，他还努力让员工们知道他们所担任的位置对于整个公司的意义。这样一来，员工们就可以发挥自己的特长，把工作做得井井有条。

但是，不是每个人都有这种鉴别能力。一些领导缺乏对人才的鉴别能力，经常让员工负责自己并不擅长的工作内容，导致失败。虽然他们工作非常努力，但是他们经常将重任交给一些能力平庸的人，反而冷落了那些真正有能力的人，导致他们惨遭埋没。

其实，他们一点也不懂，人才，并不是能把每件事情样样精通，真正的人才，可以在某一方面做得十分出色。比如，一个擅长写文章的人并不一定特别适合做管理。因为管理人才所需要的协调、沟通、组织能力并不是擅长写作的人所具备的。

善于管理的人在领导岗位上可以避免很多麻烦。他了解每个员工的特点，擅长给每个人安排最适合的岗位。但是那些不擅长领导的人，总是考虑一些微不足道的小事，忽略最重要的事情，这样的人自然会失败。

很多精明干练的领导在办公室的时间很少，他们经常会外出或者旅游。但是他们公司的经营情况并没有受到影响，公司的业务仍然有条不紊地开展着。他们是如何做到的呢？其实，他们管理的秘诀只有一条：他们善于把工作分配给最适合的员工。

如何取得别人的信任

青年人如果想取得声誉，首先就要获得别人对他的信任。

如果一个人学会了如何获得他人信任的方法，比坐拥千万资产还值得令人自豪。

很多人在前进的道路上，无意中给自己增添了障碍。比如有的人不善于交际，有的人缺乏智慧，有的人对待别人就像玫瑰一样充满利刺。

与人交往的过程中，第一印象是最重要的。所以我们一定要给别人留下深刻的第一印象，如果能做到和人第一次见面就有一见如故的感觉，那就太好了。

往往最有可能成功的人，并不是那些才华横溢的人，而是那些以亲切的和蔼的态度，给人留下好印象的人。

似乎人们都有这种心理，如果有人可以给我们留下好印象，让我们心情愉悦，我们很容易肯定对方的能力和前途，也难以拒绝对方的请求。如果书报推销人员很善于与人交往，那么他很容易获得你的信任，即便你觉得自己并不需要他推销的产品，也不好意思拒绝购买了。

与人交流时，不要轻易谈起自己的身世和喜好。你要善于倾听，恰当地流露出对别人谈话的兴趣，耐心地听完对方的话。你表现出的对别人的关心，是对他们来说最为重要的礼物。

为人处事时，获得他人的信任是必不可少的一项技能。而要想获得别人的信任，首先就要养成一种令人愉悦的态度，经常把微笑挂在脸上。即使你心中对别人有好感，如果你的脸上看不到一点快乐的痕迹，那么你也得不到别人的好感。

任何事业想要获得成功之前，都必须持之以恒。良好的态度要坚持下去，不能急躁粗俗。志向远大的人，做任何事情都要一以贯之，不能轻易放弃，否则，你很难让别人觉得你值得被信任。

如何奠定信任的基础

刚开始，年轻人会认为一个人的信用是建立在金钱基础上的，这种想法是完全错误的。跟万贯家财相比，卓越的能力、高尚的品格、吃苦耐劳的精神更为可贵。

每个人都应该努力树立自己良好的声誉。只有这样的人才能结交到更多朋友。一定要将自己训练得十分出色，这是对明智的从商之人最基本的要求。

很多银行家很有眼光，他们愿意将钱借给那些资本很少，但是可以吃苦耐劳、小心谨慎、对商业发展敏感的人。

每批一笔贷款之前，银行的职员们都会对申请人的信用状况进行了解：对方的生意是否稳定？可否做成功？只有确信对方绝对值得信任，他们才会最终批准贷款的发放。

罗塞尔·塞奇说："成功的关键是坚守信用。"一个人要想获得他人的信任，一定要投入大量的时间，立下决心，不断努力。

有一次我去拜访一家大型杂志社的主编约翰·格林先生，询问他对人如何获得信用的看法，他谈了以下几点看法：

第一，他必须善于克制，注意自我修养，做事认真，保持良好的名誉；他应该有自省精神，这也是他获得别人信任的重要条件。

第二，年轻人要想获得其他人的信任，就应该拿出扎实的成绩，证明他是个才华过人、思维敏锐的人。为了投资事业，一个普通人可以将自己多年的储蓄拿出来，这固然值得鼓励。但是如果他还有某一方面的专长，那么他会给别人留下更加深刻的印象，格外受到重视。

第三，有良好习惯的商人，比那些沾有恶习的人更容易成功。年轻人想要成功，还需要良好的习惯。这会让他在商业交往中容易取得别人的信任。否则很可能会永远没有出头之日。

那家杂志社的社长查尔斯·克拉克先生也对我说："很多人之所以能够获得成功，凭借的就是他人的信任，这是他一生受用的财富。"

这位社长认为，有志成功的人年轻人，在任何诱惑面前都可以保持坚定的信念和意志。他善于自我克制，不赌博、不饮酒等，只要稍微有所懈怠，他就会将自己的信誉和声誉摧毁。

此外，想要获得成功，年轻人还需要付出实际行动。任何一个年轻人刚踏入社会做事时，绝对不能凭空得到别人的信任。他必须以自己的全部力量在事业上谋求发展。这家杂志社去采访社会名人时，发现生意营业额已经不是成功者最关注的事情了，他们最关注的是，对方品性是否端正，是否还在进步，习惯是否良好等。

很多年轻人做小事比较马虎，尽管平时为人诚实可靠，但是这样也会在无形之中丧失自己的信用。比如，不自觉地额外透支，导致个人经济危机，这类事情积少成多，最终会让他失去更多。

一个人只要失败过一次，别人就不会再与他交往。因为他的不守信用，会给很多人带来麻烦。别人宁愿去找信用可靠的人，也不愿意再和他交往。

精明干练的人做事总是思维敏捷，从不会拖泥带水。这也是他们走向成功的关键。他们不会没有责任感地允诺别人。他们知道，无论是生意成功还是失败，还是树立信用，都需要小心谨慎。

一个信用良好的人要想让自己破产很简单，只需要开始变得口无遮拦、丢三落四、漏洞百出就可以了。这样一来，就不会有人再信任你。

获得财富的基础

一个人要想成功，就必须对自己的兴趣、成败有自知之明。有的人一看见别人取得成绩就会心生妒意，同时暗暗模仿别人，仍然无法成功，原因就是他们缺乏成功所必需的才能。

一个人想要获得真正的成功，需要严格地剖析自己，并且努力改善自己的不足之处。具备了这些自身条件，他就能获得那些适当的发展条件和环境。

想要让别人尊重你、敬佩你不是一件难事。一个人一旦失去了自尊心，那他在事业上也很难有所作为。

无论取得的成就有多大，如果一个人的谋生方式和自己的内心追求相悖，且不论对别人的损害，就连他自己的身体和精神上也会承受巨大的压力。如果在追求名誉的过程中使用了非法的手段，这样的成就会让你在日后都承担不安的心理。

　　那些喜欢弄虚作假，装腔作势的人，一旦有一天被人揭穿，他必将无法在社会上立足。

　　所以做事时，一定要遵循社会道德，遵从自己的良心，无论什么职业和身份的人，做不到这点，你很难获得成功。真正的成功并非是要建立什么傲人的功绩，或者成为屈指可数的富翁，也是不非要做出什么惊天地泣鬼神的事情。只要是恪守自己的本分，顺应事情和社会发展的规律，那么他就是成功的人。而那些沽名钓誉的人，永远称不上是成功者。

　　每个人都需要铭记，成功不是靠金钱可以衡量的，生活、事业中的多种因素构成了我们对成功的评价标准。

财富
思维
/一生的资本/

第七章

·

成功人士的 12 个好习惯

　　成功人士 12 个好习惯有：
一、勤俭持家；二、劳逸结合；
三、精打细算；四、聚沙成塔；五、
通晓业务；六、办事有条理；七、
谨慎；八、没有欠债；九、及时
学习；十、执行力高；十一、优
秀的老板；十二、创新性思维。

成功人士的
12个好习惯

勤俭持家

美国作家约瑟·彼斯林说："过分节俭，是几种不合算的节俭方式之一。"

我认识一个富人，他为了节省一点点钱，恨不得浪费一大把的时间。比如，他会把信封的背面裁开，用来当作稿纸。他还喜欢在没完的半页信纸上写字。做生意时，他费尽心思想让雇员节省包装用的绳子，还把这条规定写进了公司章程里面。其实，这条规定导致的时间浪费的价值远远超过了一条绳子的价值，这种行为极其愚蠢。

现实中，大多数人并不了解节俭的真正含义。吝啬不能算是节俭，因为它不属于一种经济、有效率的运用。

善于节俭的人和不善于节俭的人，大大不同。不善于节俭的人，为了节省一分钱而浪费了一块钱。凭借斤斤计较的行事作风，想要做成大事，简直是无稽之谈。只有依靠理智的头脑、合理的处事方式，才能获得成功。

从广义上来说，节俭中蕴含了一种利益权衡的思维方式。当做大生意时，会用到一些费用，这属于恰当的投资，并非是浪费。看似做出了最聪明的计划，其实却招揽了最过分的一笔消费。

如果过度节俭，效果会适得其反，它会阻碍你前进的道路。商人不在乎他们花了多少钱，但是农民会生气。

有一位年轻的商人就特别节俭，大家都叫他"小气鬼"。直到自己的领带和衣服破了，他才舍得换新的。在工作中，他从来不会请有业务往来的人吃饭，外出偶遇客户，他也绝对不会替客户付账。慢慢地，"小气鬼"这个称呼就传开了。

他的吝啬让事业蒙受了巨大的损失，生意最后也以失败告终。

有许多人为了省下钱，就算生病了也不去医院就诊。这种过度节省的人，不仅影响健康，也会对自己的事业造成严重的后果。我们应该锻炼身体，增强体质，将智力和体力看作是同等重要的资源。

慷慨大度会帮助你更好地实现志向，帮助你在事业中越走越远。这可比将钱存入银行要有意义的多。

让我们把眼光放长远吧，不能让吝啬成为我们在人生道路上的绊脚石。

劳逸结合

与其把钱花在医院，

不如去田野之间寻找健康。

有智慧的人，

会将"运动"当作"良药"，

大自然拥有我们想象不到的愈合力量。

一些勤奋的作家连续几个月伏案工作，为作品费劲脑汁；辛勤劳碌的商人，即使在夏天也坚持营业；家庭主妇们为了操持家务，每天要花费大量的时间和精力；学生们在学校认真学习，有时候中午也来不及休息。每一个城市中都有这样辛勤工作的人，他们需要大自然的景物来丰富他们的内心，滋润他们的心灵。

度假回来的人总能感觉神清气爽，满血充盈。他们不会再感到疲劳，心中总是充满愉悦和快乐。所以明智的人常会利用一切条件，为自己争取一个休假的机会。

那些每年都到田野间度假的人，几乎不用和医院、药房打招呼。

花一些时间来调整自己的状态，可以让你得到足够解决各种问题的精气神。一个人如果一年都休息不了一次，这是很反常的。要么是你过分吝啬休息的时间，要么是你职务低微，工作能力欠缺。人们可以从休假中重新获取生命的资本，使身体恢复健康，精神重新振奋。可以说，一年一度的休假是一个人最值得去做的投资。

适当地劳逸结合，还能助人培养良好的品格。缺乏休息，脾气暴躁的人，很容易患病，性情从而发生更大的变化。

人在疲惫的时候，如果得不到休息，连反应能力也会变迟钝。

有了这些病症以后，不管是什么职业的人，都应该立刻停下手头的工作，去适当休息。如果不遵循大自然的规律，那我们一定会受到大自然的惩罚。

精打细算

很多人会将本应该投资在事业发展上的资本，浪费在无聊的地方，比如酒吧、舞厅、戏院等。如果他们可以将这些不必要的花费省下来，时间一长，一定是一笔不小的书目，甚至可以积攒起一笔可观的启动资金。

常有年轻人向我夸耀，他们不愿意存钱。尽管每个人薪水并不低，但几乎月月花光。理财能力这么差的年轻人，等年老以后，想必生活会悲惨。

大多年轻人似乎不知道金钱对于将来事业的发展意味着什么。当踏入社会时，他们好像只为了让别人说一声"阔气"，就开始肆意挥霍。有的年轻人还会将自己包装成一个富有的人。

尽管是冬天，当他和女朋友约会时，也非要买一些价格很贵的鲜花，或者其他小玩意儿。这位年轻人应该不曾想到，这么耗费钱财得到的女朋友，将来在生活中也不会帮他节省。

为了满足自己的虚荣心，喜欢铺张浪费的年轻人们不知道要造成多少浪费。这种对社会资源的浪费，实在不可取。一旦他们把钱花在了不必要的地方，一些苦恼和麻烦也会随之而来。为了自己的面子，他们没有办法再过节俭的日子。他们也不清楚自己沦落到了哪一步。有些人的资金出现空缺，就借助非法手段来填补空缺。慢慢地，公款被挪用地更多，亏空也越大。最后会将他拖入可怕的深渊之中。直到这时候，他才会悔恨，但为时已晚，他会迎来法律的制裁。

最近一位作家也谈论到这个话题。他觉得在社会中，"浪费"二字非但没有给人们带来利益，反而剥夺了很多人的快乐和幸福。而浪费的原因不外乎有三种：一是想要追求更时尚的生活，二是贪图享乐和购物的快感，三是因为某种戒不掉的嗜好而浪费。总结起来就是，人们克制不了自己的欲望，从来没有考虑过要修身养性。他们已经习惯了做事任意而为，这也是造成社会风气浮夸的最大原因。

很多人没有储蓄的习惯，导致到了中年以后会面临经济危机。这样的人一旦失业过久，就会沦落到贫寒的地步。

这些人不懂得年轻时要注重节省，也不懂得生活中要学会克制，为了面子，他们债台高筑，让自己落得凄惨的地步。

挥霍无度，说明这个人平时对金钱没有正确的观念，而那些从不挥金如土的人，才能成就大业。

消费时一定要有节制，有计划，精打细算，这样才能给自己创造发展的更多机会，不至于最后落得入不敷出。

很多年轻人要紧跟时尚的潮流，穿衣打扮也追随贵族绅士的模样。怎样能花钱让自己外表变得更加漂亮，是他们每天优先考虑的事情。结果，他们不仅因此欠债累累，而且很容易丢掉工作中的晋升机会。因为错误的消费观，他们竟然将自己的前途输得一败涂地。于是，他们本来可以过上更有意义的生活，到最后只能是消极退场。

那些不愿意精打细算的人，其实是在自欺欺人。他们不知道，盲目的挥霍，会摧毁他们成功的基础。

难道生活不用考虑未来吗？你以为将来所有的事情都有从头再来的机会吗？时间从来都是公平和严肃的，它不会给任何人反悔的机会。年轻时你怎样播种生活，年老时你就得到相应的果实。

请你牢记，今天的播种决定了你未来的生活。终有一天，当面对年轻时耕耘的土地，你会惊叹，要么是满目苍翠，要么是干枯贫瘠。是选择一种光荣的成功生活，还是选择凄惨地迎接失败，归根结底，要看你面对生活和金钱的态度。

聚沙成塔

如果在创业过程中，以自己以前的积蓄作为启动资金是比较稳妥的做法。如果举债创业，那么创业过程中就会暗藏资金危机。所以我们说，想要积累财富，就需要善于克制，合理筹划。

一般情况下，人们习惯将吝啬与节俭混淆起来。其实两者的含义大不相同。吝啬是一种过度节省的习惯，而节俭是将金钱用在最合理的地方的一种生活态度。

英国文学家罗斯肯说："我们应该把钱使用地最合理，最有效，这才是真正的'节俭'。'节俭'更重要的含义是如何用钱。

这也就是说，我们怎么去购置必需的家具，怎么把钱用在刀刃上，怎么最合理地花费在基本的生活活动和娱乐、教育等方面。"

托马斯·利普顿爵士说："曾经有人问我，怎样才能成功。我告诉他们，最重要的秘诀就是要节俭。很多成功者都有储蓄的习惯。在他们心里，薄薄的存折远比其他东西更让人有安全感。只有储蓄，才能奠定成功的基石，才能实现独立自主。这种好习惯可以让一个年轻人拿出全部力量，达到成功的目标。如果每个人都有储蓄的习惯，世界一定也会变得平稳、和平得多。"

约翰·阿斯特先生在晚年时经常说："如今，赚取十万元的难度并不比赚取一千元难。但是如果没有当初的一千元，或许我早已经死在贫民窟里面了。"

一些"纨绔子弟"平时喜欢出风头、讲排场，不仅将自己的收入挥霍一空，而且不惜借钱撑场面。这样的人一旦遭到生活中的变故，比如生病、失业等，就会变得一蹶不振。说不定还会连累身边的人，将别人的钱都给赔进去。到了那时候，他们真实的面孔就会显现出来。如果以前他们可以节省一些，合理规划，也不会落得这样的境地。

很多人不懂精打细算，生活中也不懂理财，不知不觉中浪费了很多钱财。如果一个年轻人可以把每次自己的开销记录下来，好好核算、规划，那么他事业将迎来新的发展。这样他不仅学会了理财、记账的方法，还熟悉了各种金钱的往来规则，从而得到了宝贵的管理钱财的经验。

很多年轻人和城里的孩子一样，宁愿把钱放在口袋里，也不想将钱存到银行去。这种做法其实也不合适，因为这很容易导致用钱时失去控制。如果存钱，最好把钱存到离你住所远一点的银行，当你想用钱时，由于距离太远，会促使你谨慎思考这笔钱应不应该花。

富兰克林认为，致富的唯一方法就是花得少赚得多。他提倡应该保持忠、勤、信、苦的行事作风，不要让一分钱随意浪费掉。

从前，有个人年轻人为了学习技术来到一家印刷厂。其实他来这里并不是因为他家庭生活贫苦。恰恰相反，他的家庭经济状很好。只不过他的父亲让他每天回家住，但是要支付一笔与每月收入相当的住宿费。一开始，年轻人十分不理解，觉得父亲太过分了。但是几年后，当年轻人准备开一个印刷厂时，父亲将他拉到跟前，说："你现在要开启自己的新事业了，我以前之所以总是让你交住宿费，其实就是为了督促你攒钱。这笔钱现在我归还给你，这足够你去发展事业了。"

年轻人至此才了解了父亲的一片苦心，留下了感激的眼泪。如今，他在美国经营着一家著名的印刷厂，当年跟他一起长大却不知节俭的人伙伴们却因为金钱的问题苦恼不堪。

这是一个源自生活真实的故事。如果我们想在将来享受到成功与财富，必须养成储蓄、节俭的好习惯。

节俭其实对每个人来说都很容易做到，只要你不想永远处在穷困，或者每天被债主追债，你就一定要养成节俭的习惯。

一部著名的小说里，有这么一段有趣的话："宁可饿死，也不要去借钱生活。"忍受饥饿、寒冷和穷困，牺牲一定的快乐又有什么关系！千万不能因为逞一时之快，抛弃光明的未来。如果我们因为贪心和享乐的心态而丢掉了廉耻之心，让名誉受损，让士气低沉，让品格颓败，那么我们的生命就像是航船在茫茫大海上迷失了方向，只能陷入黑暗。

俗话说："节俭是让人一生受用的财富。"一个负债累累、愁容满面的人是无法享受这笔财富的。我们要远离这种人，因为他们会消磨别人的志气和精力，甚至破坏他人成功的基础。

通晓业务

成功的商人往往对人和善，善于交流沟通。不仅如此，他还需要养成自信、自立、令人信赖的品性，并且通晓工作中的各项业务。

无论是谁，只要通晓业务，赚钱都不是难事。做生意是一种创造价值的谋生方式。世界上商品的流通离不开那些能干的商人。一个精通生意之道的优秀商人，绝对不会放弃自己的事业，这样的人必定会取得成功。

各行各业的管理者都有各自负责的业务，这些汇合起来就是整个社会所需要的、必不可少的商品和服务。

经商者，一定要从小处着手才能成功。要想经营保险业务，在刚进入行业时，最好先从基层岗位做起，慢慢地实现升职。如果做到城市中保险公司的经理，他出色的才能足以胜任目前的工作。那么他离总公司的总经理之位就不远了。即便他的工资不高，只要他敢下定决心去努力，吃苦耐劳，肯定会得到应有的报酬。通过基层历练过的人才，一定拥有丰富的业务能力，也一定对本行业的生意经营之道了如指掌。

前些年前，两家公司为了争夺业务员还闹到了法院。原告认为在业务员与自己公司合同到期之前，他不能中途违约，去帮助另一家公司。在这名业务员还没有成为本公司的王牌员工之前，或许竞争对手公司就为他开出了一笔不菲的薪水。

成功的商人要尤其注重商业知识、技巧等方面的训练。他们必须具备谦逊、谨慎、老练、敏锐等优秀品质。重中之重的是，他们必须在了解自己所经营的行业情况的同时，培养坚定的信念和忠诚诚信的品格。不仅对于他们，对于从事其他行业的人们来说，这些品质也非常重要。有了这些优点，再加上良好的品质，奠定了一切事业走向成功的基础。

很多人因为找不到合适的工作而感到焦虑不安，但同时也有很多老板感到苦恼。因为他们招聘不到满意的员工。有些才能平庸的员工总是为自己销售不力而找借口。其实老板们不想听借口，他们在意的是销售额，他们需要的是在销售方面老练能干的员工。

两家业务范畴相同的商行都雇用了推销员。一年之内，甲商行的业务额竟然是乙商行的五倍之多。当甲商行的销售员回来时，带回来的是大量的订单。这说明他很懂生意之道，所以他自己也获得了公司付给他的可观的薪水。但是另一家乙商行的推销员回来时，只带来了他克服不了的难题。所以他的薪水自然也是少得可怜。

这个故事告诉我们，要想准备把握事业成功发展的要素，就需要掌握行业的"生意密码"，也就是生意经营的经验，这样才能让自己立于行业中的优势地位。

办事有条理

有一位在小城镇经营了十几年生意的商人，最终事业失败，遗留下了一堆债务。当一位债主向他讨债时，老商人困惑地说："为什么我会落得这般地步？难道是我对顾客不够热情？"

债主说："其实你还可以东山再起啊，你不是还有一些积蓄么？"

老商人有些诧异："你的意思是我还可以重新开始吗？"

债主回答："对啊，你完全可以仔细盘点一下，自己目前经营的负债明细表，看看到底问题出在哪儿，这样就可以重新开始了。"其实老商人在十五年前就想过要清算自己所有的财产和负债项目，只不过一直没有实施。

这个小故事刊载在某杂志上。其实无论是在哪儿经营生意，都应该把账目核算得清清楚楚，有序地管理物资。否则生意上哪个方面都是糊糊涂涂的，总有一天会失败。

美国信托同业公会会长说："这些年，我跟大公司、商行交往的时候，我发现一个规律，凡是那些对经营状况随时关注，了如指掌的老板，事业往往不会失败。"

很多老板在管理方面很混乱，各类货物堆放地乱七八糟。客户来购物时，店员常常要翻箱倒柜耽误很长时间。而很多年轻人脾气也很古怪，对任何事情都不专心。这些人对工作也缺乏足够的责任心，遇到问题只会搪塞敷衍。

如果你花费些心思，把生意上的事情梳理地清清楚楚，将来当你忙碌时就会从中受益。

如果我想录用一个秘书，并不在乎推荐他的人是谁，我最在乎的是这个人房间的布置，因为这代表了一个人的日常习惯。

不要让自己的事业和生活杂乱无章，任何事业都需要持之以恒、有序条理才能成功。

谨 慎

曾经有一位百万富翁看到一位年轻人手里握有一万元资金，就想劝他进行自主创业。年轻人该不该听取这样的建议呢？

如今市场竞争激烈，各行业的生意被几家大公司垄断。各类兼并和收购的新闻层出不穷，导致社会贫富差异更加严重。所以，如果你对成功没有十足的把握，就不要用自己有限的资金孤注一掷。

如果没有具备创业所需的卓越能力，仅仅依靠意志力和细致的品性，是远远不够的。

很多人在毫无头绪的情况下开始独立创业，他们虽然每天勤勤恳恳，但是每月的收入仍然不稳定。而那些大公司的职员，生活就惬意、舒适得多了。很多创业者的生活还不如这些职员优越。据不完全统计，在纽约，年薪在两万五千美元以上的雇员就多达两千多人。

要想在这样的形势下去创业，其实风险很大。每年因为资金有限而倒闭的小企业、小商铺不计其数。各大公司商场都奉行垄断的生意经。

比如，在百货公司里设置书报部很便利。只要分出一块单独的地方就可以了。即便有卖不出去的书或杂质，只要退回出版公司就可以了。但是专营书店就不同了。他们需要专门去租一间门面，投入大量的装修费用、人工费用才能保证店铺顺利开张。所购进的书如果卖不出去，只能打折处理。药店和其他类型的商店也有类似的问题。

几年前，纽约有一家英国登特牌手套的小商店生意很红火。后来另一家大型公司与英国登特公司签订了合同，得到了代理权。之前那家小商店的货源就被完全拦截了，不就只能关门转让。在社会上，明智的商人一定要时刻保持警惕性。

对那些大公司来说，每年光在广告费上投入的资金就远超过几家小商行的全部资金了。一些百货公司为了装扮自己的橱窗，就会花费高价。这又怎么算是跟其他小公司公平"竞真的？"

当然，我很赞成年轻人积极主动地创业，但是需要他们特别耐心谨慎。只要他们具有这些品质，我很赞成他们去独立创业。但是我实在有些觉得担心，因为我见识过了太多的失败的创业者，只希望这些年轻人可以在创业之路上小心谨慎。

如果一个年轻人决定要好好经营某种事业，那么他应该对所处的环境冷静分析一下。同时，培养自己长远的眼光和豁达的心胸。遇到问题时，要树立决心和勇气，绝不退缩，绝不出售带有欺骗性质的商品。每一笔资金都花在刀刃上。只有这样坚持，才能看到希望的曙光。

年轻人为了提高自己的社会地位，为了可以出人头地，为了能够独立自主地生活，准备着手创业，这本来是一件好事。但是他必须具有长远的发展眼光和广阔的胸襟。面对经济危机和经营阻碍，能够尽量做到收支平衡。当潜在的危机和困难爆发时，他必须克服困难，全力以赴，熬过难关。在生意凄惨的时候，能够扛起责任，撑起事业，安然地渡过难关。他更要下定决心，面对任何困难绝对不退缩，绝对不倒下，绝对不动任何欺骗消费者的心思，绝对不为利益而出卖自己的良心，绝对要将每一笔钱都花在刀刃上。只有这样做，他才能成功。

经商可以训练出人们目光敏锐、清楚、独立自主的人，是最了不起的教育。

只靠别人发薪水，完全依赖别人的人，最终会耗尽自己的才能。因为他得不到全面发展自己的机会，处处受约束，更谈不上有什么发展前途了。

那是一种麻木的生活、工作模式：受人约束，被动做事。他不用自己动脑去考虑问题、设计方案。每天只需要按照上级的指令，在办公室完成任务就可以了。这种人的能力根本没有得到有效地开发。他自己企业的业务情况也不用去考虑，更不用投放自己的精力和资本到工作领域中，他甚至都不知道怎么把握商机，就更别提什么发展了。

我希望年轻人能够在创业中成长，主要是希望他们可以独立自主地经营事业，多积累实用的知识，将自身潜能完全开发出来。我并不是要求他们赚到多少钱。

很多人还是个普通员工的时候，各方面的潜能都没有发挥出来，但是当他们自主创业的时候，他的智慧和能力好像又有了突飞猛进的发展。

如果手里只要一小笔本金或者没有本金，在创业过程中会遇到很多困难。他必须培养自己良好的判断能力，集中精力来做最有意义的事情。不管怎样，即便是小额资本起家的创业者，也应该将自己微薄的资金投入到最有价值的地方。同时还要精通生意中的经营技巧，并且在做生意的过程中发挥诚实守信的品质。

只有小额创业基金的创业青年有很多有利的方面：资本越小，他们面对机会也更加谨慎。所以，他可以抓住很多难得、微小的机会，迅速发展起来，让自己的资本迅速积累起来。以小额度资本起家的年轻人，很注意自己的勇气、精力和前进的节奏。一般来说，创业青年对自己的每一笔投资都会很谨慎，都想将它运用到刀刃上。比如，一个在前线作战的士兵对自己仅存的一枚子弹肯定特别珍惜。他一定想要将子弹射中目标。一个刚刚创业的年轻人也一样，他们肯定想将自己的资本实现最大化利用。

而且，人们都很喜欢帮助那些有能力自己创业的年轻人。他们身上具有的勤奋、能吃苦的劲头，让人们最为感动，大家都愿意去照顾她的生意。

与所有大专院校的教育相比，创业经商最有难度。如果一个商人不愿意把自己的精力放在事业中，并且以坚韧不拔的精神坚持下去，那么他很难取得出色的成绩。所以说，商海是最能检验一个人才能的地方。

没有欠债

什么情况下我们可以开始创业？只要借到一笔资金就可以吗？其实不然。世界上没有哪个创业者没有任何商业经验，仅仅凭借借来的钱就可以做成大生意的。实际上，就算是你借到了资本，也不见得可以成功创业。

没有任何经商经验的年轻人去创业，难免会遇到经济困难。但是，如果一个人足够自信，足够有能力，即便他是靠着借来的本金开始创业，仍然会得到别人的信任。

如果你决定要开始创业，那么你就要熟悉所从事的业务范围和内容。此外，你还需要具有选拔合适人才的眼光。如果你在挑选员工时毫无计划和标准，即便你本人品性良好，做事踏实，当你向别人开口借钱时，别人不会给你机会。

刚开始创业，可以从小规模开始做起。只要你有能力，有方法，在一段时间的积累后，事业自然而然会有令人满意的进展。

在教育自己的儿子时，比彻曾说："债务就像魔鬼，你必须逃离它。"这也就是说，无论怎么急需用钱，也不能借债。

在富兰克林的眼中，借钱无异于自寻烦恼，这也是民事法庭中无数案件发生的原因。

当然，并不是说任何情况下都不能借钱。当意外事件发生，对一个人的生活、工作造成巨大冲击时，如果想要渡过难关，靠一个人的力量是很难解决问题的。

到时，不管你多么不愿意向别人开口借钱，为了稳住局面，减少持续损失，你不得不硬着头皮去贷款。即便这种时候，你也应该谨记一条：慢借快还。在任何性质的花费上，都应该有所节制。

一些年轻人因为有些随意，常常忘记写个凭据，从而导致很多意想不到的纠纷和困难。你首先要平衡自己能做的事情和感兴趣的事情之间的关系，不要因为眼光太高或者野心太大就走上借债的道路。

因为欠债而陷入生活危机的人比比皆是。每天都有很多的年轻人遇到这种情况。原先这些年轻人也很注重名誉，不喜欢到处借债，前途也一片光明。当他们刚进入社会的时候，还没有沾染上这些恶习，但是后来因为一点小挫折或者小困难，就打开了借钱的潘多拉魔盒，之后便逐渐陷入了危机之中。

和战争时期相比，每年因为债务纠纷而丧生的人很多。现在世界上二十个天才中，就有七分之一的人丢掉了性命。其中不乏小说家、学者、演讲天才等。

美国的斯蒂芬森为人谦虚，做事谨慎，声誉很高，但是在谈到理想的生活时，他也说道，希望自己不要欠债。斯蒂芬森说："平时我们对自己的钱财和花销要有计划性，对人一定要真诚，远离那些蛮不讲理的朋友。不过虽然我们要尽量避免和别人发生矛盾，但是也不能一味地忍让。这样才能把握住通向理想生活的捷径。"

在纽维尔·希里斯博士看来，如果我们要维护自己良好的声誉，必须遵守一条规则：支出和收入成合理比例。如果入不敷出，则大大影响我们的生活质量和稳定性。所在这个社会，我们最应该防范的就是欠债。

有的年轻人看不到欠债背后隐藏的危险，所以觉得向别人借钱是一件很随意的事情。借债背后的严重后果有很多，比如持续不断的谎言、人格的丧失、道德的沦陷、动荡的生活等。如果他们了解到这些，一定不会轻易选择做债务的奴隶了。

这个世界上最令人苦恼的就是欠债。看看那些每天因为债务而不安、焦躁、吃尽苦头的人，才知道欠债的危害性有多大。债务会把一个人的意志、体力、精神、气魄等消磨殆尽。债务对人的压迫感，足以摧毁一个人一生的希望。

及时学习

有些人在事业上总是没有什么起色，这是什么原因呢？原来，是因为他们不求上进，在工作中只看到眼前的薪水和福利。尽管他们有天赋，但是却没能很好地发挥出来，所以他们白白浪费了时间。

一些人由于所受教育水平不够，就像没有接受过培训的职工一样，很难顺利地完成任务。

一个人的知识储备量充足，才能得到充实的生活和充满前途的工作。

经常读书，积极获取一些有意义的知识，对事业发展很有帮助。一些商店里的学徒和公司里的员工，虽然薪水不高，但是工作态度极其认真。最可贵的是，他们会自己买来专业书看，增加知识量。有的人还会在周末或者晚上去补习学校里上课进修。

我身边就有这样一位年轻人。他在家的时间很短，不管去哪儿都随身带着书籍。后来，他对历史、文学、科学等学科都积累了一定的知识，变成了一个知识渊博的人。

这位年轻人拥有了自己的事业，得益于他对时间的掌控。但是还有很多人在浪费自己宝贵的时间。甚至在宝贵的时间里做有害于身心的事情。

随时随地要求进步，对任何事情都有执着的信念，这是一个人走向成功的征兆。

一个年轻人怎么利用他零碎的时间，决定他未来的走向。

今天的社会，尤其注重教育的价值和意义。当今社会中竞争激烈，需要人们合理利用时间，增加自己的知识。

谁都不可能在顷刻之间获得丰功伟绩。任何事情的量变或者质变都需要时间。只有一点一滴地增进知识，才能有利于一个人的成功。

有的人会说，自己薪水太少了，即便是每天节俭度日，也不会发财。其实他根本不会利用零碎的时间去学习，那些能高效利用时间的人，最后都获得了成功。

大部分年轻人常会把时间浪费在无聊的事情上。他们却没有看到知识的巨大价值。

商业化社会中，很多专业技术人员显得气度不大，他们仅仅追求事业的片面发展是不明智的。

对于每个人来说，有一个不变的真理，那就是不进则退。经商之人，往往会在工作中获得多方面的历练，练就了一身无人能及的社会生存本领。这也是为什么大多数毕业生喜欢去商场中奋斗的原因。

时至今日，伴随着人类文明的进步，各国的商业经济都得到了飞速的发展。要想投身于商业并获得成功，必须要充分准备，积累一定量的知识。

一位商界精英认为，在开始工作时，任何一个年轻人都应该明确，从基层做起，才能一步步实现稳定地上升。只要肯努力，任何员工都有晋升的机会。

如果一个年轻人在工作中逐渐晋升，他就会获得更多学习的机会。如果他能抓住这些珍贵的机会，那么他迟早可以实现事业上的追求。

企业家们求贤若渴，那些思维敏捷、踏实用功的人最受青睐。这些年轻人在工作里总是想方设法地进行仔细观察，努力探究疑难问题，并时刻注意把工作做好，慢慢地在行业内会大放异彩。

一个未来的胜利者面对工作中的问题，一定会事无巨细地完成。经常有年轻人在做事时避重就轻，用逃避的态度对待工作中的烦恼、困难和乏味的部分。这就像是军队占领了阵地，不愿意以牺牲生命为代价去破坏敌人的炮台，结果必定被打败。

有些人虽然肯努力，肯牺牲，但是他们准备不充分，导致一生都达不到目标，完成不了梦想。

在很多职业中介机构的名单里，登记了身强体壮、受过专业教育的人的名字，其中不乏那些粗心敷衍的人。

在华盛顿的国家工商专利管理局当中，有一些人拿着许多还没有改进，问题很多的产品进行注册专利。如果这些"发明家"可以及时学习，刻苦钻研，那么就不会像今天这样，痛苦地将退回的产品拿走。

西班牙有一句谚语"一个精神涣散的人，即使穿过森林，也不曾记住过片刻景色。"年轻人做事情时，应该力求上进，勤奋好学。有的店员甚至对零售业务一窍不通。那些善于思考，聪明能干的人，只需要两三个月的时间，就可以通晓商店里的各项业务。

我的一位朋友在一家律师事务所工作的那几年，将事务所的工作都学会了，同时还取得了一家业余法律进修学院的毕业证书。我还有很多律师事务所的朋友，虽然工作年限很长，但却一直没有取得太大的收获，薪水也很低。两者相比较，我们会发现，前者懂得及时学习，信念坚定，行事谨慎，终于获得了成功。而后者却不懂学习的重要性，在工作中只能碌碌无为。

前途光明的年轻人随时都会注重自己工作能力的提升，对一切重要的东西或者新鲜的东西，总是喜欢刨根问底。他们的好胜心很强，希望自己在任何工作项目中都比别人做得好。随时学习的机会在他们看来，比积累金钱更重要。

即便是很细小的事情，他们也觉得有必要学好。做事的方法、接人待物的技巧、经验的积累等方面，都是他们想要获得的。这些能力将来也会带给他们更高的薪水更多的财富。

我曾经聘用过一位年轻人。他身上有很多闪光点，比如为人忠厚老实、在工作中不偷懒等。但是他的反应能力太差了，每天只知道工作不知道学习，也从来不注意学习掌握新技能、新思想。所以在工作上迟迟得不到升迁的机会。

我还聘用过其他年轻人，这几个人就大不相同。他们学习专心，常会细心观察，遇到问题可以刻苦钻研，因此进步飞速，令人赞叹。

很多人抱怨自己的运气不好，工作不顺心，薪水不合心意，但是他们不知道，其实他们完全有机会实现逆袭，只要他们能够抓住零碎的时间，懂得反思和整理，他们在日后一定会获得相应的成就。行动起来吧，学会学习，这将成为你出类拔萃的催化剂。

执行力强

一生中，每个人都会有各种各样的设想、憧憬或者计划，

　　如果我们可以将这些迅速执行下去，那么我们将会在事业上创造一个又一个的高峰。可是，往往我们有了好的想法或者计划之后，就会一直拖延下去，直至最初的热情化为烟雾，最后只能迎来磨灭的计划。

　　希腊神话中，某一天智慧女神雅典娜突然从主神宙斯的头里面跳出来。在她起身飞跃的时候，雅典娜衣冠整齐，丝毫没有凌乱。同样，有时候计划、理想或者幻想从我们脑中蹦出的时候，也是完整无缺的。但是有拖延症的人迟迟不去执行，总想着把计划留到将来去实施。而那些有能力、意志力坚毅的人，常常会及时执行，快速实现理想。

　　今日事今日毕是一种明智的人生态度，毕竟明天又会有新的事情发生。

　　拖延症会消耗人的创造力，影响人们完成任务的效率。我们常说，在做事情的时候，过度谨慎和缺乏自信心都是最应该避免的。当热情褪去，机械地完成任务和在脑力兴奋时完成任务，感觉是极为不同的。在热情褪去以后再去做一件事情，成功率也不会变低。

　　命运就是很奇妙，往往好的机会稍纵即逝。如果没有抓住机会，错过之后就只留下遗憾了。

　　决定好的事情而不去做，久而久之也会影响自己的品格，更不要提受到别人的敬仰了。其实，做大事的决心大家都有，只有少数人在执行的过程中可以持之以恒。而这些少数者才是最后获得成功的人。

　　当一个作家或者艺术家脑中闪过强烈的意念或者灵感时，

他会产生一种难以遏制的念头，应该把这意念或者灵感迅速记录下来。如果那时候他没有提笔记录，一拖再拖，脑中的闪光点也会慢慢变得模糊，最后会完全从他的脑中散去。

所以我们应该学会趁热打铁，做事不拖沓。

更糟糕的是，拖延有时候会造成严重的后果。凯撒将军在一次战争中因为玩牌，没有及时阅读接到的报告，结果竟然导致全军被俘，就连他自己也丢掉了性命。

没有任何习惯比拖延的危害性更大。讳疾忌医，可以导致病情恶化甚至是死亡。受到拖延症影响的时候，应该打起精神积极去克服，立刻着手去完成工作。否则只能看着机会和时间从指缝间白白流走。

强执行力，可以将人们从拖延的深渊中拯救出来，这是成功者应该信奉的格言。

优秀的老板

一些老板经常会抱怨，称心如意的助手太难找。他们四处搜寻，但是依然没能找到他们理想中的"好助手"、"好秘书"、"好行政办公人员"、"好雇员"。这些老板大多比较高傲，脾气大多也不好，一天之内能发很多次脾气。所以任何员工只要在他手下干活儿，就不得不忍受他的恶言相对。如果员工敢拒绝任何一项工作，就会遭受严重的惩罚，甚至会被开除。

　　在这种老板眼中，员工就像是仆人一样，每天从早忙到晚，却只能拿到微薄的薪资。这种老板不喜欢太有主见的员工，也不会给员工进修的机会。在他的思想中，老板的利益高于一切，员工所有的利益都往后排。

　　有的老板想要以最低的工资，把员工紧紧地拴在公司里，并对其实施不计后果的压榨。

　　在我的职业生涯里，我深深地理解优秀的老板们。一个优秀的老板会以自己为榜样，通过巧妙的方法，让员工心甘情愿地为他和公司付出。这种方法就是以自己作为榜样，人们都有一种特点，那就是对外来的刺激，人们往往会做出相同的反应。比如，当别人对我们憨态可掬时，我们也会回报以温柔的微笑；当我们对别人很愤怒，或者轻视、不满时，别人常常也会给我们以相同的反应。在这个过程中，老板对员工的态度，决定了员工对待老板的态度。

　　很多员工不想负责职务中的某一项任务。其实他们是想尽力完成工作的。我们在生活中会听说过这样的例子。有一些被领导辞退的员工，他们虽然有很多缺点，但是在某些方面，他们却具有很强的能力。当这些员工被聘用到了另外一家企业，常常可以担任很高的职务，承担起重任。并不是个人能力在不同的公司中变得不一样了，而是因为老板的差异。新老板和旧老板不同，很重视员工，处处给予他们足够的信任和关心，在这样的情况下，员工自然可以发挥最大的能力。

　　当一个老板对员工十分苛刻，又没有人情味儿时，员工对他的态度也会十分敷衍。一切事业成败的关键点就在这里。

优秀的老板会让员工们知道，老板是他们的战友、同事、朋友，一个愿意与他们风雨同舟的人。他还会让员工知道，他很重视他们，对他们寄予厚望。

这种和谐的雇佣关系，有利于员工发挥自己的才能和潜力，并肩携手向胜利的前方冲击。

另外一种老板呢？他们从来不体恤下属，他从不肯定员工的任何优点，更不会关心员工事业的成败。员工在这样的工作氛围中，会变成没有脑子，毫无思想的工作机器。这样老板万一破产，员工们一点也不悲伤，反而会举杯相庆。

由此可见，老板事业的成败其实取决于员工。

在美国东部的一座城市中，一位老板觉得自己很厉害，因为他总能以最少的薪资最大程度榨取员工的时间和精力。有一位年轻人在磨坊里做监工，每年只有一万元的薪资。可是他经常对别人炫耀说，他自己可以让工人做双倍工作，但是只用花费一份工资的薪水。如果工人们对工作稍有懈怠，他就会破口大骂。

这样的老板最后一定会明白这种做法的不明智，员工们的消极怠工必定会造成他事业上的巨大亏损。

无论什么员工，他们都可以从老板的态度中看出自己在公司的地位和作用。老板只有把员工的利益放在第一位，才能实现自己利益的最大化。同样，员工的利益和老板的利益是紧密相连的。

有的老板十分吝啬对员工的夸赞，为什么会这样？这些老板给出的理由是，他们担心员工会因为被夸奖而骄傲，甚至产生消极情绪。这种见解简直太荒谬了，相反，员工通常会因为得到赞美和肯定而努力工作，怎么可能会幼稚地骄傲起来呢？

你如果想让员工们奋力工作，就需要懂得怎么激励员工。拿出你的信任、期望、赞美和体贴，这样你和员工之间的距离会慢慢缩短。

同时，优秀的老板还需要注意工作环境。老板的言行举止和思想态度会极大地影响员工。如果你是一个忠于职业、熟悉业务、品格优秀、学识渊博的人，那么你一定会将工作完成地更好。

反之，如果你办事邋里邋遢，方法不当，浮躁傲娇，那么员工的前程很容易被葬送掉。这样的老板，会让员工对生活和事业的发展产生消极甚至是绝望的心理。

社会上还有一些劳资纠纷，也是出于双方缺少了解和信任，或者是双方在利益分配和义务执行上产生分歧。如果双方能够意识到这些问题，相信就可以避免很多纠纷了。

创新性思维

有个笑话是这么说的，一位士兵自己踩错了脚步，却说其他人踩错了脚步。在商业社会中，这样的士兵不在少数。很多积极进取，拥有远大抱负的商人也是这样。他们有些固执己见，从来不主动学习新的经商方法和技巧，不仅如此，还总是觉得别人创新性的方法不切实际。这种愚蠢的观念最后会害了他们。

我们经常会看到被社会潮流淘汰的报社关门大吉。这些报社不会使用新的编辑方法，也不知道在购买新设备上投入资金，更不会去花钱向一些有名的撰稿人约稿，去想方设法增加销量。这些报社为了节省新闻的采访费用，大多会东拼西凑。新闻界有个不成文的常识：质量高的新闻都需要花钱去买，但是这些报社竟然觉得这么做不值得。

所以，报社的销路越来越窄，逐渐至无人问津。最后报社只好关门大吉。

但是其他同行却认为只要能提高业务销量，一切投资都值得。无论是报纸还是杂志，人们都喜欢阅读那些紧跟时代风潮的。商人需要为产品投放广告时，也喜欢选择那些版面设计新潮，拥有广大客户群的报社。一旦你沾染上了落后的毛病，很快就会被市场淘汰。

很多教师因循守旧，不善于创新，即使一开始成绩比较高，慢慢就会变得落伍。

很多律师凭借多年前积累的方法辩论，这些做事方法和技巧在几十年前特别吃香，但是放到现在，就不适用了。

有些医生从医科学校毕业之后，诊断方法就没有改变过。他们不会购买新的医疗器械和药品，也不会更新诊所门面的装修风格，更不要提抽时间来阅读专业刊物或者花钱去购买专业书籍提升知识储备了。所以他们的诊疗方法往往见效很慢或者不对症。与那些与时俱进的年轻医生相比，固执的老医生们慢慢损失掉了越来越多的客户。等他们后悔时，已经晚了。

只知道按照老方法耕耘的人，不会获得好的收成，也不会获得很大的进步。他既不注重化学肥料的功效，又不更新农具。尽管他工作很辛苦，但是到头来也只能得到微薄的收入。而周围善于学习、创新的农民他们恰恰相反。那些善于创新的农民因为思维的灵活受益，日子也过得更加舒适。

我认识一位追求完美、精益求精的老画家。出众的画技让他远近闻名。一开始，人们都被他的画风惊艳到了。据说他的画上，拿放大镜去看，也没有一点瑕疵。但是后来野兽派、印象派画作兴起，未来派也应运而生。这位老画家觉得这些新画风都是粗陋的、浅薄的。结果，由于拒绝紧跟时代潮流步伐，他的画作渐渐成了老古董，再也没有人登门求教了。这位老画家最后在穷困潦倒中遗憾离世。

我们可以感觉到，继续采用被时代抛弃的方法来工作的人，往往是一些故步自封之人。总有一天，他们会承认自己观念保守，后悔莫及。他们也会看到那些奔跑在时代前沿的人，一个个走向成功。

那些很有经验、在行业内叱咤风云的人，和思想落后的人相比，能够紧跟时代脉搏。我们还是以经商为例。以前从事商业只要反应敏捷、行事果断就行了，但是现在还需要有一定的学识，对于各种知识都能了解一些，比如国内外地理、经济、文化、民俗、人情等，除此之外，还需要他有不断进取的精神和宽广的胸襟、持之以恒的决心和勇往直前的态度。一直处于对那些过时的商业经验的崇尚，无异于在现代社会抛弃了快速的高铁、飞机等新型交通形式，选择最古老的交通出行方式。

具有清晰的头脑、敏锐的发展眼光和出色的鉴赏能力的商人，还必须有敏捷的判断能力。商业市场中风云诡谲，哪怕是一种热销的出口产品，几年之内也可能成为无人问津的陈旧垃圾。所有商品的价格都好像是一叶扁舟，起伏波动。

在这样一个时代中，任何年轻人，尤其是经商的年轻人，都应该多学习、多观摩，从别人的生产经验中获得灵感，积累最新的开展事业的方法，找到自身的差距。

如今事业发展的好坏都有了新的评判标准，那就是能否跟上时代的潮流。

一个见多识广的、思维敏捷的人，时刻都将注意力放在各种与时俱进的新需求中。他们还把这些新的需求当做是企业战略决策的依据和企业发展的基础。

有些经商之人在乡下开店多年，却从来不知道翻新花样。店里只出售一些早就该淘汰的老古董，每当顾客上门询问商品，店里总不能让顾客满意，最后不得不关门大吉。

比如一个做生意的人，如果你发现商店里有很多过时的旧货一直卖不出去，就应该以低价打折的活动对这些产品处理掉。

年轻人要经常变换工作创新的方式，这样才能不会被社会淘汰。不要给客户留下一个"过时"的印象。

那些思想老旧的人将自己紧紧地封锁在城堡里，他们终不敌聪明能干的年轻人，最后还是败下阵来。

善于利用自身条件的人会迅速抓住时代的潮流。总是对过去的时光执着的人，会被时刻在前进的时代抛弃。

不要让别人说你是个落伍的人，你应该做一个有志气的人，紧跟时代潮流，在不知不觉中拿出一份傲人的成绩单。

如今的思想、文化、商业法则、科学技术等与十年前大不相同了。思想老旧的人，在现代化社会中，根本没有立足之地。

没有对行业的各方面全面、深刻的研究，不关心国内外的时事政治、市场行情等，根本不可能成功。

在激烈的市场竞争中，货物采购和商品销售已经成为了一种专门的技术。目光短浅的人难成气候。

如果你想要成就一番伟业，走上行业内领导者的岗位，就更应该抓住一切学习新知识的机会，这样才能在社会竞争中立于不败之地。

俗话说："人生如行舟，不进则退。"你需要始终对社会保持乐观积极的进取心，永不满足，并努力去实现自己的理想。

去努力吧，就像不怕伤痛一样；去进取吧，就像永不知道疲倦一样。勇敢攀登，才能做社会中的弄潮儿，永远走在时代的前沿！

第八章

·

养成好习惯

一位学问家说过，伟人一般
都有两个特质，一个是遵守时间，
一个是具有才能，其中前者是后
者的基础。

养成好习惯

杜绝疏忽大意

世界上到底有多少灾害是因为"不小心"造成的，不可估计。正是因为一些小疏漏，导致了很多不必要的伤亡。一个小小的未熄灭的烟头，可以导致一个城镇房屋的倒塌。铁轨上看似微不足道的问题，会酿成严重的车祸，祸及无辜。人们过多关注了生活中的大事，而忽略了小事。

因为疏忽大意而酿成的祸害后果往往很可怕。商店的员工接待顾客时，因为粗心或者包扎物品时不小心，会造成客户源的减少和收入的流失。由于铁路员工、机车司机、扳道工或者机械工的粗心大意，会造成不可估计的人员伤亡。

法律上没有明文规定而涉及的一些疏忽，常能造成巨大的危害这种危害远远超过法律包容的限度和范围。尤其是工作上的疏忽造成的悲剧随处可见。这类事故其实很大程度上来说就是谋财害命。

在芝加哥，一位商人说，每天公司里因为疏忽造成的损失就至少在 100 万美元以上。这真是个令人震惊的数字，由此推算，每分钟的损失都是可观的。芝加哥另一位成功的商人说，他商行里各个部门的员工都被稽查人员检查出有工作中不当的问题。

在工作中，处事忠诚和做事精确是同等重要的。而做事精准远远比一个员工所拥有的才华更为重要。而有些人做事总是会因为马虎或者注意力不集中而犯错。所以，做事精准是年轻人身上十分重要的特质。有了这种精神，才有可能得到老板的器重，获得顾客的尊重和信任。

一个家具店的老板对新来的学徒说："嘿，查理，别在一件事情上浪费太多时间。"只要这个学徒闲下来，老板就会让他拿上几件工具学修理技术。时间久了，学徒的技艺大有长进，老板就不让他再打杂工了，而是让他专门负责家具修理这块内容。

"一颗钉子能处理的问题，绝不用两颗。一个小时能做完的事情，绝对不要拖延至两个小时。"老板说。

学徒在老板的带领下，慢慢也对自己树立了高要求。任何事情都追求尽善尽美。几年后，他就被提拔为了掌管数百人的主管。

要想避免生命的损伤，需要每个人都全心全意地工作。只有如此，一个人的人格和品质才会有进一步的发展。

做事条理清晰

为什么有些商人总是因为方法的问题而蒙受损失？归根到底是因为他们工作上没有条理。员工的工作安排，他们思路混乱'业务的拓展，他们没有计划性；工作事务的处理，他们缺乏轻重缓急的安排；仓库货品的存放情况，他们也是一知半解……这样的商行，怎么可能成功？

很多员工在公司里拿着不低的薪水，做着简单的工作，比如收发信件、寄发传单等。其实，薪水微薄的普通员工也可以胜任这类工作。这类商行做事没有规划性，在市场竞争中会慢慢衰落。

在商行管理的过程中，如何节约时间和判断员工的能力，只有少数商人对此有充分的研究，大部分商人并不清楚。因此，很难提高员工的办事效率。

曾经在商界很有名的经纪人，将"做事缺乏条理"列为许多公司创业失败的重要原因。

在实际经营中，工作缺乏条理，总让人感到人手不够。他们认为，只要员工数量多，就可以把工作做好。其实他们缺少的是，工作的条理性。无论做什么事，只要没有计划性、条理性，一切工作都不可能顺利完成。

有条理的人，很容易就能把事情做好，即便资质一般，事业往往很成功。

我认识一个人，他是个急性子，每天都很忙。如果你想跟他说会儿，也就只用几秒钟的时间。一旦时间长了一些，他就会显得不耐烦。虽然他的公司业务量很大，但是花费也不少。这主要是因为他在工作上毫无条理，常会因为杂乱无章的事务扰乱心智。公司的员工管理也很混乱，他们逐渐也养成敷衍了事的态度。

我还认识一个与他同在一个行业的对手。在那位对手的公司中，所有的员工在工作上都很勤勉，各种工作用品也摆放地整整齐齐。尽管他经营的范畴比之前急性子商人要大很多，但是他管理起来却游刃有余。这就是有条理性的良好结果。

因为工作有序，处理事务有条理，这位业务能手在办公室不会被琐事所困，办事效率也会很高。从这个角度来看，有次序，做事有条理的人可以利用的时间比那些办事邋遢，毫无逻辑性的人多得多。

如今的世界属于那些做事有规划的人。只有办事有条理，才能成功。

养成守时的好习惯

有一位伟大的学问家曾说，伟人都有两个重要的特质，一个是守时，一个是有才能，而前者是后者的基础。只有把时间视为珍宝的人，才能更好地锻炼自己的才能，才能充分利用时间。

真正成功的人无一不是将时间视为最宝贵的东西。乘车总是迟到、做事不准时、拖欠付款、约会不准时的人，是毫无诚信的人，更不会赢得别人的信赖。当然，这不代表他真的就是一个不讲诚信的人，这只是"不守时"给他带来的负面影响。

做每件事情都守时的人，一定会给自己增加很多的机会。失去一分钟，就会给自己带来一分风险。拿破仑说；"他能够战胜奥地利人的原因，就是奥地利人不懂得五分钟的意义。"

做事情时，准时是最重要的。做事准时的人，无形之中是为自己和他人节省了时间。有一次，拿破仑宴请自己的部下，约定时间早就到了，将士们迟迟没有来到。于是拿破仑就先吃了。

等他吃完饭以后，将士们才陆陆续续来到。拿破仑生气地说:"各位，午饭时间已经过了，我们现在去办事吧!"

一些年轻人迟迟得不到晋升，也是因为不守时。刚过世不久的范德·比尔特就是守时的典范。有一次，他跟一位年轻人约好，早上10点在自己的办公室见面，然后陪那个年轻人去见一位火车站站长谈业务。可是年轻人迟迟没有出现，直到20分钟后才来到。当年轻人来到范德·比尔特的办公室时，他已经去开会了，年轻人因此没能见到他。

过了几天，两人终于碰面了。当范德·比尔特问他为什么那天没有准时来，年轻人轻描淡写地说:"我就晚了20分钟而已。"范德·比尔特严肃地说:"20分钟在我看来是不短的时间。本来你有机会获得梦想的职位，但是现在一切都晚了。你需要搞清楚，能否准时是非常重要的事情。在你迟到的20分钟内，我已经安排了另外两趟行程。"在范德·比尔特看来，迟到是非常严重的事情。

已故的摩根先生跟朋友说，他每小时价值1000美元。这句话得到了很多年轻人的赞同，但是他们仍然不能准时。他们不知道，其实他们的时间和摩根先生同样重要。

跟其他习惯一样，做事守时的习惯需要早点训练。

纳尔逊侯爵说:"一个人这一生的成功，都要归功于他在每件事情中节省的一分钟。"

"守时是国王的礼貌、绅士的风度和商人制胜的秘诀。"

简洁的习惯

一家大公司在大门口镶上了这几个大字"要简洁！一切都要简洁！"

这标语有两层含义，第一是办事要简洁，第二是告诉人们，简洁是很重要的习惯。

如果商人在谈生意的时候，躺在沙发上不慌不忙地高谈阔论，就是不入正题，这样的人根本不可能取得成功。现代商务节奏很快，在谈判的过程中，必须针对业务本身进行沟通，简洁明了，避免啰嗦。

那些说话总是没有重点的人十分讨厌。他们难以抓住说话的重点，时间一长就会让人感到厌烦。因此，说话喜欢绕来绕去的人，即便在业务上十分勤奋，但是通常也取得不了什么好成绩。

其实培养做事简洁的好习惯很简单，只需要进行有意的训练，做事有条理，说话方式尽量简洁明了。时间久了，自然而然就能形成好习惯。

我们要判断一个人能否养成简洁的习惯，可以从他处理书信的方式中看出来。很多人写信的时候，语言十分啰嗦繁杂，还有的人因为不会写求职信，而找不到合适的工作。有一个公司的经理在读自荐信时，从来都是把简明的信件挑到一旁。尽管他没有见过那些人，但是他觉得写信简明的，一定是聪慧能干的年轻人。可以看出来，这位经理根本不注意这些写信冗长的年轻人。

商业中的信函更需要写得清楚简明，我们应该把每个字都当做金钱来对待。写完之后还需要耐心细致地检查一遍，删掉多余的字，力求用最简明的语言表达最丰富的意思。一个人一旦学会了简洁，就不会把信写得很复杂了。这样坚持训练下去，就会慢慢改进一个人的思想。不止写信要简洁，同样，与人交流也需要简洁。

杰伊说："简洁，是我完全能做到的习惯和美德，我一定可以做到的。"

物善其用

煤炭可以用来发电，但是只有 1% 的能量可以用来发光发热，因为其他 99% 的能量都被消耗在了机械和电力运输上。这其中的消耗量之大令人诧异，这也是近代科学家们急需要解决的一个问题。

一些刚刚步入社会的年轻人坚信，以自身巨大的精力储备，完全可以做出惊人的成绩。他们总觉得自己身上有取之不尽用之不竭的精力。他们也希望把所有的精力投入到事业中去。他们觉得自己的能量不会用完，对自己的年龄和身体状态很自信。所以他们不懂得爱惜自己的身体。他们不知道，暴饮暴食、奢靡无度、不检点的习惯等都在摧残他们的身体，消耗他们的能量。

直到不可挽回的地步，他才开始反思逝去的光阴，才发现自己失去了多么重要的东西，不禁质问自己："我生命的能量去哪儿了？难道我的能力没有发挥一点点光亮吗？"

如同煤炭在发电时所用到的能量一样，那些原本可以促使他们成功的力量，在电路上已经耗尽了。此时他们才发现，他们拥有的能量根本没有那么的有效用。

我们都知道，精力一旦耗尽，就不可挽回了。在精力消耗的过程中，还附带着更多、更大的损失。比如人格，也会被埋没。

一个青年在一夜之间将千万积蓄挥霍掉以后，会觉得很可惜。但是如果他把精力也消耗地一干二净，两者相比，哪种后果更严重呢？

有些人因为愤怒、不愉快而消耗了自己的精力，有些人在小事中耗费了精力，有些人则把大部分精力都耗费在了情绪的波动上。所以，经常发脾气会让自身能量流失更快。

有些老板经常大声吼骂员工，这样既得不到了员工的好感和尊敬，也折损了自己的自尊、精力。

还有些人在无所谓的顾虑、烦恼或者不安上耗费了大多的精力。还没有到做某件事情的时候，我感觉他们的精力已经被用得所剩无几。

我们应该取消那些消耗生命和精力的活动。如果你遇到了不幸的问题，应该马上设法补救。事后，只要你竭尽全力了，就试着忘记这件事情。不要让你前进的步伐被不幸和错误影响，更不要让曾经的不幸给你的生活或者工作造成持续性的影响。

千万不要让任何损伤自己精力、耗费自己生命储备的事情发生。不仅如此，你还要经常反思：我做的这件事情对自己的发展是不是有益处？我会不会因此成为更有发展潜质的人？

如果你想建功立业，在行业中出类拔萃，就一定要珍惜那些可以增加生命储备和活力的经历，抛弃阻碍你进步的东西。

为成功积蓄能量

如果一个人缺乏精力积蓄，那么一旦遭遇失败，往往就无法振作起来。大多数年轻人之所以很难应对眼前的事情，就是因为没有足够的能量、体力、智力以及相关能力。

有的人一生碌碌无为，没有接受过良好的教育，其他方面的训练和知识储备也不足，他们失败的原因是他们忽略了对自己生命的投入，没有辛勤的耕耘，自然也就没有丰厚的收获。

好机会总是在不经意之间降临，能不能抓住机会，能否获得成功，就在于他有没有充足的力量。在我们的一生中，充足的力量是必需的。储存的力量越多，我们遇事的应变能力就越强。

有一个典型的事例。韦伯斯特几乎无法辩驳海尼在议会上的言说，但是他觉得自己必须在第二天的会议上答辩。这时，议会中的问题关系到美国的未来，来不及去找别人帮助或者自己查阅资料了。当时，议会投票很大程度上会受到韦伯斯特在答辩会上的发言。就在那晚，韦伯斯特匆匆地写下了演说稿。在自己书桌的架子上，他发现了一卷平时记录的东西。于是，他以这些东西为参考，写出来了那篇著名的答复海尼的演讲稿。第二天，韦伯斯特出色地完成了任务，赢得了其他议员的支持。如果平时没有积累大量的材料，他怎么可能在短时间内顺利地完成任务呢？

所以，如果你想要成就一番事业，就必须做好充分的准备，这样才能应对一切可能的变故。

普法战争前，普鲁士的将领——毛奇深思熟虑，在战前做了充分的准备，因此战争一爆发，毛奇率领普鲁士军队迅速击败了拿破仑三世。

在普法战争爆发前13年，毛奇就已经做好了严密的计划。毛奇的训令下达给了所有的普鲁士军官。战争一旦爆发，这些军官立刻按照他的部署去做。

对于制定的作战计划，毛奇部署得非常周密。他把自己的作战计划交给了每个将领，以便随机应变。据说早在1868年，1870年的作战方针就制定好了。普法战争中，普鲁士的军队在毛奇的指挥下井然有序，几乎没有出现过差错。

普鲁士全国的每一个司令都有一个密封信封。这里面是对战争的秘密部署，包括调遣军队和进攻防守的作战要求，以及作战地点的选择等。一旦战争开始，便可以拆开信封，迅速展开行动。

毛奇的深思熟虑和法国军事当局的做法形成了两种鲜明的

对比。战争一开始，法国将领就从前线给司令部发出加急电报，一会儿说缺少给养，一会儿报告说缺少扎营材料，一会儿又说军队难以集中，行动受阻。法军最后战败也在情理之中了。

生活中很多人之所以一事无成，就是因为对事情缺乏充分的准备。他们认为以自己的能力完全可以胜任，就不想再努力了。

一个人要想在日后取得优越的成绩，一定要在播种之前准备充足的养料。

言简意赅

凡能成大事者，都应该具备直率、迅速的基础素质。对于任何事情都应该静下心来细心思考，不能马虎，更不能敷衍了事，要把事情分析清楚。

那些无所事事的人跑来聊天，是杰出的商人或者工程师最害怕的。这些无聊的人一碰面，就离不开寒暄，对方在很长一段时间里都不清楚他的来意。

当成功的人与别人洽谈业务时，花费很少的时间就能把意思说得明明白白，不会浪费别人的时间。当他把自己的任务完成之后，就会立刻结束会谈，不再耽误过多的时间。

有些人确实有极高价值的观点，但是由于他们说话太啰嗦，让别人抓不住重点，别人就失去了和他交谈的耐心，只想赶快离开。

行事干练、为人精明的人大多都有直率的性格，不愿意计较鸡毛蒜皮的小事。他们很珍惜自己的时间，可以说是惜时如金，这也是每一位成功者都具备的品质。

　　很多人之所以失败，一个重要的原因就是办事拖沓，不能快速完成。因为他优柔寡断，瞻前顾后，很多机会白白浪费掉。

　　美国联邦法院的一位法官说，对于案件中的核心问题的辩论，往往决定了一件案子能否获胜。由于案件的重要性，一些律师会在辩护词中面面俱到，还会举出一堆例子。结果，法官和陪审员听得脑袋都晕了。对方律师还抓住了他很多语言上的漏洞。要知道，在辩护过程中，直截了当的辩论才是法官和陪审员最愿意听到的。无论你因为什么事情辩论，都要最善于抓住重点，有针对性地出击。

　　无论你的学识有多么渊博，能力有多么出众，都必须学会果断地处理事务，这样才能切中要害提高成功的效率。

　　很多高校中获得学位的毕业生，看起来前途光明，但是之中不少人面对机会却手足无措。因为他们缺乏做事果断的性格。很多人出生于条件优越的家庭，性格软弱没有主见，所以无法把握良机，获得更好的发展。

　　沃纳梅克的合伙人罗伯特·奥格登说，他觉得一般情况下，没有上进心的年轻人最大的弱点就是废话太多。他觉得那些谨言慎行的人比较容易做出成绩。老范德比尔特也对我们说："我成功的法宝之一就是'少说话'。"

珍惜时间

每个成功者必须遵守的法则就是珍惜时间，通常情况下，工作忙碌的人都希望自己能远离那些闲人，不要浪费自己的时间。

无论是老板还是员工，做事有条理的人总是能判断自己生意的价值。如果说出了一些不必要的废话，他们很快就会想出收尾的办法。而且，他们绝对不会在别人上班的时候，跟别人天马行空地说一些和工作无关的话，因为这样会妨碍别人的工作，也损害了老板的利益。

某家大公司的老板对待顾客总是彬彬有礼。每次事情谈妥之后，他都会有礼貌地站起来，跟别人有礼貌地握手致歉，对自己没有更多的时间多谈一会儿而感到遗憾。那些客人对他的真挚的态度很有兴趣，也可以理解他。

当得到来客名单之后，善于应付客人的人总能估算出自己应该预留的时间。如果一个分别很久但却只想见一面的人拜访老罗斯福总统，老罗斯福总是在热情地问好之后，遗憾地向别人表达自己时间紧张的情况。这么一来，客人就会加快自己的谈话进度，很快离开。

那些在大公司财团工作的高级员工以及在其他金融业内工作的员工，在多年的工作实践中，都积累了这种本领。一些深谋远虑、眼光长远的大企业家，都是以办事利索和发言言简意赅而著名的。他们每次的言语都十分精准。为了能在事业上取得长远发展，他们减少了与无关人员的交往。

成功者都认识到了时间的宝贵。在美国企业界，与人接洽生意时能够以最少的时间，产生最大效益的人中，最典型的就是金融大王摩根了。为了恪守珍惜时间的准则，他也遭到了不少人的埋怨。我们人人都应该学习这种珍惜时间的品质。

晚年的摩根每天上午九点半进入办公室后，下午五点才回家。有人对摩根的资本进行了清算，他们惊奇地发现，摩根每分钟就能创造 20 美元的价值。摩根自己说还远不止这些。所以，除了生意上有特别重要关系的人之外，他从来没有跟谁进行过超过五分钟的谈话。

摩根喜欢自己单独拥有一间很大的办公室，与员工们一同工作时，他可以随时分派给员工任务。如果你没有重要的事情而来到他办公室，他一定不会欢迎你。

摩根还具有高超的判断能力。当你跟他说话时，任何的小心思都是没用的。他可以迅速猜出你前来的意图。这么高的判断力，为摩根节省了大量的时间。

有些人本来没什么重要的事情，只是想要找人说说话，以此来消磨时间和精力，摩根对这种人绝对无法忍受。

财富
思维
一生的资本

第九章

·

懂生活，善工作

年轻人应该时刻注意积蓄自己的体力和脑力，如果忽视自己的身体素质，那么他就是在浪费自己成功的资本。

懂生活，善工作

健康的身体是最大的资本

衡量一个人的事业是否成功，是看他怎样利用自己内在的资本和处理问题的能力，而不是看他银行里有多少存款。一个沉溺于烟酒或者身体柔弱的人，其成功的机会比那些体格强壮、精力旺盛的人小得多。每一个冷静、执着或者成功有为的人，都会保持自己身体的或者精神上的力量。他们不会轻易浪费生命中宝贵的资产。

任何方式的精力损耗都应该被谴责。体力和精力是我们成功最大的资本，我们应该尽力进行最有效的利用。

在你做事的时候，如果始终能够在精力和身体素质最好的状态下发挥出全部的才能，那么就会有巨大的收获。

在工作中，如果不能发挥自己的才能，那么他就没有什么成功的机会了。

什么样的人最可怜？就是那些早晨起来精神颓废的人。这样的人在工作中根本不可能创造财富。

在自己的能力范围内精力充沛地集中工作一个小时，远比那些消极怠工的人做出的业绩好。在这样的状态下，你根本不会感到工作的辛苦。当你接手工作的时候，应该对它有浓厚的兴趣，全心全意工作才能干劲儿十足。

身体是追求成功路上最大的资本。如果一个人年轻时性格软弱，或者没有接受训练，是没有办法获得职业上的晋升的。个人成功的秘诀，就藏在自己每一寸的神经里、脑海里，以及内心中。对一个人来说，最重要的就是体力和智力，因为这决定了人的精神状态、生命力和做事的能力。

有些人认为，只有耗费体力才能影响到人的精神，如果有人去好心劝诫他们，他们还会恼火。他们在工作以外耗费了太多的精力。他们不知道的是，影响精力消耗的因素有很多，比如苦恼、恐惧、暴躁等不良情绪。

你最有效的成功资本就是充沛的体能和才能，如果你将它们全部耗尽，那真是令人惋惜。

在大自然的眼中，乞丐和国王没有什么差别。即便你贵为国王，如果违反了它的规则，就要受到惩罚。它不会容忍任何借口，它希望人们以最旺盛的精力去努力做事。

一个体育运动员必须能坚持不懈地努力锻炼，他们不分严寒酷暑，坚持训练。为了能做到精力充沛，他们极力克制，时刻注意恪守生活规则。他们只吃对身体有好处的食物，按时作息，对自己生活的各个方面都严格管理。

运动员的成败就决定于赛场上短短的几十分钟。为了这份荣誉，他们时刻准备着。

而那些从事学术研究的人成年累月地研究高深的学科知识，和运动员一样，他们也为重要的竞争积蓄着力量。失败者总会埋怨自己：为什么以前没有多努力些，现在面对关键时刻，什么也做不了。

一个渴望事业上有发展的人会不停地思考：怎样利用他的

才华和精力才是效率最高的。有不少人，就像挥霍金钱一样，将自己的才能挥霍殆尽。

立志要成功的人很清楚，应该把时间和精力全部耗费在事业中。但是在实际工作中，他们仍然不自觉地将精力耗费在了未来的路上。就像平时我用水龙头，一个人在精力的利用方面很容易产生浪费。

大部分人都把身体弄得像生了锈的机器一样了恨不得一天就把自己的精力和体力消耗得一点都不剩。

这样的人，怎么能够做成大事呢？

年轻人应该注意累积自己的精力和体力，如果忽视了强健的身体，那么做任何事情到最后都会落得尴尬的地步。

一些年轻人还没到 30 岁就显得整个人疲惫不堪了。因为他们将自己的精力和生命耗费在了不良的情绪当中。

所有人达到成功的有力的工具就是规律的生活。这也是每一个渴望的人必不可少的。

暴躁易怒、过度敏感、极容易沮丧、遭到挫折容易消沉等，以上几项内容中，如果你有其中一项，你就一定要警惕了：成功的敌人正在消耗你的精力，耗费你珍贵的时间，它们正在悄悄地向你发出攻击。

规律的生活，让很多人冲击成功有了可能性。这也是每一个渴望在事业中做出成绩的人应该拥有的。当然，你也不能例外。如果你不能保证自己有充足的睡眠、适度的饮食和充分地锻炼，你的身体迟早也会出状况。

有人特别注重车轴的保养，但是他们却不知道给自己放假；

有些人定期就要检查机器，但是他们对自己的身体却从不"保养"，也从不给自己足够的休息。

机器不检修，很容易毁坏。同样的，人不定期修养，也会出现各类问题。有人明明知道这个道理，却依然在透支自己的身体健康。长此以往，他的身体损耗会越来越严重。

充足的睡眠、合理的饮食和适量的运动，可以给身体这架机器充足的动力。如果有条件，你最好去野外走一走，这样有利于恢复身体的损耗。如果知道工作，不知道保养，那么你一辈子都做不出伟大的事业。

很多精神病专家分析，人们自杀的最大原因就是用脑过度。

当你对任何事情都提不起来劲头时，你应该腾出一段时间好好睡一觉，或者去乡间散步，或者去进行运动健身，这样一来，不知不觉中坏情绪就会被消除，身心可以迅速恢复。

你应该是一个懂得珍惜自己的人，以强健的体魄来追求健康的幸福。

身心健康

健康是生命之源，没有了健康，整个社会的生产效率都会大大降低，生活也会因此暗淡。所以，一个人身心健康，就是一笔巨大的财富。

很多受过高等教育的年轻人，原本应该开始实施远大的理想，但是却因为身体状况，不得已过着苦闷的生活。满腹经纶在羸弱的身体面前，无法发挥力量。

一生中最可惜的事情是壮志难酬。如果抱负远大，却因为身体问题不能实现，那就太可惜了。每个人都要懂得保持身心健康的好方法。

一个人如果整天都将精力放在工作上，那么他的思想很难活跃起来。一个整天埋头苦干，不问世事的人，往往在事业上难以取得长远的成绩。

我认识某家大公司的总经理，他每天办公时间不超过三个小时。但是他却是很成功的商人。他经常借着外出旅游的机会，整理阶段的经营状况。他清楚地认识到：只有拥有健康的身体，才能以最好的精神状态来应对工作。可以说这两三个小时的工作质量远远高于有些人一天的工作质量。

如果一个人一直损耗自己的健康，那么一旦遇到难题或者意外事件，他便会束手无策。一个身体健康的人体内有无穷的力量，可以抵抗很多疾病。

美国非常流行一句话："不休息只工作，杰克也会变成笨孩子。"这就说明了健康的重要性。很多老板不懂，适当地游戏娱乐可以提高员工工作的效能，可以让他们获得更健康的身体状况和心理状况。

不少人为了工作不断地透支健康的身体，生活作息一片混乱，胃部也因为吃饭不规律而变得更加脆弱。本来应该两三天完成的工作，全部都挤在一天做完，本来是供应两三天的食物，一顿就吃完了，他们还以为利用医疗方法可以补救弄混乱的生物规律。在大自然面前，一切人类都是平等的，这种想法着实愚蠢。

很多人一边请医生治疗，一边又疯狂地透支自己的身体。结果呢？常见的、折磨人的胃痛、失眠、癫狂等疾病等接踵而来。

所以我们需要健全的身心来面对工作和生活，需要规律的生活来使自己变得更强大！

做情绪的主人

真正杰出的人都可以很好地控制自己的情绪。那些善于管理自己情绪的人，懂得如何消除忧愁和烦恼。

化学家们会利用各种酸和其他化合物溶解后的效用。不懂化学的人不知道其中的道理，会将酸和其他酸性液体混合。这样一来，药性会更加强烈。

因此，具有化学性心灵的人，知道怎么用快乐消除沮丧、沉郁，用和谐消除偏执，用积极消除悲观，用慈爱消除仇恨。由于他懂得如何消除各类忧愁的办法，善于管理自己的情绪，所以他心灵上会很宁静。

很多人不懂得心理上的化学原理，对于自己思想上的苦闷和忧愁，不知道如何化解。任何人都有可能遭遇这些，这时候应该理智指导自己，用适当的消毒药来化解各种愁闷。

很多人错误地认为，将恶念驱除就可以了，其实他们不知道，他们心中充满的悲观、偏执和仇恨，用心中善美的思想来驱赶更有效果。

如果你想驱赶屋内的黑暗，只需要推开窗户，让光亮透进来。很多人以为思想只受脑神经的影响，其实不然。生理学家在盲人的手指头上发现了敏锐的神经质。这是他们可以辨别织品的品质、颜色的秘诀。

人的身体中包括十二种不同的脑细胞，这些细胞彼此关联，伤害任何一个细胞，就等于伤害全身细胞。每一个细胞的健康都影响我们的思想。

生理学家曾经通过一个实验证明，一切邪恶的思想都对人体细胞有害处。比如由于激怒造成的神经系统的损伤，有时候要花费大量的时间才能恢复。那些健康、愉悦、充满爱的思想，都属于有益的细胞，可以逐渐增加细胞的活力。

科斯特教授曾经做过一个实验，证明了身体内部系统的和谐，会被愤怒和忧愁破坏。而对人体良好的情绪对人有全面的积极影响。

对水而言，所有的污染可以用化学的方法来净化。同样的道理，我们应该用健康的思想化解一切污浊、鄙陋的思想，人生的质量也会因此而提高。

不要被烦恼所困

没有人会毫无缘故地烦恼。烦恼是心灵的恶魔，为了摆脱这个恶魔，有的人在抽烟喝酒排解情绪，最后变成了烟鬼和醉汉，有的人因此而丧生。

烦恼，是很多负面情绪的起源。烦恼给个人和社会带来的损失不可估量。很多天才因为烦恼而选择平庸的工作。如果把所有的精力都浪费在烦恼上，他怎么可能淋漓极致地发挥才能呢？

烦恼会耗费人的精力，削弱人的意志和力量，进而损害人的健康。一个商店的员工，如果总是一点点窃取商店的收入，长此以往，这种自责感会侵蚀他的内心，让他每天陷入一种不安和愧疚当中。他的身体健康也会随之受影响。

烦恼还会影响一个人的工作效率。当一个人的思想紊乱，被烦恼包围的时候，他不可能出色地完成工作任务。因为烦恼会剥夺人思考问题、合理规划的能力。

很多母亲把自己的愤怒发泄在孩子身上，她们经常感觉到疲劳，却不知道自己浪费了多少宝贵的精力。

烦恼让人的心情变得沮丧，把快乐的笑容从人脸上夺走，日渐苍老。我曾经见过一个人，因为接连几星期的烦恼，面容十分憔悴。人如果长时间处于烦恼之中，精神很容易受到损害。一些人年纪轻轻就已经开始衰老了。并不是因为工作累，而是因为容易生气，愤怒导致了家庭关系的紧张，也加速了变老的速度。

生病时，人们最容易苦闷，而那些身体素质好的人，从来没有这种烦恼。因为好的睡眠和良好的胃口，可以给人舒适的心情。

有些中年妇女去做各种护肤，让自己的皮肤显得年轻一些。其实最好的美容方法是保持愉快的心情。如果终日烦恼，皮肤状态会越来越差。

驱除烦恼最好的方法是尝试不再想起生活中的不幸，保持心情的愉快。

当不良情绪涌上心头，应该用智慧、勇敢去驱除它们，让烦恼无处可藏。

让希望代替失望，让勇敢代替沮丧，让乐观代替悲观，让积极代替烦躁，用愉快的心情代替苦闷！做一个愉快的人吧，用快乐的心境迎接成功。

培养审美能力

我们自幼开始，就应该培养对美的热爱、良好的人格、高尚的情操、高雅的风度和敏锐的感觉。

培养对美的热爱和鉴赏能力，是比投资任何行业都重要的事情。审美能力可以带给我们一个美丽的世界，提高我们的工作效率，让我们得到幸福快乐。

要想培养高尚的品格，我们可以依靠耳朵和眼睛。用它们去感触世界，聆听鸟鸣，徜徉泉溪，轻嗅花草芬芳。如果我们忽略感官的体验，无法感触大自然，爱美的天性就无法被挖掘。没有对美的追求之心，我们的生命将失去了色彩，性格也会变得粗暴，对别人缺乏吸引力。爱美之人有特殊的气质，他们不仅能成为出色的工匠，也能成为一位伟大的艺术家，我们从他的言行举止中就可以体会到这些潜质。

　　美，对人的一生非常重要，它让我们养成良好的品格，陶冶我们的性情。如果一个孩子从小只知道金钱，没有审美的能力，那他的生活是很不幸的。这样的孩子在成长路上，只知道唯利是图，更谈不上品格和情操的养成了。

　　人的性格很难受到其他东西的影响，但是却会受到自然风光和花鸟虫鱼的影响，爱美之心，在我们的生活中占有重要的位置。

　　爱美的习惯可以激发、装点、丰富我们的生命之路，懂得享受自然之美，这是我们养成高尚品格的重要力量。

　　我们不能为了追求金钱而丢掉生命中最珍贵的东西——"美"。美可以激发我们内心深处的力量，让人的头脑变得更加清楚，让人地精力得以恢复，让人的身心健康得到保证。我们需要让"美"存在于我们的生命里。

　　父母们应该知道，幼年时期，孩子通常会特别敏感。一幅画就可以影响孩子的品格，所以父母们要竭尽全力激发、培养孩子的审美能力。让他们去听美妙的歌声，朗诵朗朗上口的古诗，阅读内容有趣的著作等。

培养美感时，应该注重培养心灵，还应该努力培养善良、友爱、乐于奉献的精神。

爱美之心和对美的追求，和学习其他知识同样重要。不管是家庭还是学校，都应该把美视为伟大的教育工具，引导孩子们从小就树立正确的价值观。

审美能力是每个人独有的财富。如果你受过美的教育，那你应该感到幸运，因为你拥有了一件无价之宝。

让爱充满内心

随着思想的变化，人的感受也会时不时发生变化。宁可让盗贼去偷盗钱财，也不能让阴郁的情绪入侵脑海，导致我们内心不再平和。

心灵主宰人们的思想。心灵的意向深深地刻印在人的生命中和性格里。在生活中，心灵影响我们生活的方方面面。

我们要保持身心的和谐健康，驱散那些破坏我们心情的不良情绪。

不同的思想对我们生活的方方面面都产生不同的影响。积极、乐观的思想会让我们保持兴奋，让我们的全身充满欢乐的清泉，给人们带来希望、勇气和不一样的生活品味。

每个人在世界上都创造着属于自己的杰作。人的思想可以直接体现在人的面容上。当一个人受到打击或者遭受经济上的损失时,他会因为心情差而紧锁眉头。一个人若脑中充满了怀疑、恐惧和绝望,他很难从这种负面情绪中走出来。

凡是能够以积极向上的面貌面对生活和工作的人,一般是懂得用正能量去影响工作和思想的。一定不要让扭曲的思想入侵你的心灵,如果一个人内心丰富,那么他将可以肃清一切心灵上的不足之处。

缺乏毅力也可以影响人们发挥才干。而决心和毅力,可以驱散仇恨嫉妒的心。

只要我们心中充满爱,怀揣善良、友爱、高尚等思想,当心灵敞开时,一切悲痛就仿佛迎刃化解了。

如果人人都可以保持天真烂漫,心灵上没有受到影响,那么几小时之内损耗的精力,会很快补回来。

我们生命中高尚的品格在受到爱、善良、仁爱的思想的影响时,能给我们带来可贵的健康、心平气和追求成功的力量。

幼年时期,我们赤脚走在乡间的小路上,我们会避开尖锐的石头。这就像是仇恨、嫉妒、自私等负面情绪,会伤害我们的身体和心灵,所以我们应该远离心灵的敌人,张开双臂迎接心灵的朋友!

财富
思维

财务自由之路

杨光／编著

民主与建设出版社
·北京·

◎ 民主与建设出版社，2021

图书在版编目（ＣＩＰ）数据

财富思维 . 3, 财务自由之路 / 杨光编著 . -- 北京：
民主与建设出版社，2021.2
　ISBN 978-7-5139-3360-5

　Ⅰ . ①财… 　Ⅱ . ①杨… 　Ⅲ . ①财务管理－通俗读物
Ⅳ . ① F275-49
　中国版本图书馆 CIP 数据核字（2021）第 047495 号

财务自由之路

CAI WU ZI YOU ZHI LU

编　　著	杨光	
责任编辑	刘树民	
封面设计	旭日传媒	
出版发行	民主与建设出版社有限责任公司	
电　　话	（010）59417747　59419778	
社　　址	北京市海淀区西三环中路 10 号望海楼 E 座 7 层	
邮　　编	100142	
印　　刷	三河市德利印刷有限公司	
版　　次	2021 年 5 月第 1 版	
印　　次	2021 年 5 月第 1 次印刷	
开　　本	880 毫米 ×1230 毫米　　1/32	
印　　张	6	
字　　数	134 千字	
书　　号	ISBN 978-7-5139-3360-5	
定　　价	118.00 元（全 3 册）	

注：如有印、装质量问题，请与出版社联系。

　　"钱不是万能的，但是没有钱却万万不能"。人生就是这么残酷与现实，虽然我们并不主张过分地追求金钱物质上的财富，但也不能对此完全忽略。原因很简单，因为我们需要它来维系最为基本的生存需求。同样，它也是我们追求更高层次的精神生活的基础。试想一下，连基本的生存都难以保障，又怎么能谈高品质的生活，谈人生的理想和抱负呢？事实上，在现实的生活中，大多数的人就是被金钱等物质上的财富所牵绊、困扰，严重地影响到生活质量，给自己带来许多的遗憾，给自己带来诸多的麻烦，也正是因为如此，大多数的人难以真正地感悟到人生的快乐、幸福，将自己的人生演绎成一部悲剧。

　　你或许有着伟大而崇高的理想，想要成为像毕加索、梵高一样的画家；你人生的终极目标或许是想要成为莎士比亚、雨果、列夫·托尔斯泰一样的大文豪；你或许想要创造出改

变整个人类命运的发明；你可能希望放下所有的一切，走遍
世界的各个角落，去领略秀丽的风景、旖旎的风光。无论你
内心的世界是多么的丰富和多彩，但现实的世界却依然那么
的残酷和现实，倘若你没有相应的金钱财富作为基础，未能
获得财务上的自由，那一切都只是难以实现的梦想。在我们
身边有多少人正是因此而被牵绊呢？又有多少人就是因此，
不得不做着原本可能并不想要做的工作。希望你能够获取更
多的金钱和财富，从而过上自己所期望的生活，实现自己的
人生理想。

　　现在，就请你打开这本书，从中你可能会找到自己所想
要的答案，并且根据书中讲述的内容，走出自己的一条财务
自由之路，获得更为美好的人生。

目录

Contents

第一章　从改变观念开始

　　或许此刻的你正在为经济上的拮据而内心充满了焦虑。你可能把希望寄托在买彩票或者买股票等充满了运气的奇迹上；还可能觉得那是一件无比艰难的事，需要很多的条件和付出。其实，要想成为有钱人，实现财务自由并没有你想的那么简单，也没有你认为的那么难。

一夜暴富只是自欺欺人的梦

在我们的内心总是存有那么一点点的小侥幸，常常幻想着有一天好运能够降临在自己的头上，例如买一注彩票中了头奖，或者是买了点股票却在不经意间疯涨……一句话就是因为一次偶然，然后出现了奇迹，让自己的人生发生了逆转，实现财务上的自由。

你是不是也有着类似的想法呢？在这儿要告诉你：请尽快地抛弃掉这些不切实际的想法吧！倘若你总是这么去想，让这种想法，或者说是观念占据心头，它将会成为你变成有钱人，实现财务自由的最大障碍。因为，它的概率实在是太低了，很少有人会有如此好的运气。不仅仅如此，它还会在不知不觉中侵蚀掉我们的斗志，让我们沉溺于近似虚幻的梦境之中，丧失掉原本可能变成有钱人，获得财富自由的机会。

我们身边有不少人，就是因为心中存有类似的想法才让自己的人生及财务状况陷入难以自拔的泥潭之中，下面事例中的陶幂就是典型。

陶幂和影视明星杨幂的名字只有一字之差，所以她把像影星一样有钱、过名人一样的生活当成了追求目标。如何在35岁以前跨入拥有千万元资产的有钱人行列，是她孜孜不倦的追求。

跟普通人相比，陶幂接触理财的机会要多很多。她在一家投资咨询公司的市场部工作，所以经常有机会接触投资领域内的"大腕儿"，与此相伴而来的，是让人艳羡的暴富故事和源源不断所谓的"消息"。

陶幂从不掩饰自己对金钱的爱好，而股市则是她投资的一个重要渠道。"必须要拼命赚钱，"她说，"需要花钱的地方实在太多了，别说房子、车子，如果没钱，连上等的化妆品也买不起。"

然而，理想与现实之间总是存在着差距的。有了美好的愿望并不等于就能实现。听"消息"炒股，是陶幂炒股的一大特色。问题是，"消息"有时候来得早有时候来得却很迟，不同的人提供的"消息"还互相矛盾，这着实让她犯愁。在她的实际交易中，常常会出现这样的情况：介入早了，盘面没有动静，她就怀疑消息的准确性，会感觉另一个人推荐的股票表现更好；介入晚了，还没有挣到太多的钱，她又不甘心。于是，频繁交易成为了常态，一年到头盘算一下账，她才发现钱没赚着，反而给证券公司交了不少佣金。

2008年下半年以来，随着股市的持续低迷，有不少资金流入期货市场，期货市场的交易量不断创新高。于是有人就告诉她，期货市场是一个更容易暴富的地方，几万元起家，迅速变成几百万元的人非常多。她一听居然还有这么容易挣钱的地方，立马便来了兴趣。

这时候问题来了——她手上拿不出交易的本金，因为投入股市中的钱她不愿撤回，情急之下，她开始向亲友借贷，并宣称以高于同期银行的利率支付利息，全然不顾期货的双刃剑特性：在获取高回报的同时，也有可能血本无归。

由于还没有完全熟悉期货市场的基本规律和盘面特点便一头扎了进去，要做弄潮儿的她很快便被"呛"了好几口，不但没有赚到钱，把借来的钱也赔进去了。

虽说追求财富是每个人的权利，但是，想通过一夜暴富来获得千万身价，实现财务上的自由，并不现实。它带给我们的可能不是心中所期望的美梦，而是让我们的人生变得越来越不济的噩梦。

在这儿，我们不妨学学温州人。温州人是全国有名的最会赚钱的人，他们敢闯，但不乱闯。在积累财富的过程中，他们非常有耐心，从不妄想一夜暴富。一旦瞄准某项业务，他们就会扎下根来，踏踏实实从小事做起、稳稳当当地从小钱赚起。如果你足够细心的话，就会发现：在我们的几次股市热潮中，温州商人都集体缺席，作壁上观，一向头脑灵活的温州商人竟然放弃这样的暴富机会，一时成为新闻热点。

　　请尽快地抛弃掉那不切实际的一夜暴富的幻想吧，向温州的商人学习如何赚钱，如何获得财务上的自由。因为，在这个世界上真的没有什么暴利、一夜暴富可言，有的只是合理地获利。

会挣钱 ≠ 有钱

　　如何能够成为有钱人，实现财务上的自由，在很多人看来，就必须会挣钱。也就是因为如此，我们在努力地工作，在想着用各种各样的方法去赚更多的钱。那么，是不是像这样我们就一定能成为有钱人，实现财务上的自由呢？从下面要说的拳王泰森身上，我们可以得到相应的答案。

　　在大众眼里，大多体育明星和演艺明星都是住豪宅、开名车的富豪。美国重量级拳王泰森就是如此，在其拳击生涯中至少赚了4亿美元，而没几年，他竟两手空空，债台高筑，成了世界上有名的穷人。泰森为什么会成为一个穷光蛋呢？因为不会理财使他的生活陷入了窘困。

　　泰森出身贫困，少年时开始参加拳击训练，通过不懈的努力渐渐在拳坛崭露头角。后来，他成了世界拳王，一度所向披靡。随着大量财富的蜂拥而至，他很快便积累了4亿多美元的财产。

有着几亿美元身家的泰森，在鼎盛时期所积累的财富，是一个普通美国人需要工作7600年才能拥有的。但后来到了2003年8月，泰森却因为身欠2700万美元的债务而不得不申请破产！

为什么一个亿万富翁会在几年之间就变成了一名穷光蛋呢？按照泰森自己咬牙切齿地说法是，经纪人唐·金骗走了自己总收入的三分之一；第二任妻子莫尼卡为了离婚的赡养费几乎把自己榨干；那些和自己各种龃龉官司有关的人，包括律师和受害人，都从他身上捞足了油水。但是人们普遍认为：奢华糜烂、挥霍无度的生活，平时出手太过阔绰的习惯，才是导致泰森迅速破产的主要原因。

泰森的荒淫无度和挥霍成性，在美国是人尽皆知的，破产完全是他咎由自取。成名之后，他一直过着奢侈的生活，驾名车、开游艇和住豪宅，挥霍无度。

有一次，在拉斯维加斯恺撒宫酒店的豪华商场，泰森带着一帮狐朋狗友前来购物，老板一看财神来了，于是索性关门"清场"，专门招待泰森一行。结果这帮人挑选了价值50万美元的贵重物品，泰森全部代为"埋单"。

在泰森的负债报表中，最搞笑的是欠了一家珠宝店 17 万美元，那是他在购买一条项链时忘了付钱。珠宝店老板在接受采访时却轻描淡写地说："和泰森以前在店里的总花销相比，这点小钱只是个零头而已。"他的意思是，即使泰森日后不付这笔钱，他也没吃到什么亏。

泰森在一年时间里仅手机费就花了超过 23 万美元，办生日宴会则花了 41 万美元。他甚至想到英国去花 100 万英镑买一辆 F1 赛车，后来知道 F1 赛车不能开到街道上，只能在赛场跑道里开后才作罢。最后，他把这 100 万英镑变成了一只钻石金表。可是，才戴了十来天，他就随手将这只金表送给了自己的保镖。他甚至会经常有几万、十几万美元的巨额花费，连自己都搞不明白花到了什么地方。这样的花钱方式，即使有一座金山，也架不住要被挖空。

另一方面，泰森在 1991 年以后净收入便在不断减少，但他并没有因此而改变奢侈消费的习惯，从而导致他更加入不敷出。即使在申请破产保护后，他的律师也不是很清楚他的资产与负债现状，大量的、名目繁多的债务早已使泰森资不抵债。于是，一个亿万富翁就这样成为了一个穷光蛋。

由此，我们应该明白一个道理，要想实现财务自由，成为一个真正的有钱人，只靠高收入是不行的，还要理好自己的财。一个高收入的人，如果你赚多少花多少，那么一旦你失去收入，或急用钱时，你可能会发现自己是如此的贫穷，又怎能谈得上实现财务自由呢？反之，你把自己赚的钱合理分配，让钱生钱，有一天你也会成为有钱人，获得财务上的真正自由。

传说中，古巴比伦在历史上一直以"财富之都"著称于世，其财富之多超乎所有人的想象。古巴比伦之所以财富巨大，完全是因为它的百姓几乎人人都拥有理财的智慧。据说古巴比伦历史上的一代明君萨贡王，在国内遭遇到严重的经济萧条后，向巴比伦城最懂得理财和致富之道的富商阿卡德求助。于是阿卡德告诉了萨贡王"使手中的金子免于受损失"的六大妙方。下面我们就来看看那六个重要的妙方吧。

1. 从放进钱包的每十个钱币中，留下其中一个

长期坚持不懈，你的钱包很快就会鼓胀起来。当你的支出不再超过所有收入的 9/10 时，你的生活过得并不比从前困窘，钱币却会比以前更容易积攒下来。钱包不断增加的重量，会让你的灵魂也得到一种奇妙的满足。

2. 控制你的开销

永远不要将不必要的开销和你无止境的欲望混为一谈！因为你和家人的欲望，永远不是你的薪水所能满足的。假如你的收入只是用来满足欲望的，那么再多的钱也会很快花光。但是钱花光了之后，你可能还是没有感到满足。透彻地研究

一下自己的生活习惯，你会发现某些视为"理所当然"的开销，其实完全可以减少或者消除。

3. 增值你的金币

一个人的财富，不在于他钱包里的铜板有多少，而在于他所累积的收入能够成为持续不断的财源，并且能常常保持钱袋饱满。

借钱给正确的人，从事有获利的投资。从类似的经验中获得智慧，使投资日益扩大，从看似微不足道的收入所得中，逐渐积攒出黄金，让每块黄金自始至终都在为你效劳。

4. 保护好你的财富

天有不测风云。因此，我们应该学会储蓄，以防不测，并且持之以恒。

通常，凡是拥有金子的人，都可能受到许多机会的试探和引诱。你的亲戚朋友往往极其渴望进行一些看似收获颇丰的投资，同时敦促你也尽快加入。但是，在你借钱给任何人之前，最好先确认一下借钱者的偿债能力和信誉如何，免得你辛辛苦苦积攒起来的钱，成了白白送给他人的礼物。

5. 确保你未来的收入

懂得理财之道的人，就更应该多为将来着想。你应该为某些投资计划或用途做出良好的安排，以确保多年后的经济供应安全无虞。一旦老了，你就能动用这笔早有预备的钱财。你可以购买几幢房屋或一些土地。记住！一定要选择有投资价值的房地产，它们将永久保有其价值和收益。或者你能够卖到好的价钱，用来养老当然绰绰有余。你也可以不断地把，巨额的金钱存到银行，定期增加投放的数额。只要假以时日就必定能够获得相当丰厚的报偿。

6. 提高你赚钱的能力

当一个人能够辛勤工作，不断提升自己的职业水平时，他赚钱的能力也就会跟着提高。

我们获得的智慧和技能越多，能赚的钱财也就越多。在自己的工作技能上多多学习和钻研的人，他所获得的报酬也就会超越他人。假如他是一个工匠。他可以向同行中那些技艺最精湛的前辈学到许多技巧和方法。假如他是一个商人，他就应该不断研究更好的方法去寻求成本低廉的好货。

这就是古巴比伦富商阿卡德提出的"六大理财妙方"。这些远古的法则，作用于今天依然非常有效。如果你能够按照这六条妙方去做，不仅能够守住你的钱财，还会获得完美的理财效果。

理财不是有钱人的专利

一点都没错，要想实现财务自由，就必须学会理财。理财是与生活息息相关的事，越是没有钱越需要理财，因此钱少不要紧，有可能"积沙成塔"，运用得当更可能让你踏上财务自由之路，从而使你"翻身"成为有钱人。

金钱是财富的表现形式，是基本的生活保障，是尊严的保障，能给人带来美好的生活。社会生活中，有人把金钱与权力、地位、威望等联系在一起，甚至认为金钱是个人价值的体现。在日常生活中，没有钱是万万不行的。我们知道，一日三餐需要钱、买衣服需要钱、外出旅游需要钱、教育子女需要钱，等等。正是因为金钱关系到我们生活的方方面面，我们才应该仔细清点钱财，仔细计算收支，合理投资赚钱，这就是理财。这样才能满足我们物质和精神需求，确保我们生活得舒适。

不可否认的是，生活中许多低收入的人都持有"有钱才有资格谈理财"的观念。他们普遍认为，每月不多的固定工资收入只能应付日常生活的开销，根本没有余财可理。在他们脑海中，理财投资是有钱人的专利。

有钱人理财固然重要，但对于一个普通的工薪族来说，理财就更加重要了。试想，一个有钱人损失了几万元对他不会造成影响，可对于工薪族来说损失几万元，生活都会有问题了。尤其是对刚刚走出校门，初入职场的年轻人来说理财更加是必不可少的。因为他们在日常支出方面主要呈现出三个特点：第一，盲目性突出。职场的经历不长，新鲜感较强，加之没有太多的生活经验，导致在日常的消费和支出上盲目性突出。第二，消费数额大。日常消费的盲目性导致了他们在生活中没有统一的规划，开销大且频繁，通常所说的"月光族"就是他们的代名词。第三，缺乏整体规划。在这部分人群中，缺乏短期和中长期生活规划的人占相当大的比例，一方面他们认为自己还年轻，正是享受生活的黄金时期，花钱就应该"落落大方"，"缩手缩脚"就不像年轻人了；另一方面，他们正处于事业成长期，工作压力大，对于生活和投资规划并不关注。因此，工薪族理财很有必要。

工薪族理财应从"第一笔收入、第一份薪金"开始，即使从第一笔收入或薪水中扣除个人固定开支后所剩无几，也不可低估"小钱"的聚敛能力，100万元有100万元的投资方法，100元也有100元的理财方式。

绝大多数的工薪族都应该通过储蓄进行原始累积，特别是薪水仅够糊口的"薪贫族"，不论收入多少，都应先从每月薪水中拿出10%存入银行，并且保持"只进不出"，只有如此才能为聚敛财富打下基础。假如从每月薪水中拿出500元，在银行开立零存整取的账户，抛开利息不说，20年后的本金就达到12万，如果再加上利息，数目更大，因此，不可小视"滴水成河，聚沙成塔"的力量。

在很久很久以前，有一个妇人，她每天煮饭的时候，总是从锅里抓一把米出来，放到一个特备的米缸中。有人讥笑过她这种行为，但她不以为意，依然故我。

过了不久，发生了灾害，地里粮食严重歉收，很多人家都揭不开锅了。但这位妇人家由于有一个特备的米缸，得以熬过了饥荒。

生活中很多人头脑中没有理财的概念，认为只有富贵人家或炒股发达等赚大钱的人才谈得上理财，而这恰恰就是让他们难以获得财务自由的最大阻碍。但真正的理财专家认为，理财是管理财产的学问，并不是富人才需要，生活中的每个人都要懂得如何分配每月的收入与支出，这样才能做到"积谷防饥"，成为有钱人。

如果嫌存款利息低，而节衣缩食的"成果"又稍稍可观，便可开辟其他的投资途径，比如入户国债、基金，或涉足股市，或与他人合伙入股等，这些都是小额投资的方式之一。但需要注意信用问题，切不可有"一夜暴富"的念头，以免被高额利润所惑而忽略对风险的妥善评估。

当然了，理财需要严肃而谨慎地对待。举个例子：你有5万元，但因理财错误，造成财产损失，很可能立即出现危及生活保障的许多问题，而拥有百万元以上"身价"的人，即使因理财失误而损失一半财产，亦不会影响其原有的生活。

因此可知，虽然理财不分贫穷与富有，而且是人生中的大事，但工薪族要知道自己的实力，要明白一个道理：愈穷的人愈输不起。因此，工薪族理财要谨慎，要精打细算。

理财，不要忽视小钱的力量，就像零碎的时间一样，懂得充分运用，时间一长，其效果就自然惊人。理财，最关键的是起点问题：要有一个清醒而又正确的认识——不要认为投资理财是有钱人的专利，然后树立一个坚强的信念和必胜的信心，相信你就有可能获得财务上的自由，成为有钱人。

必须明白的事

在很多的时候，阻碍我们通往财务自由之路的并非是外部的条件和因素，而是我们自身的认知。说的更为简单一些，就是怎么看待"财务自由"的。对于很多人来说，他们认为要想实现财务自由就必须有着足够的金钱收入，而怎么才能实现这一目的呢？或许，有不少人就寄希望于一夜暴富，希望得到幸运女神的青睐；有人则在不停地努力工作，去赚更多的钱……其实，要实现财务上的自由，除了要能赚钱之外，还要学会如何利用手中的钱产生更多的价值。倘若没能认识到这一点，无论我们怎么努力地赚钱，同样很难获得经济上的富足，实现财务自由。

第二章　练就过硬的真本事

　　没什么拿得出手的东西凭什么赚钱？无论你内心对实现财务自由的渴望有多么强烈，但是有一点你必须牢记在心，那就是不断地学习和强化自身的实力，让自己拥有一项过硬的本领。原因很简单，只有当你拥有相应的技能之后，才能在现今竞争激烈的社会中得以生存，才能获得实现财务自由必需的经济收益。

有能力才会有赚钱的资本

"金玉其外败絮其中"这句话告诉我们，有着漂亮的外表，并不代表就有了强大的实力，其实这也完全适用于渴望实现财富自由的人。你要记住人生不是 T 型台，也不是选美比赛，它比拼的不是谁更漂亮，不是谁更有气质，而是谁更有竞争实力。

在如今竞争激烈的社会中，你只有练就一身过硬的专业本领，你才能是笑到最后的赢家，才能得到应有的经济回报，从而走上通往财务自由之路，成为人生最后的赢家。

罗兴是名机修工，学历拿不出手，只有初中文凭，但此人从小就酷爱学习，尤其是机电知识。刚进厂时，小罗只是个普通学徒，休息时间他闲不住，经常跟在老师傅后面看师傅修理机器。日积月累，小罗渐渐地熟悉了机器的安装和检修，还摸索了一些零件检修的秘诀。

有一天下午，车间的机器突然停止了运转，热闹的车间顿时安静下来。这时，老总慌了手脚，急忙联系老师傅，老师傅却生病住院了。若是停产几天，跟外商签的合同就无法兑现，一时间老总急得团团转。情急之下，小罗毛遂自荐，换上工作服、拿着工具，钻进发动机室细细查看了机床链条。他发现，整个机器停转都是这个链条上一个小缺口的错位引起的。于是，小罗很快用钳子将缺口矫正，没过几分钟，车间的机器又轰隆隆地正常工作了！

从那以后，小罗就成了该厂出色的专业维修人员。老总特别器重他，公司凡是有大小活动，老总都第一个注意到他，最后他成为老总身边的一个不可或缺的人物。而有些本科生、研究生，老总还叫不出他们的名字呢！

正是扎实的专业技能，让罗兴一举得到了老板的器重，并且获得了较为丰厚的经济回报，从而奠定了他通往财务自由之路的坚实基础。

无论从事什么职业，都应该精通它，成为你所在领域的尖兵。与其他人相比，如果你是这方面的行家里手，你就能赢得良好的声誉，那么，你至少永远不会失业，从而获得源源不断地经济收益，为以后的财务自由奠定良好的基础。

你要知道，现在是依靠能力说话的时代，只有那些真正地拥有真本领，技能过硬的人，才能在激烈的竞争中立于不败之地，才能成为最后的胜利者，才能在获得相应回报的同时，积累金钱，一步步走向人生的财务自由之路。由此，也可以说，我们要想获得财务自由，就必须注重自我本领的修炼，至少要练就一项过硬的技能。

斯蒂芬逊14岁时就参加了工作。当时，他在煤矿擦拭矿井抽水蒸汽机，后来又当上了煤矿的保管员，这使他有机会接触到了更多的机器。

斯蒂芬逊感到，当时的运输工作很落后，不能适应正迅速发展的煤矿业，他就想发明一种"强有力的运输工具"。然而，他当时还是个文盲，斗大的字不识一个，既然没有文化基础，那就从零开始吧。于是，他在夜校的一年级就读……

为了更好地发明创造，他徒步1500多里，来到蒸汽机发明者瓦特的家乡，在那里工作了长达一年多。在工作之余，他对蒸汽机构造的原理进行钻研，并运用自己所学的知识，开始进行煤矿运输工具的发明。

经过，一番潜心的钻研，1814年他造出了第一台蒸汽机车。不幸的是，试车却失败了，他受到了诽谤和责难，但他并没有灰心，而是继续研究，并对其加以改进。

11年后，在英国斯托克顿至达灵顿的铁路上，世界上第一台蒸汽机车"旅行号"试车成功。人们欢呼雀跃，庆贺火车的诞生。1829 年 10 月，他驾驶着新制的"火箭号"参加了一次火车功率大赛，又获取了胜利……

用实力说话才是最有力的声音，斯蒂芬逊如此，下面故事中的施莱曼也是如此。

施莱曼当初只是一家汽车制造厂的杂工，是在做好每一件小事中获得了成长，并最终成为该公司最年轻的总领班。

施莱曼在 20 岁时进厂了。工作伊始，他就对生产流程做了一次全盘的了解。他发现，一部汽车由零件到装配出厂，大约要经过 13 个部门的合作，而每个部门的工作性质都不同。于是，他主动要求从最基层的杂工做起。

在厂里，杂工不属于正式工人范畴，也没有固定的工作场所，哪里有零活就要到哪里去。由于这项工作的缘故，施莱曼才有机会接触工厂的各个部门，因而对各部门的工作有了初步的了解。

一年半后，施莱曼申请调动工作。他先到汽车椅垫部工作，不久就把制椅垫的手艺学会了。后来他又申请调到点焊部、车身部、喷漆部、车床部等部门去工作。在不到 5 年的时间里，他几乎把这个厂的各部门工作都做了。最后，他又决定申请到装配线上去工作。

父亲对儿子的举动大惑不解，便问施莱曼："你工作已经 5 年了，总是做些焊接、刷漆、制造零件的小事，恐怕会耽误前途吧？"

施莱曼笑着说："我并不急于当某个部门的小工头。我以能胜任领导整个工厂为工作目标，所以必须花点时间熟悉整个工作流程。我要学的，不仅仅是一个汽车椅垫如何做，而是整辆汽车是如何制造的。"

当施莱曼觉得自己具备了管理者的素质时，他决定在装配线上露一手。他在其他部门干过，懂得各种零件的制造情况，也能分辨它们的优劣，这为他的装配工作带来了不少的优势。没有多久，他就成了装配线上最出色的人物。很快，他就晋升为领班，并逐步成为15位领班的总领班。如果一切顺利，在不久的将来，他还可能升任经理。

从上面的事例中可以看出，拥有了一项过硬技能的重要性了吧！当你的实力别人没有，这就是你驰骋职场的理由，这就是你能够安身立命的根本，也是你获得更多经济收入的根本。反之，如果你没有相应的技能把工作做好，为公司创造出价值，又如何能够在职场中得到更好的生存，又怎么能够拥有期望的经济收益呢？说句不好听的话，你连基本的赚钱本领都没有，还渴望着实现财务上的自由，不是在痴人说梦吗？

必须精湛地掌握自己的专业技能

一个没有专业的人终究会被社会淘汰出局，如果一个人没有专业知识，肯定没有办法在社会上生存，所谓的实现财务自由也就无从说起了。可以这么说，专业不仅仅是每一个人基本的生存技能，也是成为有钱人，实现财务自由的根本。因为，只有当我们掌握了相应的专业技能后，才能在职场中出类拔萃，才能获得更为丰厚的经济回报，为自己的财务自由之路打下坚实的基础。

《庄子》一书中记载了这样一个故事：

有两个技艺超群的人，一个是厨房伙计叫庖丁，一个是匠人叫匠石。他们的共同之处，就是技艺超群都达到了出神入化的境界。

庖丁在为梁惠王宰杀牛时。他动刀似有神助，刷刷刷几下，就将一个庞然大物，肉是肉，骨是骨，皮是皮地解剖得清清楚楚。他的解剖动作就像和着音乐的节拍在表演。更神奇的是，他的刀已用了19年，所宰的牛已经有几千头，却仍

像刚在磨石上磨过一样锋利。

匠石呢？他的技艺也十分了得。郢人把白灰抹在鼻尖上，让匠人用斧子削掉。匠石连眼睛都没眨一下，挥斧生风便将薄如蝉翼的白灰削去，而郢人的鼻子却没有任何的损伤。

我们大概都听说过这样的一句话：凡是掌握了一门技艺，无论是做什么的，都可以成名。只要有一技之长，就可以自立。的确是如此。人生在世，能有一技在身，起码就有了安身立命的本钱，如果技艺精湛，就会更有作为。能多掌握几手更好。虽说多技者多劳，但多劳多得，也不是什么坏事。老话讲：艺多不压身，吹拉弹唱都会，就会在人生的舞台上表演得更出色。

在公司中，如果你掌握了必要的工作技能，就能提升自己在老板心目中的地位。随之，你会频频出现在公司重要的会议上，甚至被委以重任，因为在老板心中，你已经变得不可替代了。

现今已经有很多人已经意识到了学习的重要性，但他们由于放下书本的时间太长了，所以对学习这件事无从下手，不是去盲目报一些培训班，就是胡乱考一些证件，其实这样学习的效果并不明显，而且浪费了大量的金钱和精力，到头来得不偿失。

我们应该充分考虑到，一个人的精力是有限的，特别是一个已经步入职场的人，这类人已经不能拿出大块大块的时间进行专门的学习了，所以不要幻想将所有技能和专业囊入怀中，这种人的存在几率是微乎其微的，因此聪明的职业人必定在某一方面有独特的优势，并将这一优势不断提升。而这某一方面的独特优势必将是对他们工作更为有利的知识和技能，那么面对人类文明的巨大财富，怎样才能选取对自己最有用的东西呢？

如果是一个还没有上大学的年轻人，他需要花费很长的时间去思考这个问题，自己到底有什么特长，学习什么专业？而对于一个已经步入职场的人，这个问题反而变得简单多了。如果你从事着一项自己比较满意的工作并想在这个领域中发展下去，那么你要补充的那些独特的优势就蕴藏在你的工作之中；如果你从事的工作自己不是很喜欢，那么如果你想转行，就要赶快下决心，寻找自己的特长和与这个特长相匹配的工作。我们这里重点说一说如何在自己喜欢的工作中提升和补充自己的专业知识。

1. 每天抽出 1 小时

每天最少要抽出一小时的时间，阅读你的专业领域的最新发现和相关书籍，或者通过上网获取和专业有关的信息，参加一些专业领域的论坛和该领域的工作人员进行交流。要知道，在美国，最高收入阶层的人士每天花费在阅读上的时间高达两三个小时，以保证他们能紧跟形势。

2. 参加你所知道的所有对你有帮助的培训和研讨会

也许你要为此付出一些金钱和时间，但这是很值得做的一些事情。很多领域的高薪人士们都认为，他们生活的转折点经常发生在一些让他们震撼的场所里，因为与专业知名人士的接触让他们从根本上认识到了自己的渺小。

3. 遇到难题，立刻解决，决不让工作存在遗憾

你之所以会在工作中遇到一些困难，肯定是因为你在专业知识上存在不足，这正是你发现自己不足和补充不足的机会。当你不能处理这张图片时，你从同事们口中得知有一款软件能够很好地处理这个问题，那么你要做的不仅仅是处理这张图片，而是要学习掌握这款软件，因为它们也许以后还会派上用场。

刘明是一名广告策划专员，工作几年中他的策划方案总是能得到老板的认可和同事们的夸奖，大家都觉得刘明的"鬼点子"源源不断，他的创意总是能让大家耳目一新。新来的大学生小赵对此很是钦佩，他找到刘明向其请教，刘明看着不耻下问的小赵，向他透露了自己的秘密。

原来刘明自从进入广告这一领域后，就没有放弃对广告专业的学习，他边学边用，只要在工作中遇到困难，就会立刻针对这一困难进行专门的充电，他不但做着策划工作，连

广告设计做起来也是得心应手。只要有什么新的广告问世，他都要通过各种途径搞到这则广告的原创，然后搜集到这则广告原创的思路和创意。在刘明的电脑中，各种广告案数不胜数，而且分类明晰，只要接到一个产品的广告业务，他就能很快从自己的文件夹中找出同类产品的很多广告创意加以利用。除此之外，刘明经常参加广告领域的各项活动，结识很多优秀的广告人。

刘明在公司中的名气越来越高，不但职位得到提升，而且在业内也成为公认的策划高手。

将我们的专业知识贡献给我们的工作，同时让我们的工作提升我们的专业知识，这将是一个在职场上不断前进的捷径，也是我们在走向财务自由之路的一条必经之道。

唯有不断学习，才能不断地提升价值

事实上，我们要想获得财务上的自由，就必须拥有不断学习要求进步的心理。在现今的社会环境中，我们一旦拒绝了学习，就会迅速贬值，所谓"不进则退"。转眼之间就被抛在后面，被时代淘汰。

只有做个虚心学习的人，才能使自己在竞争激烈的社会中立稳脚跟。并且更为重要的是，千万不要满足于昔日的表现，否则不但会停步不前，还有可能会出现倒退的现象，就像下面这个故事中的年轻人一样。

有一位年轻人曾经在一次公司组织的钓鱼大赛中取得过不错的成绩，因此他就开始有些飘飘然，认为自己也是个钓鱼行家。这天，周末休息的时候，他提着渔具到附近的河边钓鱼，准备多钓一些好好地"犒劳"自己一下。于是，他选择了一个位置坐下了。在他邻旁坐着一位老人，也在钓鱼，二人相距并不远。开始的时候，这个年轻人钓上了几条鱼，这让他心情很愉快，可是随后，他就发现旁边的老人不停地有鱼上钩，他显然有些沉不住气了，不过他不愿意开口向老人询问原因，他始终觉得自己不应该比这个老人差。

一整天下来，看到老人满载而归的身影，又看到自己竹篓里仅有的那几条鱼，年轻人觉得很不服气，便赶上去，问老人："我们两个人的钓具是一样的，钓饵也都是蚯蚓，选择的地方也不远，为什么你钓到了这么多条鱼，我却收获甚微呢？难道你在诱饵上做了什么手脚吗？"

老人笑了笑，说："年轻人，我看得出来，你也是个会钓鱼的人，一开始从你钓鱼的状态上我就已经认同你了。但是，我们现在之所以差距这么大，你难道不明白其中的原因吗？这就是因为你过于满足于自己的能力，觉得你自己就应该是最棒的，当你看到我比你钓的鱼越来越多的时候，你并不打算从我身上学到一些东西，而那时的你更是心浮气躁，试问，这样的状态你还能够取得进步吗？年轻人，要知道，人外有人，山外有山，或许你今天钓鱼只是为了消遣闲暇的时间，但是我希望你能够从今天的经历中明白学习的重要性，更要懂得不满足于昔日的成就才能取得更大进步的道理。"

年轻人听后，恍然大悟，是啊，钓鱼如此，对待工作也理当如此。显然，他今天的收获不仅仅只是几条可以"打牙祭"的鱼，更重要的是，这次经历使他明白了一个道理：不可满足于昔日的成就。

在现今竞争激烈的社会环境中，我们要想得到更好的发展，就不可满足于眼前，要不断学习，不断提高自己。如果在逆流中不拼命地往前游，就会被无情的水流冲得无影无踪。

小美是计算机专业的本科毕业生，毕业后在一家网络公司从事网络管理工作，因为专业对口，而她自己又特别喜欢自己的专业，所以工作起来非常卖力，从没有出过差错。

没有想到的是，她的职位还是被后来的一位拥有认证网络管理员资格的硕士抢走，小美也因此成为一名普通的计算机操作员。

小美想到因为缺少别人有的一本证书而被人看低，实在不甘心，于是愤然辞职。但当她到人才市场参加招聘会时，看上眼的网络管理职位都要硕士以上学历，还要求持有相关的证书。

为了找到一份好工作，她决心去学习给自己充电。她先参加计算机专业技术培训班，又去参加了微软数据管理认证和微软系列工程师认证考试，不久她拿到了相关证书。

最终，她通过不断的学习，拿到了职业资格证书，提高了工作能力，当她再杀回职场时，被一家大型公司的老板相中。

不管你有多能干，你曾经把事情做得多么出色，如果你一味沉溺在对昔日表现的自满当中，"学习"便会受到阻碍。要是没有终生学习的心态，不断追寻各个领域的新知识以及不断开发自己的创造力，你终将丧失自己的生存能力。因为，现在的社会对于缺乏学习意愿的人很是无情。你如果不想被社会淘汰，就要做到以下几点：

1. 谨记"三人行，必有我师"

三人行，必有我师。这个几乎每一个人从小就听过的道理，是告诫人们要谦虚谨慎，不要自以为是，好为人师，要有甘当小学生的精神。一个"自满的杯子"是装不进去水的，公司人也是一样，不谦虚，自然听不进同事的话，也就自然学不到知识、技能。

2. 广泛吸收外部信息

这是企业人学习知识、提高自身学习能力的前提，每一个人的知识水平都是有限的，要想提高自己，就必须能广泛吸收外部的信息知识、资源和变化，并乐于尝试新思想和新经历。一个人只有不故步自封、固执己见，才能认真听取他人意见，学到知识，从而取长补短。

3. 经常反省自我

一个人要学到知识、提高学习能力，就必须勇敢、主动、客观地反省自身情绪、思维及能力，准确评估组织及客观世界，勇于打破旧的格局，创建新的发展要素。经常反省自我，认识到自己的深浅高低，有利于学到知识。

必须明白的事

实现财务自由的一个根本性前提，就是你必须拥有一定的经济收入来源，说得更为简单一些，就是要有钱。倘若你没有任何的经济来源，口袋里面连一分钱都没有，而依旧在幻想着有那么一天能实现财务自由，无疑是痴人说梦，是永远不能够变成现实的。打一个不怎么确切的比方，这就像是没有在土地上撒播种子，却希望能够获得大丰收。

那么，什么才是我们实现财务自由的种子呢？它就是能力！因为只有我们拥有了相应的能力之后，才能去做更多的事，并且把事情做得更好，从而获得源源不断地经济收益，才能真正地开启通往财务自由之路的旅程。

第三章　开启时间价值增值器

我们要想实现自己的财务自由，除了要有把事情做好的能力之外，还应当学会时间管理，提高自己的效率。你要知道在现今竞争激烈且瞬息万变的时代背景中，我们凭的不仅仅是要把事情做得更好，而是要做得更快更好。唯有如此，我们才能在提升时间价值的同时，获得更为丰厚的经济效益回报。

统筹规划的重要性

在这儿说的统筹规则并讲金钱上面的规则，而是如何对自我所要做的事情，时间进行有效合理的安排，把事情做得更快更好，从而获得更多的财富，从而为实现自我的财务自由奠定坚实的基础。

事实上，在很多的时候，有很多人就是因为忽略了这一点使得自己陷入财务危机的。试想一下连正常的经济收入都难以保证，又怎么能够实现自我财务上的自由呢？

由此可以我们要实现财务自由，就必须注重到这一点。

常言道，思路畅通，谋事如棋。做事前先做好统筹规划，在计划中行事，就会有种一切尽在掌握的感觉，这样就能高效地应用每一分，每一秒，事情就能完成得很好，不会出现做事乱弹琴的现象。而那些没有事先做好统筹规划的人，结果必然就是做不好事。不是与自己的目的相反，就是办事效率低下。古往今来，凡是做事做得好、效率高的人，都是善于谋划之人，他们所完成的大事获得令人羡慕的财富也无一不是在周密的谋划之后把对事做后才顺利完成的。

所以，你要想实现财务自由，在做事之前也要学会谋定而行。你可以试着这样做：

首先把做某件事的计划写下来，然后问自己："为了完成这些计划我应该怎么做？"其次，再写下行动的每一步骤；再次，在执行计划的过程中，很可能遇到一些突发状况，并非每一步都可以按计划控制，此时就要学会随时而变。

如果你养成了这种做事情的习惯，用不了多久，你就可以看到它带给你的显著改变，就会发现一切都是那么顺理成章，没有那么多"枝节"作祟，你的事业也会因此而变得辉煌，梦想将在计划中叩响胜利的门窗。

通过事先统筹规划来提高做事效率的第一步就是按照事情的优先程度来安排做事的先后顺序而不是按照事情的紧急度来安排。这是效率专家艾维·利为美国伯利恒钢铁公司总裁查理斯·舒瓦普推荐的"如何提高做事效率"的方法。

艾维·利声称他可以在 10 分钟内就给舒瓦普一样东西使他公司的业绩提高 50%。之后他递给舒瓦普一张空白纸，对他说："请在这张纸上写下 6 件你明天要做的最重要的事。"

舒瓦普用了 5 分钟写完这 6 件事，交给艾维·利，他接着说："现在请用数字标明每件事情对于你和你的公司的重要程度。"

舒瓦普又花了 5 分钟标好了顺序，然后艾维·利说："好了，现在你把这张纸放进口袋，明天早上第一件要做的事就是把纸条拿出来，先做你标记最重要的那项，此时不要看其他的事，只做这一项，直到完成它为止。然后用同样的方法对待第 2 项、第 3 项……直到全部完成。如果你一天只做完第一件事，那也不要紧，因为你做的是最重要的那件事。"

艾维·利最后强调："每一天您都要这样做，先用 10 分钟把一天的事安排下来，然后按顺序去做事。如果你觉得这样做有效的话，就叫你公司的人也都这样做，当它产生价值后你再给我寄来你认为适合的支票吧。"

一个月之后，舒瓦普就给艾维·利寄去了一张价值 2.5 万美元的支票，并附有一封信。他对艾维·利说，那是他一生中最有价值的一课。5 年之后，舒瓦普的小钢铁厂一跃成了世界上最大的独立钢铁厂，这是因为艾维·利提出的方法帮他们提高了做事情的效率，取得了辉煌的成功。

从这个故事中，我们可以看到要把对事做好的精髓，即在于：做事分清轻重缓急，设定优先顺序。成功人上都是在事前的规划中就以先分清事情轻重缓急的原则来安排做事的顺序，这样做的好处在于，可以使做事条分缕析，不至于遗漏重要的事。

法国哲学家布莱斯·巴斯卡所说："把什么放在第一位，是人们最难懂得的。"在现实生活中，很多人也被这句话不幸言中。他们不知道该如何规划做事的顺序，分不清什么是紧急但不重要的事情，也不知道什么是重要却不紧急的事，更不知道该如何按照它们的重要性去给它们排序。

实际上这是一件很简单的事。我们只需要把事情划分成四类：紧急且重要，紧急但不重要，重要但不紧急，既不紧急也不重要。当你把事情按照这样分类后，就只需按照主次顺序去一件件完成就行了。

（1）把紧急且重要的事放在第一位去完成

为了确定一件事的紧急、重要程度，你需要做到以下三点：

1. 预估，要用需要、目标、回报和满足感这四原则对所要做的事情作一个预估，区别其重要性。

2. 排除，排除那些不必要做的事，把要做但不一定要你自己做的事委托给别人去做。

3. 规划，记下那些必须亲自去做的事，按照预估的重要性进行规划，包括完成任务需要多长时间，谁可以帮助你完成，使用什么方法去完成等等。

（2）根据巴莱托定律安排事情的主次顺序

在确定了事情的重要性后，要判断它们的紧急性。要分清哪些事是必须立即去做，哪些是可以适当延后，哪些是根本不用去做的。

通常来说，我们可以根据巴莱托定律，即 80/20 法则来安排做事的优先顺序。要用 80% 的时间去完成那些能带来最高收益的事，而用其他 20% 的时间去做其他不那么重要和紧急的事。

（3）按照完成的统筹规划去做事

在完成了一天的任务安排后，就要按照计划去行事。先做那些计划中排在第一位的最重要的事，严格按照计划的进度进行，这样就可以使自己每时每刻都集中全部精力在做最重要的事。

在做事的过程中，也要适时调整计划。根据变化了的情况，当出现计划行不通或突发问题时，马上予以纠正，不要钻牛角尖。这种做法不是破坏计划，反而是为了更好地实施计划，保持它的完整性。

使用这种方法做事，你就会发现自己每做一件事都是有条不紊地去按照计划执行。再也不会出现这种"当我们刚从几层楼上跑下来后，突然发现有一件重要的事情还没有办好，于是就又噔噔地跑上楼去；等到好不容易下了楼，钻进出租车时，又想起门没有关，于是又再次跑上楼去"的现象。

这是一种提高做事效率十分有用的方法，同时还有助于尽快达到目标。当你养成了这种做事前先统筹规划，按照事情的重要程度去做事的习惯后，你就会发现自己的效率越来越高，事情也完成的越来越好。当然，你所能获得的回报也就越来越多。

今天的事不要拖延到明天去做

事实上，无论你如何的想要实现财务自由。也不管你对于金钱，财富有着什么样周详的计划和安排。但最为重要的是，你必须有相应的金钱和财富，否则就是会谈。

那么，如何才能获得相应的金钱和财富呢？

答就在于尽力地把交情做得更快更好。除了上面所说的要对所做的交情进行合理的统筹之外，我们还应当做到戒除拖延，今天的事绝不要拖到明天去做。

美国总统富兰克林说："Never leave that until tomorrow, which you can do today"这句话的意思很简单，即今天的事不要拖延到明天去做。

在说这个道理之前，我们先来看一个故事。

某段时间，地狱的人口锐减。阎王于是召集文武左右商议对策，要如何才能将人诱入地狱。群鬼于是各抒己见：

牛头提议说："让我们跟人类说，'丢弃你的良心吧！根本就没有天堂的存在！'"阎王听了不置可否。

第二个是马面，他说："让我们跟人类说，'为所欲为吧！根本就没有什么地狱！'"阎王听了还是摇头。

群鬼讨论来讨论去一直没有拿出好办法，这时一个小鬼突然说："不如让我们这样对人类说，'还有明天吧！'"阎王闻听此言深以为然。最后决定，地狱的口号就改为"还有明天"！

恐怕没有人能想到如此简单的四个字就足以把人引入深渊吧。但确实，一个放弃了今天而把所有希望全部寄托在明天的人已经无异于行尸走肉了，如果我们永远把事情放到明天去做，那我们就永远也不能做成事，因为明天是永远不可能到来的啊！这正应了那句谚语：任何时候都可以做的事情往往永远都不会有时间去做。

所以，与其费尽心思地把今天可以完成的任务千方百计地拖到明天，倒不如用这些精力去把它做完。拖延是一种异常可怕的逃避，它让人忘记了自己的责任，忘记了自己的梦想，忘记了自己该做的事。

你可能对那只可怜的寒号鸟还有印象吧，它就是一天天这么拖延着不去垒窝，直到现在我们的耳边还能听到它临死前发出的凄惨号叫："今天冻死我，明天就垒窝。"可是，我们却再也看不到它了。

爱尔兰女作家玛丽·埃奇沃斯说得好，"没有任何一个时刻像现在这样重要，不仅如此，没有现在任何时间都不会存在，没有任何一种力量或能量不是在现在发挥着作用。如果一个人没有趁着热情高昂的时候采取果断的行动，以后他就再也没有实现这些愿望的可能了。"

所以，我们做事情就一定不能拖延，拖得越后就越是难以完成，做事的态度也越来越勉强。很多时候本来可以趁着一开始的那股热情去完成的事，如果拖延下去就会变成苦不堪言的负担。而一旦交情没有做好，又怎能获得相应的金钱和财富的回报，又怎能去实现财务上的自由吧？

可是，拖延甚至可以被说成是人类的一大天性，每个人身上或多或少都会有一点拖拖拉拉的毛病。那么我们该如何去克服这种恶习呢？

首先，不给自己的拖延行为找借口。

不为自己的拖延寻找借口，是无数商界精英秉承的一种价值理念，被众多著名企业奉为圭臬。通常来说，习惯性的拖延者也是制造借口与托辞的高手。每当要他们付出劳动或做出抉择时就总能找出一些借口来为自己开脱责任。乍看起来这种人真是聪明，不仅不去做事，还没有受到任何指责，可真正受到伤害的正是他们自己，他们把自己的所有精力都用于为自己的拖延寻找借口上，也就没有多余的精力去真正做事了。

法国圣西尔军校有一个传统，就是遇到军官问话，学生只能做三种回答，即为"报告长官，是""报告长官，不是""报告长官，没有任何借口"。除此以外，学生不能多说一个字。通过这种方式培养出来的学生，他们是就是是，不是就是不是，从来不会给自己找任何借口，没有含糊其辞。这样才能保证行动迅速，强化的是学生敬业、责任、服从、诚实的良好品德。

我们做事情也应该学习圣西尔军校培养的这种精神，成功了就是成功了，失败了就是失败了，千万不要给自己寻找任何借口，为自己的失败或是拖延开脱责任。只有这样我们才能在做每一件事时全力以赴，提高做事的效率。

其次，克服懒惰的恶习。

懒惰是拖延的温床，很多有天赋的人都是毁在了自己的懒惰上。拖延是懒惰的一种具体表现形式，懒惰的人总是会想方设法拖延去做，他们会编织各种理由。针对这种因为懒惰造成的拖延，比尔·盖茨在一封给年轻人的信中进行了批驳，他写道："你说的所谓没有时间等等，都只是一种借口，我看你最根本的一条就是过于懒惰，不肯努力，不肯下功夫。你的理论就是一个人都会把他能干的事情干好，如果有哪一个人没有干好自己的事情，这表明他不胜任做这件事情。你没有写文章表明你不能写，而不是你不愿写；你没有这方面的爱好证明你没有这方面的才干。这就是你的理论体系——一个多么完整的体系啊！如果你这个理论体系被大众所接受的话，将会产生多大的负面效应啊。"

他说的很对，很多时候我们拖延着一件事不去做，不代表我们不能做、不会做，而仅仅是因为懒得去做。可是如果你想得到一些东西，就必须付出辛勤的代价，而如果你懒得去做你就永远不能得到它，因为没有人可以不劳而获。

克服懒惰、克服拖延才是真正做事的道理。

第三，不要因为害怕失败而拖延。

还有很多人拖延着不去做则是因为他们害怕失败。可是，不经历风雨怎能见彩虹，又有谁的成功不是建立在一次又一次失败的基础上呢？真正成功的人是能够正确对待失败的，他们能在一次次失败的打击下重新站起来，最终创造自己的辉煌。

怕失败的原因有很多，可能是怕失败了面子上不好看，可能是怕有可能面对的种种困难，也有可能是对自己根本不自信，但如果一两次的失败就足以摧毁你的自信，如果仅仅是因为怕失败就拖延着不去做，那么就很难想象你可以成就什么事业。

所以，即使结果必然是失败，也不要拖延着不去做，而是要以更多的付出，更大的努力去挑战失败。

最后，你可以试试这种"瑞士芝士"行动法。

这种行动方法是管理顾问拉坎在他的《驾驭时间、驾驭生活》一书中提出的，即不一次全部执行整个计划，而是利用时间"刺洞"，每次只完成整个工作的一小部分。这样的做法就比较容易让自己着手行动，每次只完成半个小时的工作量，累积起来，就可以完成全部工作。

另外一种与此类似的是"5分钟行动"建议。这是指每次只花5分钟去做事，完成这5分钟后，再考虑一下是不是再做个5分钟，这样一直持续下去直到完成。因为每次只做5分钟，就不用去担心这个、担心那个的，反而更容易全力以赴。

这些方式都可以让习惯于拖延的你迈出行动的第一步，只要你能开始进行，把事情做完也就不那么难了。

另外下面这些小窍门也可以帮你克制拖延的坏习惯。

（1）你可以把目标分解成一个个看起来很容易的小目标，这样就不会因为怕失败而拖延了。

（2）想到就去做，不要再三考虑，犹豫不决。

（3）当必须做一些自己不愿做的事时就要用一些自己喜欢的事来犒赏自己。

不论用什么方法，只要能让自己立刻行动起来就是最好的方法。当然，战胜拖延的习惯不是朝夕可成之事，你也许不会立刻就有改变，但只要你肯一步步慢慢改变，总有一天你就会看到它的效果。而当你的效率得到提升后，你所得到的金钱、财富也会随之提升，为实现财务自由的提供了更为雄厚的资本。

高速度才能高效率

在如今这个竞争激烈的时代，我们比拼的已经从单纯的能力高低演变为全方位的竞争，而其中，速度就是最重要的制胜法宝。高速对今天的社会有无比重要的意义，我们不仅要和过去的自己比拼速度，还要和社会中的每一个人竞争速度。

实现财务自由，说得简单一些就是开源节流，既要增加自我的收入渠道，又要满减支出。那么如何增减自我的收入呢？你就必须提升自我的办事速度，效率，唯有如此，你才能获得多回报。

有这样一个故事，它证明了速度的重要意义。

有两个人在森林里偶然遇到了一只大老虎。B 惊慌失措，忙招呼 A 快跑，可 A 却赶紧从背包中拿出了一双轻便的运动鞋换上。B 这时急死了，于是骂道："你干吗呢，再换鞋也跑不过老虎啊！"

而 A 的回答是这样的："我只要跑得比你快就好了。"

的确，在这种生死关头，我们无须跑得过老虎，我们只要能比竞争对手跑得更快，才能吧交情做得更好获得相应的回报。生活中也是如此，老虎就像是一个个困难，而多的是像小 B 这样因为比对手速度慢而被淘汰的例子。都已经淘汰了，连正常的收入都没，拿什么来实现财务自由呢？

我们比竞争对手跑得慢就会被淘汰，如果我们慢过平均速度太多也一样会被淘汰，爱迪生的这位助手就是如此。

爱迪生有一位助手，这位年轻人说话干脆，科学知识也很丰富。可是没过多久，爱迪生就把这位助手给辞退了。他有一位朋友很是不解，便向他询问原因，爱迪生叹惜地回答："哎，实在没办法，他做事的速度实在太慢，光是调准显微镜的焦距，一次就需要半个小时。半个小时啊，这是多么宝贵的时间！"

很多时候，生活就是这样，不是我们做事不努力而是因为速度过慢就被淘汰。速度已经成为了今天一个做事的基本原则，人说"时间就是生命，效率就是金钱"就是这个道理，没有速度，即使你把事情做好了也依然难逃被淘汰的结果，失去正常的收入渠道。

深圳的高速发展已经成了世人瞩目的焦点，而深圳赖以成名的就是它的"速度"。如今，"深圳速度"已经成了许多城市建设、追求的目标，于是，深圳这颗中国南海之滨的明珠，在改革开放的春风中，迸发出愈发耀眼的光芒，同样，它也正是因为速度获得了无限的财富增长。

速度和效率意识已经成了现代职业素养的第一内容，很多时候工作成绩上的差异不是因为你们之间能力谁比谁高，恰恰正是由于他比你做事快了那么一点点，所以他就取得了更大的成就。所以，提高做事情的速度已经成了重中之重，我们每一个人都要想方设法来改善自己的做事速度，下面的建议虽算不上万能的"灵丹妙药"，但可以给你提高工作速度提供一些有益的参考。

1. 缩短完成同一件工作的时间

这种方法要求不断改进工作方法，使完成同一件工作的时间尽量缩短，以此来提高做事的效率。

2. 在同样的时间内争取最大的收获

例如参加商业活动，做事高效的人是不会仅仅按程序去参加活动的。他们往往会在活动期间充分结交朋友，洞察商机，有意识地变相推销自己，利用这一参加商业活动的时间不仅完成工作，还扩展了人脉。

3. 善于立体操作

这种方法即在做一项工作的同时可以交叉或进行另外的工作。这主要体现在会议中，很多会议的内容并不是完全对自己有用，就可以在这些时间中处理一些文件或是读书，高效利用时间。尤其是在一些空闲和等待的时间里更应如此。

下面故事中的阿笨就是一个会利用时间的聪明人。

阿笨被国王逼着完成一项不可能完成的任务，否则就要霸占他的未婚妻。国王要求阿笨在一个同时只能烙两张饼的锅中，3分钟内烙好3张饼，每张必须烙两面，每面至少要烙1分钟。按常规烙好这三张饼最少也需要4分钟，可是阿笨并不笨，他先烙两张饼，1分钟后，把一张翻烙，另一张取出，换烙第3张；又过1分钟，把烙好的一张取出，另一张翻烙，并把第一次取出的那张放回锅里翻烙，结果3分钟后3张饼全烙好了。

阿笨的成功就是在于他改进了工作方法，充分利用时间来完成工作，因此就大大提高了工作效率。我们做事也应该像阿笨学习，充分利用各种方法来改进工作方式，提高办事的速度和效率。

必须明白的事

时间就是金钱，效率就是金钱，这是我们每一个人都应该牢记在心的话。在现今竞争激烈且瞬息万变的时代大背景中，我们必须学会时间管理，去提高自我的办事效率，把事情做得更快更好才能战胜竞争对手，才能增强我们所做的事情的价值，从而获得更大的经济利益回报。

第四章　撬动财富的人际关系杠杆

Chapters 4

　　如果你想要获得财务上的自由，就请放下依靠自身的努力和独自打拼的念头。而是应该走出自我，主动地去与人交流，形成良性的人际关系网络。因为现今的时代是一个需要合作制胜和资源整合的时代。

永远不要忽略人脉资源的作用

人脉资源是一种潜在的无形资产，是一种潜在的财富。表面上看来，它不是直接的财富，可没有它，就很难聚敛财富从而实现财务上的自由。因为，人脉资源越丰富，赚钱的门路也就越多；你的人脉档次越高，你的钱就来得越快、越多，让你获得了实现财务自由的基础。

很多人都认为，读MBA75%的作用在于可以建立起强大的人际关系网，因为学习期间的同学大都是颇有实力和决定性作用的人物，他们都是业内的佼佼者，这些关系都是不可多得的财富，他们今后可能获得更大的发展，这就会为你的事业带来帮助。在家门口读MBA可以建立起实用的人脉网。在国外读MBA，同学会遍布全世界，为将来进入全球化性质很强的领域，比如银行、投资等领域，会提供强大的资源。

精于人际交往的人大都懂得这样一句金言，那就是"普遍撒网，重点捉鱼。"此法是提高成功率，增加"总产量"的不二法门更是获得财富，实现财务自由的快捷通道。人际网就是他的社会关系，"撒网"就是创造，编织社会关系的能力。商界名言说："一流人才最注重人缘。"又说："擦肩而过也有前世姻缘。"因此商界中最重人际关系，要想实现财务自由，我们也必须注重这一点。"一流人才最注重人缘"，其实这句话的反面应该说："最注重人缘的人，才能成为一流人才。"确实，人缘是很微妙的东西。我们在世间上的一举一动，所接触的大人物或小人物都很可能变成日后成败的因素，也是我们获得金钱，财富的接触点。而世间密密麻麻地结着人缘的网，我们每一个人都生活在一个个的"网目"之中，攀缘着"网丝"可以和许多人拉上关系。假如你们能和这么多人建立良好的人际关系，使他们成为在事业上帮助你的朋友，在生意上照顾你的顾客，这样一来，相信你的事业也一定非常成功，你所获得的金线财富也会随之倍增。

由此可见，结的网越多、越坚固，等于你有一个无形的巨大的财产。在你的人脉网络中，只要你善于开发，每一个人都会成为你的金矿都会成为实现你财务自由的助力。

在这里，我们分享一下世界一流人脉资源专家哈维·麦凯的经验，看他是如何利用人脉来推销自己，找到一份好工作的：

哈维·麦凯从大学毕业那天就开始找工作。当时的大学毕业生很少，他自以为可以找到最好的工作，结果却徒劳无功。好在哈维·麦凯的父亲是位记者，认识一些政商两界的重要人物，其中有一位叫查理·沃德。查理·沃德是布朗比格罗 Brown&Below 公司的董事长，他的公司是全世界最大的月历卡片制造公司。四年前，沃德因税务问题而入狱服刑。

哈维·麦凯的父亲觉得沃德的逃税一案有些失实，于是赴狱采访沃德，写了一些公正的报道。沃德非常感激那些文章，他几乎落泪地说，在许多不实的报道之后，哈维·麦凯终于写出公正的报道。

出狱后，他问哈维·麦凯的父亲是否有儿子。

"有一个在上大学。"哈维·麦凯的父亲说。

"何时毕业？"沃德问。

"他刚毕业，正在找工作。"

"噢，那正好，如果他愿意，叫他来找我。"沃德说。

第二天，哈维·麦凯打电话到沃德办公室，开始，秘书不让见。后来他三次提到他父亲的名字，才得到跟沃德通话的机会。

沃德说："你明天上午10点钟直接到我办公室面谈吧！"第二天，哈维·麦凯如约而至。不想招聘会变成了聊天，沃德兴致勃勃地谈到哈维·麦凯的父亲的那一段狱中采访，整个谈话过程非常轻松愉快。

聊了一会儿之后，他说："我想派你到我们的'金矿'工作，就在对街——'品园信封公司'。"

为找工作奔波了一个月的哈维·麦凯，现在站在铺着地毯、装饰得富丽堂皇的办公室内，不但顷刻间有了一份工作，而且还是到"金矿"工作。所谓"金矿"是指薪水和福利最好的单位。

那不仅是一份工作，更是一份事业。42 年后，哈维·麦凯仍在这一行继续勤奋开采着"金矿"，他已成为全美著名的信封公司——麦凯信封公司的老板。

哈维·麦凯在品园信封公司工作期间，熟悉了经营信封业的流程，懂得了操作模式，学会了推销的技巧，积累了大量的人脉资源。这些人脉成了哈维·麦凯成就事业的关键。

事后，哈维·麦凯说："感谢沃德，是他给我了工作，是他创造了我的事业。"

其实你所认识的每一个人都有可能成为你生命中的贵人，成为你事业中重要的顾客成为实现你人生财务自由的杠杆。沃德，一个曾经身穿囚衣的犯人，都有可能成就一个人的人生和事业。做个有心人，随时随地注意开发你的人脉金矿让它成为你实现财务自由的助力！

学会分享

那么，如何发挥人脉的作用为自我的财务自由增率助力呢？首先我们就要缔结良好的人际关系网络，而分享就是一种最好的建立人脉网的方式，你分享的越多，得到的就越多。

世界上有两种东西是越分享越多的：一是智慧、知识，二是人脉、关系。正如萧伯纳所说：我有一个苹果，你有一个苹果，交换一下每人还是一个苹果；我有一个思想，你有一个思想，交换一下每人至少有两个以上的思想。同理，你有一个关系，我有一个关系，如果各自独享则每人仍是一个关系，如果拿来分享，交流之后则每人拥有两个关系。

让人脉网无限扩大的最有效的方法就是让资源及时地流通，而与别人分享并交换自己的人脉网络资源自然就成为了流通中必不可少的因素。你把你的给我，我把我的给你，在这样互相提拔、互蒙其利的过程中，就能够让你的人脉网络迅速连上别人的网络。因此可以这样说，学会分享、懂得分享绝对是令人脉网拓展的最佳手段。

在美国就有这样一对母子，借助分享的力量到达了成功的彼岸。这对母子，母亲是保险推销员，儿子是汽车推销员。

有一次，儿子向一位文化界的名人成功地推销了一辆汽车。而在一个星期之后，这位名人突然接到了一个陌生的来电："××先生您好，我是××的母亲，感谢您一个星期前从我的儿子那里购买了一辆汽车，今天冒昧地打搅您，是想通知您明天能够抽时间开车到车行来进行检查。"名人一般都很忙碌，所以这位母亲想借这位名人回车行的机会请他吃饭，因为如果直接发出邀请，恐怕多半是遭到拒绝。

第二天，这位名人如约而至，检查完车况后已近中午，于是这位母亲对他说："××先生，为了感谢您对我儿子的支持，我想请您吃顿便饭，同时也希望能够跟您聊一聊如何才能更好地维护您的爱车。我想您不会拒绝一个做母亲的请求吧？"这位名人见盛情难却，便接受了她的邀请。

这位母亲在诚恳地向名人讲述完保养汽车的一些细节时说："我相信如同您这般成功的人士，一定都非常注意生活的品质，所以我认为您一定需要一份完善的健康保障计划。您帮助了我的儿子，您也一定愿意帮助我，我身上正好有一份为您专门量身定做的保险计划书，请您花点时间看一下。"名人难以拒绝母亲的盛情，不得不接过保单。

几天内，这位母亲不断地给名人打电话，终于签下了这张保单。而她的儿子也同样以这样的方式向母亲的保险客户推销了许多辆汽车。

有个年轻人刚搬到某处公寓二楼，他在阳台上种植一大排迎春花，如藤蔓的细枝叶逐渐生长，慢慢地垂悬于一、二楼之间。

夏天来临时，迎春花形成了一片美丽的绿色布幔。

年轻人几度想将迎春花枝叶拉起用木架固定，如此可以帮他挡住西晒的太阳，略略降低屋内闷热的暑气，却总认为如此作未免太小气而作罢。

春天来临时，悬垂的绿色布幔开满了黄色的小花，吸引了许多不知从何而来的美丽蝴蝶，翩翩飞舞的蝴蝶与争妍的小黄花为单调而略显寂寞的公寓带来了活泼生气。

年轻人站在阳台，眼光追逐着一只美丽的彩蝶，忽然惊奇地发现到有几株葡萄藤即将攀上他的阳台。往下看，一个女孩正对着他微笑。

楼下人家为了感谢年轻人种植的迎春花妆点出的美丽和挡住夏天的太阳，所以种植了葡萄作为回馈。

如此一来，两家因此而熟悉了起来，就在迎春花又开满黄色小花时，年轻人与楼下美丽的女孩也收获了爱情的甜蜜果实，彼此携手走过红地毯。

分享，不是失去；懂得分享的人生，可以让我们收获到更多。当你愿意与他人分享的时候，那么你的朋友也许就会在另外一个领域中带你结识到更多的人，从而你的人脉力量也自然就会在不经意间强大了。当然，我们获得金线，财富的几率以及通道也随之增加。

不过，在分享和交换彼此的网络时你需要遵循两个基本原则：

1. 分享人脉网络的人必须和你拥有彼此对等的人脉交流关系。

2. 你必须信任与你分享人脉网络的对象，因为他们在与你人脉网络互动的同时，也能够间接地反映出你的为人，所以并不是所有的人都能够与之分享的。

在与人分享的过程中，你应该注意自己的人脉网络中有谁有兴趣去认识其他更多的人。不过有一点必须要提醒你：那就是无论你与任何人进行分享的时候，都绝对不能让他们拥有你的完整的人脉网络清单。因为如果你随随便便就把自己的全部人脉网络名单分享给对方，那么你很可能就会被无情地踢开。未免有些得不偿失了。

双赢才是真正的赢

一位成功的企业家曾说过："世界上最富有的人总是不断地建立人脉网络，而其他人则被教育着去找工作。"因为富有的人最善于运用"合力"（teamwork），让专业的部分由专家来帮忙完成，同时会运用不同的人际策略，花时间与具有决定权的keyman（在关键时刻有帮助的人）培养良好的关系，以便将来在危机来临时能够随时"逢凶化吉，化险为夷"。很多创业大亨、业务高手，或是政商界能够成功的人，除了自身的实力之外，都是因为他们能同时掌握够多的人脉，拥有一本雄厚的"人脉存折"，这正是他们保障自己的事业能够成功的法宝，同样，也是我们在通往财务自由道路上不可忽略的。

在台湾地区，有一群学历不高的大老板组成了"世纪之龙"，这个团体的特色是：老板的学历都很低，但是每年赚进上亿台币。这些大老板因为经过"社会大学"的震撼教育，在社交手腕及待人处世上都比一般人强，不但会做事，也会做人，所以能运用"人脉存折"创造出自己的"成就存折"，实现自我人生财务自由。

　　"双赢"的人脉存折，则是建立于"互益"的基础上。现在是一个讲究"团队合作"的时代，老是单打独斗，根本无法借力使力，或是拓展自己的格局，所以，适时地分享你的经验，或是帮助其他人，绝对会得到意想不到的收获。

　　一个人或一个商业团体漫游到某地，一旦稍稍立稳脚跟且发现当地有商机闪动，他往往会很快向自己的血缘亲属或非血缘的乡亲发出类似的信息：此处钱多、大家一起来赚钱吧！于是一发不可收，一传十、十传百，雪球越滚越大。因为成功商人都认为，双赢，始终是合作赚钱的最高境界。

　　没错，成功不是偶然的，一个篱笆三个桩，一个好汉三个帮，由地缘和血缘关系织成的社会网络，使得"什么生意赚钱""哪里有做生意的机会"等等市场信息能够在各地的商人之间相互传递。这种网络，使他们关注的市场往往突破了城市的区域局限，看似是多人来分一杯羹，实际上他们是扩大了市场、提高了知名度。最终，一个个企业快速地成熟并成长起来。难道，这些就不值得我们学习和借鉴吗？

　　晚清名商胡雪岩，没有读过什么书，但是他却能从生活经验中总结出了一套哲学，归纳起来就是："花花轿子人抬人。"他把士，农，工，商等各阶层的人都拢集到一起，用自己的钱业优势，和这些人一块儿共同创业。由于他长袖善舞，所以很多人都愿意和他联手合作，并且在合作的过程中树立了信任。他与漕帮协作，及时地完成了粮食上交的任务。并且和王有龄合作，因为王有龄是知府，所以胡雪岩有机会得到了一些难得的商机。这种互利互惠的合作，使得胡雪岩这样的一个小学徒变成了一个执江南半壁钱业牛耳的巨商。

要知道自己力量是有限的，其实这不单是胡雪岩的问题，也是我们每一个人的问题。但是只要有心与人合作，善假于物，那就要取人之长，补己之短。而且能互惠互利，取得一个双赢的竞争策略，这样才能让合作的双方都能从中得到益处。

我们说人生就像是战场，但是毕竟不是战场。战场上敌对双方不消灭对方就会被对方消灭。而人生赛场不一定要这样的，为什么非得争个鱼死网破，两败俱伤，为什么不能好好的协商一下呢？

在大自然中弱肉强食的现象是一种很普遍的现象，但是这是因为他们生存的需要。人类社会和动物有所不同，个人和个人之间、团体和个体之间的依存关系十分紧密，除了竞赛之外，其他的一些"你死我活"或者是"你活我死"的游戏对自己是很不利的。

在当今的社会上，聪明的人都有这样的认识："生意不成情意在"，这就是采用"双赢"的竞争策略，这倒不是小看你的实力，认为你无力扳倒对手，而是为了现实的需要，像前面所说的，任何一个"单赢"的策略对你都是很不利的因为它必然会有这样的一个后果：

除非对手是一个很软弱的角色，不然的话，你在和对方进行争斗的过程当中，必然会付出很大的代价和成本，而在你打倒对方获得胜利的时候，你大概也已经心力交瘁了，甚至还不足以偿付你的损失。

在现代的这个人类社会里，你不可能将对方绝对的毁灭，因为你的"单赢"策略将引起对方的一种愤恨，对你形成一种潜在的危机，从此陷入冤冤相报的一个恶性循环里。

具体来说，与朋友合作共赢的形式主要表现为"两个分享，一个分担"。第一个分享是利润分享。有钱大家一块儿赚，而不是关上家门独自吃肉。第二个分享是分享智慧、资讯、人才及社会关系等一切资源，即资源的"优化组合"。一个分担即风险的分担，不把所有鸡蛋放在一个簸子里。一个人的钱投入到 10 个投资项目中，能够分散风险，较好地保持收益稳定。

所以说，"合作共赢"才是利用人脉赚钱的最高境界，无论你合作的伙伴是准，也无论你合作的方式是怎么样的，这种建立在资源共享的前提下的合作，始终是现代商业竞争中最有发展潜力的。所以，每一个想要赚钱的人，实现财务自由的都应该在想一想，自己身边有没有可以实现合作双赢的人脉资源可以利用。唯有如此，你才能更快更好实现自我人生的财务自由。

必须明白的事

良好的人际关系网，不仅会让你得到更多有用的信息，还能够让你获得更多的帮助，借用他人的力量把自己一个人难以做好的事做好，从而获得你独自一人打拼而难以获得经济收益，获得财富上的增长。

第五章　关于记账这回事

　　不知道你有没有记账的习惯。倘若你想要实现财务上的自由，那么首先你要从学会记账开始！因为记账是对我们现有金钱、资产的盘点，它会让我们对自我的财务情况有一个较为直观的了解，会让我们知道如何去管理并管好自己的金钱。

请管好自己的金钱

被誉为美国最优秀理财顾问的大卫·巴赫曾经说："不管你的年龄、地位和处境如何，不管你是二十多岁，还是八十多岁，不管你是单身、已婚还是离异，也不管你是职业女性，还是为事业打拼的男士，你绝对能够管好自己的钱，把握自己的前景。"而如何管好自己的钱，则是体现自我人生财务自由的必修课。

那么，我们应该如何去管好自我的金钱，为自我的财务自由贡献一切的力量呢？管理自己金钱最简单的方法就是量入为出，如果每年只收入一万元钱，最终却花掉了两万元，毫无疑问，那将是一件令人痛苦的事情。反之，如果每年收入两万元，却只花掉一万元，毫无疑问，这是一件令人高兴的事情。

张小姐有自己的公司，生意算得上兴隆，因此被人们看成富人，但她却依然住在原有的旧房子里。

有一次，她在一笔生意中赚到了很大一笔钱。为了犒赏自己，她决定买一个十分考究的新沙发。为此，她花掉了1

万多块钱，这个数字是她平时几个月的生活花销。漂亮的沙发运来了，华贵而又高雅，可是摆放在如此简陋的房间里，左看右看都感觉不舒服。原来，是房屋中间的茶几不配套，使得沙发失去了几分光彩。为此，张小姐又更换了茶几。但是，房间内依然不顺眼，于是，桌子、椅子等依次被换掉，最后房间内的所有家具都被换掉了。

这时，张小姐又感觉房子显得太老太旧了。于是，她又找来工人，将旧房进行了改造。至此，从最初的更换沙发到最后的房屋改造，张小姐已经花掉了10多万元，不但如此，房屋、家具还需要定期维护，费用也是非常高的。

为了一个沙发，张小姐的流动资金出现了很大的亏空，使得好几笔生意都没做成。此时的张小姐后悔不已。

张小姐之所以会后悔不已，主要原因在于她没有管好自己的钱，支出太不合理从而导致出现了财务上的危机，像这样又怎能做到实现自我人生的财务自由呢？

在现实生活中，一个人并不是钱赚得越多就能生活得越优越，也并非就能达到真正意义上的财务自由。我们要想实现财务自由，就必须学会理财，而理财的真谛是：使有限的钱财发挥出最大的效用。人们常说："口袋的大小决定了财富的多少。"其实还应该加上一句："脑袋决定口袋。"只有让脑袋活动起来，从以下几个方面管理自己的钱财，才能让自己的口袋大些、再大些，那么你实现财务自由的几率就会越高。

1. 记"流水账"

平时居家过日子，进进出出的开支非常零星。一日三餐、交通、娱乐，看上去似乎很固定，但是一些不经意间的额外支出，在月底时常常让你吓一跳，大大超出预算，还弄不清钱都花到哪里了。

记"流水账"是帮助你控制家庭财务的一个好办法，看似原始，实则有效。从现在开始，准备一本账本，切实记下每日经常性和偶然性的每一笔开支。这样养成每日记"流水账"的习惯后，不仅可以使你对口袋里钱的去向一目了然，而且可以渐渐悟到一些心得，摸清哪些花费是必要的，哪些"意外开支"是可以避免的，哪笔开支是可继续评估其必要性。

对于工薪阶层来说，"冲动性消费"是理财大敌。

例如，看到打折就兴奋不已，在商场里泡上半天，拎出一大包便宜的商品。看似得了便宜，实际上买了很多并不需要或者暂时不需要的东西，纯属额外开支。一般来说，记"流水账"是对付"看不见"的零星支出最好的办法，也是有效抑制"冲动性消费"的良方。

没有谁的记忆力能够像账本一样清晰，也极少有人毫无购买欲。通常来说，女性的冲动购买欲强过男性，女性常有为了一件必需品而"顺便"带回一堆"冲动产物"的经验，因此更需要一本账本。

2. 做"计划"

就像任何事情一样，事先准备好计划是使事情有条不紊顺利进行的前提。

看看这些没有计划的理财行为吧，你就知道为什么需求未增却总是超支的原因了：买东西到急需的当口才匆匆忙忙地去买，来不及仔细选择、比价；当季的衣服一上柜就迫不及待地掏腰包，买到的永远都是高价；买东西零零散散地就近购买，费时费力且常花冤枉钱！

计划应该包括选择购物的时机和地点。

配合时间性或者季节买东西，往往能省下不少开销。其实我们都知道，当季的蔬菜水果便宜，换季的衣服有打折。但在购买时需要注意一些细节，比如，买换季的衣服时要注意品质以及要挑选非流行性的款式，这样在来年穿上时不至过时。

3. 选择地点同样有讲究

大型综合类超市购物方便，且价格也较便宜，但陈列的琳琅满目的商品容易让人的购买欲一发不可收拾，结果在结账时超出当初预算。只有在购买消耗量大的生活必需品或者与朋友邻居合买分摊时才最适宜去这种超市。还有一种针对某类商品的超市，如家用电器、通信产品等，多以连锁方式经营，其品质与服务不输一般专门店，价格又较低，也吸引不少消费者。此外，另有一种购物途径是一般人较不熟悉的，那就是与厂商直接接触。但由于厂商与经销商之间的契约，不是各类商品都可"超级购买"，不过金额较大的商品都可循此途径试之。先在店面看好型号、询价，再通过报纸的工商服务栏或家里的电话簿查询厂商服务电话。在实际操作中，这种"超级购买"常常靠厂商人当媒介，以通常有五折以上的"人价"优惠购买，即使让"中间人"小赚一成也仍然划算！

4. 集体购买

团结力量大，运用"集体购买"的方式可以获得较大的折扣。这在购买价值较大的商品，如房子时，尤其有用。在买房时不妨集合几位想买房的亲友，集体与开发商谈判，常常可以获得额外的折扣。

5. 砍价有备而来

善于理财的人"有所花，有所不花"。价格高的东西并不意味着品质也高。消费价格在市场上并不定数，消费者要靠实力和货比三家才能买到品质好价格又合理的东西。要做到砍价有成果，你需要多吸收商品流通信息，培养识货的能力。平时多阅读报纸、杂志的商品报道，但要注意其广告性质的介入，分析报道的可信度。最有直接效果的信息，应是一些分析报道，对品质价格等方面只做分析评估但不做结论。这种客观报道偶见报端，极有参考价值。

记账前，先摸清自己的家底

任何人如果想要生活平稳，就每个人而言，要想实现财务上的自由，就应当对个人与家庭的收支有一个较为明确的认知，尽量做到个人与家庭的收支平衡。要达成这种平衡，就必须学会记账。通过记账你可以审视你的日常花费，更容易找出你花钱的漏洞，及时弥补，减少不必要的开支。

具体来说，记账有以下几方面的好处。

1. 记账能使你培养成一种良好的消费习惯

通过记账搞清楚钱是怎样花出去的，才能避免大手大脚地乱花钱。通过记账你也许很快就能成为精明的理性消费者，更懂得把钱花在刀刃上，从而花更少的钱去做更多的事。

2. 记账能助你掌握个人或家庭的收支情况，合理地规划消费与投资

记账最直接的作用是摸清个人或家庭的收入、支出等的具体情况，清楚而直观地看到自己到底挣了多少钱，花了多少钱，钱都花到什么地方去了。同时，你又可以知道维持正常的日常生活需要多少钱，剩下的钱可以考虑进行消费和投资，这是家庭财务规划的基础。举个例子，房贷每月还款额多少是合理的？这不应该是由拍拍脑袋就决定的，而是通过了解自己每个月能有多少结余而定的。如果你每月挣5000元，你觉得还2000元房贷不成问题，但是记账之后也许会发现自己每个月只能存下1000元。所以，搞清楚了这些之后，你才有可能谈理财、谈投资，才能对今后的消费与投资做出科学合理的规划。

3. 记账能促进家庭成员之间和睦共处

俗话说，贫贱夫妻百事哀。据社会学家调查发现，家庭破裂的一个重要原因是经济纠纷，尤其是成员较多的大家庭，日常生活的开支需要家庭主要成员共同负担。若是时间长了，不记家庭账，就难免会互相猜疑，你说我出钱少，我说你吝啬，或者怪持家的长辈偏心。如果有一本流水账，谁挣多少、谁花多少就能一目了然，从而令家庭成员无话可说，使矛盾无从激化，反而消弭。

4. 记账能方便小本经营者或创业人员及时了解经营的动态

要是你是一个小本经营者、专业户、个体户，通过记账，还能从账本中获取有用的经济信息，如掌握到人们对什么商品最需要、什么东西最赚钱，从而及时地改变经营方针，提高经营技巧，赚到更多的钱。

5. 记账能起到备忘录的作用

亲友向你借钱这类的事情往往是不立字据、不写借条的，时间一长就容易忘记，日后可能会引起纠纷，如果习惯了记流水账，就可以做到有账可查，心中有数，不易忘记。

而理财记账的第一步则是审视财务状况。何谓审视财务状况，就是整理家庭的所有资产与负债，统计家庭的所有收入与支出，最后生成家庭资产负债表和家庭损益表。通俗来说，就是摸清家底、建立档案、形成账表。

摸清家底才能使投资理财有的放矢，否则就是漫无目的，东一榔头西一棒子，最终毫无结果。这就相当于你是一名指挥作战的将军，要想取得理财这场战役的胜利，就必须首先弄清楚自己手上有多少兵力、多少军火弹药。只有这样才能充分运用手上的兵力装备，在理财这个战场上赢得胜利，获得财富，从而实现财务上的自由。

不过要学会记账，首先要理解好"家庭资产"和"家庭负债"的概念。

1. 家庭资产

家庭资产是指家庭所拥有的能以货币计量的财产、债权和其他权利。其中，"财产"主要是指各种实物、金融资产等最明显的东西；"债权"是指家庭成员外其他人或机构欠你的金钱或财物，也就是家里借出去的可到期收回的钱或物；"其他权利"主要是指无形资产，如各种知识产权、股份等。"能以货币计量"的含义是，各种资产都是有价的，可估算出它们的价值或价格。不能估值的东西一般不算资产，如名誉、知识等无形的东西，虽然它们也是一种财富，但很难客观地评估其价格，所以在理财中，它们不归属于资产的范畴。还有就是家庭资产的合法性，即家庭资产是通过合法的手段或渠道取得的，并从法律上来说拥有完全的所有权。资产的分类是这样的。

（1）现金及活期存款。包括现金、活期存折、信用卡、个人支票等。

（2）定期存款。

（3）投资资产。包括股票、基金、外汇、债券、房地产、其他投资。

（4）实物资产。包括家居物品、住房、汽车。

（5）债权资产。包括债权、信托、委托贷款等。

（6）保险资产。包括社保中各种基本保险、其他商业保险。

2. 家庭负债

家庭负债是指家庭的借贷资金，包括所有家庭成员欠非家庭成员的债务、银行贷款、应付账单等。

家庭负债根据到期时间长短分为短期负债（流动负债）和长期负债。如何来区分短期与长期呢？一般有以下几种分法。

一种分法是按月份来分。我们一般可以把一个月内到期的负债看作是短期负债，一个月以上或很多年内每个月要支付的负债是长期负债，比如按揭贷款的每月还贷就是长期负债。

另一种分法是以一年为限，一年内到期的负债为短期负债，一年以上的负债为长期负债。

实际上，具体区分流动负债和长期负债可以根据自己的财务周期(付款周期)自行确定。例如，可以是以周、月、两月、季、年等不同周期来区分。

家庭负债也可按负债的内容种类分类，具体如下：

（1）贷款(住房贷款、汽车贷款、教育贷款、消费贷款、医疗贷款等各种银行贷款)。

（2）债务(债务、应付账款)。

（3）税务(个人所得税、遗产税、营业税等所有应纳税额)。

（4）应付款(短期应付账单，如应付房租、水电、应付利息等)。

记账科学，才简单有效

现在，我们已经知道饿了记账在实现财务自由之中的重要作用了。那么，我们在记账的时候，还要注意些什么，才能真正地为实现财务增率助力呢？

记账的连续性就是必须保证记账是连接不断的。记账最忌三天打鱼两天晒网，一时心血来潮，就想到记账；一时心灰意冷，就放弃不理。

如今，职场中人所面临的生活压力越来越大了，因此，人们就更向往"手中有粮、心中不慌"的生活了。如何让自己的腰包鼓起来，告别没钱的尴尬处境？如何让自己离有房、有车的生活更进一步？如何尽早告别房奴、车奴、卡奴的"奴隶"时代？在开源越来越难的情况下，节流成为了实现以上目标的有效途径。

怎样通过有效的行动来实现这一目标呢？有人认为，记账太琐碎，每天的花销无非是吃喝拉撒之类鸡毛蒜皮的小事，谁有工夫记它啊！然而，如果看不起小事，就做不好大事。小行为、小习惯往往蕴藏着大问题、大道理。下面是几个注意的要点。

1. 记账不能是简单地记流水账，要分账户、按类目

记账贵在清楚地记录好钱的来龙去脉。每个人的生活资源都很有限，每一方面的需要都要适当地去满足一下，而从平日养成的记账习惯，我们就能清楚地得知每一项目花费的多寡，以及需求是否得到了适当的满足。

在谈论财务问题时，一般有两种角度：一种是钱从哪里来，也就是收入方面的问题；另一种是钱到哪里去，也就是

支出方面的问题。我们每天的记账，都必须清楚地记录好金钱的来源以及去处。这在会计学上称为复式记账。

记账要分收、支两项，每项里再细分。比如支出，最简单的分类可分为衣、食、住、行、用、通信、育、乐、其他支出等 9 大类 (可视个人需要再加以细分)。另外，有些人虽然每天都记账，记的却是糊涂账，也就是只记录总额，而没有记录细项。举例来说，如果到大卖场购物共消费 2783 元，应该将每个购物项分类记录下来，千万不能只记下花了 2783 元，这样不仅无法了解金钱的流向，记账的目的也会大打折扣。

2. 要记好账，就要养成收集单据的习惯

如果说记账是理财的第一步，那么集中凭证单据就是记账的首要工作。因此，我们平日里在消费时一定要养成索取发票的习惯。在收集的发票上，我们要清楚地记下消费时间、金额、品名等项目，如果单据没有标志品名，最好马上加注。此外，银行扣缴单据、捐款、借贷收据、刷卡签单以及存提款单据等，都要一一保存，最好摆放到固定的地点。凭证收集全之后，要按消费性质分类，把每一项目都按日期顺序排列，以方便日后的统计。

3. 千万不要因为钱少就不记账

如果你养成了记账理财的习惯，你就会发现，每天看似不起眼的琐碎开销，经年累月之后都会变成可观的支出！例如，你每天多喝一瓶可乐，以每瓶可乐 2 元计算，一年就会

多花 730 元。而类似这样的消费，在日常生活中是非必要的开销。事实上，记账的原则就是滴水不漏，任何一笔小钱都要记录下来，因为日常生活中常有一些不容易被注意到的开销，比如一支冰淇淋、一张 DVD 光盘，长久累积下来，就不是一笔小数目，通过记账便可轻松察觉到这些非必要的开销。

4. 记账一定要做到准确、及时、连续

记账的准确性就是要保证记账的正确。如何保证呢？一是记账方向不能错误，如收入和支出不能搞反了。二是收支分类要恰当。每笔记账记录都必须对应正确的收入分类，否则分类统计汇总的结果就会不准确。对综合收支事项，需进行分拆 (分解)，如某笔支出包括了生活费、休闲、利息支出，最好分成三笔进行记账。三是金额必须准确，最好精确到元。四是日期必须正确。收支日期就是业务发生日期。特别是跨月的情况，最好不要含糊，因为进行年度收支统计时，需按月汇总。

及时就是保证记账操作的及时性。记账及时性就是最好在收支发生后及时进行记账。

很多人无法养成记账的习惯，原因很多，除了动力不够外，记账太琐碎也是原因之一，很多记账失败的人，后来都觉得好像不值得为了记录金钱的支出去下这么多工夫。其实，记账是有技巧的，这些技巧可以帮助你保持记账习惯。以下是几种记账的技巧。

1. 概略记录

日常生活中点点滴滴的花费相当琐碎，能够逐项记录当然最好，不过如果纯粹因为这个因素而放弃记账的人，可以使用仅记录大略支出的方式代替。例如，每日三餐加起来总共 25 元，那么一个月的伙食费即可记录为 750 元 (25×30=750)。其他项目也可按照这种做法办理，例如房租、水电费、电话费等，简化记账方式、记录重点，就容易养成习惯维持下去。

2. 分门别类

流水账般的逐项记载后，最重要的工作就是分类。流水账可以运用纸笔记录，分类记账则建议使用 Excel 软件或记账专门软件。按月份、星期、单日区分，设计所需项目，设定收入与支出识别颜色，以便自己更清楚、更方便地检视账目。

这项工作不用天天做，每个月用一天处理即可。可以在月初或月底。也可以在发薪日，把上个月的收入与开支汇总整理，同时也可估算下一个周期的开支预算。

3. 支出检讨

仅仅是流水似的记录每日消费还不够，更重要的是要从这些数据中分析出省钱的技巧。就收入来看，想想有没有其他开源的可能性；就支出来看，检视每笔花费是否必要与合理。

对消费记录的分析，可以不断改进自己的消费结构，可以发现食谱中多了什么、少了什么，以便及时调整，保证营养与健康；可以发现是否少了运动、会友、与亲人团聚、娱乐等对健康有帮助的活动，及时调整，等等。

正确清理掉你的债务

通过记账，同样也会让你对自我债务情况有所了解，你要想实现财务上的自由，就必须正视自我的债务问题，并采取行之有效的办法，处理掉它。

那么，我们该如恶化清理债务呢？

试问，在生活中，你会将 100 元的钞票付之一炬么？你会用一张 20 元的钞票来擦拭你的窗户，然后将它团成一团扔掉么？当然了，你不会的！那么，你为什么还不清信用卡债务呢？知道吗？你每个月交利息就如同是在扔钱。

理财专家发现，清除债务有简单的四个办法：用现金解决问题；削减利息支出；每月自动还债；少用信用卡多用现金。下面是详细的说明：

1. 用现金解决问题

将一些闲钱用在及时削减贷款余额上。这可能包括你的年终奖金、红利支票、生日礼物、出让一块院子的收益以及其他一些零碎的现金收入。接下来，动用你一部分存在银行的钱。不要指望银行存款的利息收益，因为如果你从银行得到3%，而你在债务上需要付出16%，存钱还有什么意义呢？只会让你每年损失13%。留出一个月的基本生活费存在银行，以防发生一些意外，然后，用剩下的钱来支付你的信用卡负债。

记住：你用来还债的每一块钱给你带来的投资回报与你的借贷利息都是相等的。信用卡利息通常是很高的，所以还掉它会给你带来高额的回报。还款的时候先选高利息的，然后再还利息较低的。等债务都还清的时候，启用自动储蓄来重新积累你的投资资金。

2. 削减利息支出

有三种方法可以实现：

（一）为你的未结余额申请低息

如果不能永久低息，至少也要申请到半年或一年。告诉银行电话接待员，说他们的信用卡是没有竞争力的。将你最近从信件或网上找到的降息要求读给电话接待员，保持友好，一直聊，就说如果不能降息的话，你就换另外一种更好的卡。

（二）换一种低息的信用卡

如果你的信用卡很好的话，你通常可以在开始的6到12个月里享受零利息（或低利息），但是一定要仔细看清条款，看清楚零利息的代价是什么。信用卡公司总有一些深藏不露的小花招。除非你比较警觉，否则，可能会支付比预期多得多的利息（也许根本就省不下钱）。

一般的合同在同意给你零利率的时候，要求把其他卡上的余额也转过来。这听起来是比较合算的交易，所以你就办了张卡开始用它去买东西。接着，你就会发现中了圈套。该公司不同意你偿还这些消费支出，至少不能马上偿还。你每进行一次还款，钱都被优先用做零利率债务的偿还。你的新交易都会被看作是未付余额，这样，你就得按照正常利率付钱。

一旦你知道了事情的真相，那就好对付了。不要用那些"便宜"的信用卡来消费，直到这特定的零利率期过去。建立自动还款系统来清除这些债务（在你不用付高额利息时，你就能更快降低债务）。只用你的旧卡去消费，每月全额付清账目。等低利息期过去后开始使用新卡。

（三）用房屋作抵押的低息贷款去偿还高息信用卡债务

贷出的钱除了偿还旧的抵押债务，剩余的钱还清消费债务。假如新的贷款利息低于你现在的贷款利息，这个办法将很有效。你将同时得到两个好处：低息的抵押以及信用卡债务利率的下降。

如果新的抵押贷款会要求更高的利息率，就不要进行再贷款。可以用房屋净值信用额度贷款替代。该种贷款依据你的信用额度会赋予你借款的权利。你可以在任何时候借贷（不能超过信用额度的最大值），并按照你的计划还款。

3. 自动债务清偿计划

对消费债务设立固定的、自动的月还款额。对于利息低的债务，还款额设立为每月最低应付款；对于利息高的债务，还款定额要设置得比你认为自己所能承受的略高（你值得这样做）。刚开始你的每月剩余负债看上去不会缩减太多。但是很快，你就会进入一个有意思的自我约束的循环之中，你的债务就会以前所未有的速度下降。这是因为，在债务减少的同时，所承担的债务利息也变少了。每个月，更多的还款用于减少借款的本金，这样就可以更多的降低你所承担的利息。还清一张信用卡后马上转入偿还另一张信用卡。

少量增加还款额会使你债务消融的速度大不一样。比如，欠款 12，000 元，利率 16%，如果按每月偿还 300 元算，需要四年零十个月才能到达"无债日"。如果你能每月多还 100 元，就只要三年零三个月就能完全脱离债务。你是个明智的人——不花这 100 元你就太亏了（仅仅 3.3 元每天）。

4. 少用信用多用现金

如果你的花费总是比你可用的现金多，那么债务也就会没完没了地缠上你。让你重获控制权最简单的方法是以现金、支票和借记卡（在自动取款机上能取款的卡）支付日常花费。你可以在任何能用信用卡支付的商店使用借记卡。这和签发支票一样。你购物的花费将直接从你的银行账上扣除。

一旦你尝试了用现金支付的生活，你就会发现它并没有你想象的那么困难。比起以前使用信用卡，你会逐渐下意识地少花费了。另外，你通常花费的是支票账户中能看得见的数额。如果你开始将更多的工资转向债务清偿，你就会自动缩减你的日常家务开支，而当你做到这一点后，你的财务情况就逐渐好转，在财务自由之路上更进了一步。

这并不是教你放弃信用卡或者将其放入冰箱的冷藏柜里不用。大部分人用信用卡来获取优惠——免费的航空里程，旅店留宿，或者可以用来换取某类商品的积分点数。没问题，只要你在月底能付清全款就可以。要是你发现使用信用卡使你负担更多的费用，在你还清卡内债务前，坚持只使用现金和借记卡。

必须明白的事

记账是管理金钱，实现财务自由的一个良好习惯，它不仅会让我们更为清楚地了解到自我的经济状况，同样也会让我们发现个人财务中所出现的问题，让我们能更好地管理好自己的金钱、资产，让自己的财务管理朝着良性的方向发展。

第六章 做一个真正懂得花钱的人

● Chapters 6

要想真正地获得财务上的自由，除了加强自我赚钱的本领之外，还应当学会怎么去花钱。在现实中，不少的人出现财务问题，并非在于他们赚钱的本领不足，而是因为不懂得如何的花钱。

花钱要有计划

人们常说"少花等于多赚",此言的确不虚,尤其是在创业阶段,减少不必要的花费不但可以为你积累第一笔启动资金,对自己的自控能力也是一种有益的锻炼。但是,需要申明的是,我们所说的少花不是因此就敷衍了事,降低生活质量,而是不因某一次心血来潮或为了一时虚荣而浪费钱财。

在平时的生活中,很多人在财务上出现问题难以实现财务自由,就是在花钱上没有计划,有时候想起什么就毫不犹豫地掏钱拎回家,可是,那也许是几件可有可无的东西,用不了几天便会把它们永远地放在储物柜里,成了闲置品。另外,有一些女性会在商家打折促销广告的诱惑下,也会买很多质量不好的商品,利用价值所限,到最后也是闲置。

李珊珊在一家广告公司任职,月薪5000元,与同事租了一套两居室的房子,月租金1500元,俩人平摊。她的手里刚刚办了一张信用卡,由于她那超强的购物欲望,现在几乎可以说是生活在梦魇之中。为什么会这样?

　　她一有空就想去街上闲逛，本来感觉没什么要买的，可是，当她看到商场里打折的衣服，或者柜台里琳琅满目的首饰时，就经不起诱惑，衣服打六折实在便宜，那些首饰也着实漂亮，不买那怎么甘心？于是，当回到家的时候，手里拎着大包小包，虽然累得气喘吁吁，但是，心里颇为满足，花钱的感觉实在是爽！手里的手机、平板电脑也是经常换，她的理由是：这些电子产品更新的速度太快了，而且有的质量也不太好。

　　短短的几个月下来，信用卡刷爆了，银行卡上也没钱了，李珊珊即将陷入经济危机。而她买的那些打折衣服多半是应季衣服，要不然，也不会那么便宜，没穿了几天她便不是嫌质量不好，就是嫌过时，一气之下一股脑都堆在衣柜里。

　　李珊珊之所以陷入经济危机，主要原因就是花钱没有计划，在消费上很盲目，花钱如流水。

　　其实，现今的很多人都有这样的看法：钱挣来就是花的，不仅要花得爽，还要花得痛快。不过，话又说回来了，不管怎么花，其中最关键的一点就是一定要花得值。像李珊珊这样的"购物狂"，在购买衣服、鞋子时应该避免买便宜的，最好选质量好、最适合自己的，便宜的衣服和鞋子虽然花钱少，但其使用价值有限。

　　有些人对购物拥有天生的欲望，有时候看到喜欢的东西往往头脑发热，冲动消费，特别是在工作后，手中有了钱，需要便多了起来，于是，很多人出现了"自己赚钱自己花，没有丝毫的负担和负罪感，花钱是快乐的、享受的"想法。

但是，"吃不穷，喝不穷，算计不到就受穷！"这说明，光储蓄还是不够的，还要学会理性消费，有计划地花钱。

1. 控制消费欲望

"钱是人的胆"，没有钱或挣钱少，人的消费欲望就会下降，因此，控制消费欲望是有计划花钱的第一步。一般来说，对每月的收入与支出情况进行记录和"监控"，并且做到专款专用，就能防止不必要的消费支出。

2. 计划开支

首先，你得做至少三个月的日常费用计划表，否则无论用哪种方法，你的财务计划都不会符合实际。由此看来你对资金流向要有整体的了解。你还必须弄清楚在哪些方面可以节省开支，比如你在工作午餐上花的钱并不少，可你并没有意识到。一顿午餐花 20 元，对你来说也许算不了什么，但是如果你把一个月午餐花费加起来，再乘以一年 12 个月，差不多就是 7200 元。再如，每天抽一盒香烟，按 5 元一盒计算，全年的费用加起来差不多就是 2000 多元。为了实现更大的目标，该放弃什么，选择什么，自己应该心里有数。

把你的固定费用，如抵押贷款、房租、水、电、气、电话费等列个清单。别忘了，这些现在虽然是固定的，但也会随时变化。为现在的住房,每月需支付 1000 元或 2000 元的贷款或是租金,想想它现在是必要的吗?有没有办法把这笔开支省下来?

3. 记录开支

详细记录自己一个月内的开支。保存好用银行卡结算的票据。随身携带一个笔记本,记录每一笔现金支出。你不妨用理财软件来处理这些数据。

4. 分析

计算每类支出占自己的支出的比例,如饮食、娱乐、服装、房屋、旅行和投资,分别占了多大的比例?如果某一类的支出比例太大,你就应该节约这方面的开支。

5. 每月的经常性开支

检查每一项经常性开支。能否讨价还价或者更换供应商,以便减少开支?例如,考虑换一个互联网服务提供商来节约上网费用。

6. 从小处着眼,开始节约

改变一下生活习惯和消费习惯,能否节约经常性支出?例如,每个星期多在家吃一次饭,从图书馆借书代替买书。

居家过日子，把钱花在刀刃上

要实现财务自由，就必须在日常的生活中，尤其是居家过日中，把钱花在刀刃上。著名的船商、银行家出身的斯图亚特曾经有一句名言，他说："在经营中，每节约一分钱，就会使利润增加一分，节约与利润是成正比的。"

斯图亚特努力提高旧船的操作等级以取得更高的租金，并降低燃油和人员的费用。

也许是银行家出身的缘故，他对于控制成本和费用开支特别重视。他一直坚持不让他的船长耗费公司一分钱，他也不允许管理技术方面工作的负责人直接向船坞支付修理费用，原因是"他们没有钱财意识"。因此，水手们称他是一个"十分讨厌、吝啬的人"。

直到他建立了庞大的商业王国，他的这种节约习惯仍保留着。

一位在他身边服务多年的高级职员曾经回忆说："在我为他服务的日子里，他交给我的办事指示都用手写的条子传达。他用来写这些条子的白纸，都是纸质粗劣的信纸，而且写一张一行的窄条子，他会把写好字的纸撕成一张张条子送出去，这样的话，一张信纸大小的白纸也可以写三四条'最高指示'。"一张只用了五分之一的白纸，不应把其余部分浪费，这就是他"能省则省"的原则。

无论生意做多大，要想取得更多的利润，节约每一分钱，实行最低成本原则仍然是非常必要的。要知道，节约一分钱就等于赚了一分钱。节约每一分钱，把钱用在刀刃上，这应该是实现财务自由的基本要求。

很多人为什么会越忙越穷呢？一个主要原因是，挣到钱后却总是乱花钱，不懂得把钱用在刀刃上。事实上，如果你懂得把钱花在该花的地方，不该花的地方则坚决不花，即使你收入不高，也可以让生活过得有滋有味，达到财务上的自由。相反，即使你收入很高，如果不懂得掌控消费，挣多少花多少，花钱没有节制，也只会越来越穷。

居家过日子，繁琐而细微。如何才能"把钱用在刀刃上"，为自我的财务自由打下坚实的物质基础呢？其实只要把握好下面这几个环节，就能做到不浪费，让理财渗透于生活中的种种细节。

1. 省水

在厨房里安装节水龙头和流量控制阀门，就能根据住房的自来水压力表，合理控制水流，达到节约用水的目的。卫生间采用节水马桶和节水洗浴器具；淋浴和用水量少的浴缸一起使用，能做到一水多用，起到更省水的效果；缩短热水器与出水口的距离，对热水管道进行保温处理。

2. 省电

首先要选择节能电器和节能型灯具，虽然买的时候价格也许比同类产品要高，但细水长流，节约下来的钱是非常可观的。空调每调高1℃，空调机最低每天可省电0.5千瓦/时，夏季空调温度每天设定在摄氏26℃～28℃，可以节省不少电费。

电冰箱使用节能窍门：减少电冰箱开门次数和开门时间；夏天调高电冰箱温控档，冬天再调低，及时清除电冰箱结霜；为避免电冰箱压缩机增加启动次数或运行时间，存放食物容积以不超过为80%为宜。

洗衣机使用节能窍门：衣物集中洗涤，洗涤前将脏衣物浸泡约20分钟；少量小件衣物尽可能手洗；选用优质低泡洗衣粉，减少漂洗次数；按衣物的种类、质地和重量设定水位，按脏污程度设定洗涤时间和漂洗次数，既省电又节水。

电风扇使用节能窍门：电风扇的耗电量与转速成正比，最快档与最慢档的耗电量相差约40%，多用中、慢档转速的和风或微风。功率大的电风扇耗电多，尽可能选择小功率的电风扇。

电饭煲使用节能窍门：使用电饭煲煮饭时，把米淘洗后浸泡10分钟后再煮，可以省电；电饭煲煮同量的米饭，700瓦的电饭煲比500瓦的电饭煲更省时省电。

3. 省气

如果一天之内，午餐和晚餐都在家里吃，中午可以一次性煮完两顿分量的汤，喝剩的留到晚上热一热再喝，比起分两次煮要省很多煤气。

炒菜时，开始下锅火要大些，火焰要覆盖锅底，但菜熟时就应及时调小火焰，盛菜时火减到最小，直到第二道菜下锅再将火焰调大，这样省气，也能减少空烧造成的油烟污染。

熬汤、烙饼时用文火煮食物更香，食物沸腾之后，可把火调小，保持微沸即可；蒸东西时，蒸锅水不要放得太多，水升温较慢，要先用小火，等水温升高后，再开大火烧省水，又最大限度地节约了煤气；一般以蒸好后锅内剩半碗水为宜。

选择直径较大的炊具能减少热量散失，同时达到节气的作用。炸过鱼虾的花生油用来炒菜时，常会影响菜肴的清香，但只要用此油炸一次茄子，即可使油变得清爽，而吸收了鱼虾味的茄子也格外好吃。

4. 省纸

充分利用白纸，尽量使用再生纸，用过一面的纸可以翻过来做草稿纸、便条纸。

5. 养成使用二手物品的习惯

养成使用二手物品的习惯，标志着你已经拥有了成熟的消费理念。

使用二手物品，可以采用租借的方式。想租借到称心的物品其实并不难，例如我们只要在专门提供出租物品平台的网站"出租网"上登录注册，就可以寻觅自己需要租用的物品了，选定后交付一定押金，再付少许租金即可。租品的范围包括各类家居等实用物品。

我们既可以在网上租到二手物品，又能在网下找到许多类似的出租店铺，我们完全可以依据自己的生活需要选择租用。例如孩子小的时候成长很快，所需要用到的童车、童床、学生桌椅板凳，时间不长就会发现已不再适合孩子了，而对于玩具、图书等物品，多数孩子往往也只是在较短的时间内使用，时间一长就弃之一旁，不再感兴趣了。与其花钱买一些只在短期内用的物品，倒不如办个租借卡，随用随租，既省了大笔的开支又能根据孩子的所需尽情选用，不用的时候还不用担心占用家里的地方，何乐而不为？

总之，在实现财务自由的过程中，你若想少花钱而拥有舒适的生活，就一定要学会把钱花在刀刃上，开动你的脑筋，发挥你的智慧，找到更多的省钱之道，才能更好地掌控财务。

消费要量入为出

沈阳刚刚大学毕业，在一家银行实习，实习期间每月收入只有700元。第一个月末，沈阳拿到工资时非常开心，但是一想到回去就要交720元的房租，心情就变得非常灰暗。

原来，沈阳目前的收入虽然低，但她每个月却有 2000 多元的开销——房屋月租 720 元、衣服 500 元、化妆品 100 元、休息时跟朋友外出 400 元，此外还有买饮料、冰激凌等零零碎碎的开销。她说，现在每月收入 700 元根本谈不上理财规划，该买的总是要买的，相信以后会好起来的。

像沈阳这样消费的大有人在，虽然当前的收入很低，但并不是说不需要理财，注重自我的财务，其中的关键问题就是树立量入为出的理念。

英国大文豪狄更斯的小说《大卫·科波菲尔》中的人物米考伯说过这样一句话："一个人，如果每年收入 20 英镑，却花掉 20 英镑 6 便士，那将是一件最令人痛苦的事情。反之，如果他每年收入 20 英镑，却只花掉 19 英镑 6 便士，那是一件最令人高兴的事。"这句很容易理解的话，道出了一个深刻的道理，那就是要过得快乐，就必须量入为出，过度消费是最令人痛苦的事情同样，这也并非是正确的财务观念。

量入为出的意思是根据收入的多少来决定开支的限度。量入为出是我国古代哲人对处理财务问题的精髓总结，在今天仍具有重要的现实意义。

也许有人会说："这个道理我们知道。这叫作节约，就像吃蛋糕，蛋糕吃完了就没有了。"但是知道是一回事，能不能身体力行又是一回事，很多人就是在明知这个道理的情况下会自我陷入财务危机的。

"BBC 中国网"曾经有这样一则新闻：20 世纪 80 年代英国著名的电视新闻记者、主播艾德·米切尔由于负债累累，沦为无家可归的流浪汉。

艾德·米切尔走红的时候，主持过独立电视公司 ITN 晚上 10 点的新闻联播，还曾采访过英国及世界级别的政界要人，其中包括英国前首相撒切尔夫人和梅杰。

他拥有让人眼红的 10 万英镑的年薪，价值 50 万英镑的房子，每年两次的海外度假，妻子、儿女……现代生活的享受应有尽有。

但是，2001 年艾德·米切尔被迫"下岗"。遭解雇后，噩梦开始了。失业前累积的几万英镑的信用债务像滚雪球般越来越大，为了还清旧债不得不申请新的信用卡，几年内，欠下了 25 张信用卡及将近 25 万英镑的债务。

后来，妻子与他离婚。艾德·米切尔不得不变卖了房子还债。最终，沦落到在海滨城市布莱顿街头露宿。

艾德·米切尔的故事曝光后引起了很大的轰动。他先后接受了许多大报、新闻节目的采访，希望以自己的经历给人也一个警告：不要轻易借钱消费，要量入为出地消费，不然同样的遭遇可能会发生在任何人的身上。

事实上，最终决定一个人财富多少，能要实现财务自由，不是收入，而是支出。不论你多有钱，如果你无度的去消费，你都会变成穷光蛋的。收入多少并不会让你成为真正的有钱人，实现财务上的自由只有学会量入为出，才能真正成为有钱人不被财务问题所困扰。

在理财方面，台湾著名艺人胡瓜的心得非常值得我们学习。

"很多艺人会把一生当中所赚的大概一半的钱，投资在做生意上。但是，绝大多数艺人其实并不擅长做生意，结果赔得很厉害。这又何必呢？其实演艺事业就是我们的生意，所以我还是很努力地把这个事业做好。到了45岁、50岁退休之后你要干吗，也许这些现在还不能明确地计划好，因为计划不如变化大，但只要把财守好，自己算清楚将来这些钱能够花几年，我觉得这种理财方式就比较正确了。"看到圈里很多好友因为投资不顺而导致多年的积蓄毁于一旦的景象，胡瓜深有感触地说。胡瓜的话也道出了理财的一个重要定律：首先要控制投资风险，对自己不了解、不熟悉的行业千万不要随便投入。

不过，理财观念的保守并没有阻止胡瓜成为一个理财专家。比起其他艺人"今朝有酒今朝醉"的理财误区，胡瓜的聪明之处在于他想得最多的是未来。"我觉得很多人常犯的一个毛病就是只会问'我一个月的薪水有多少？今年总共花费了多少钱？'却从没有想过未来的人生一共需要花多少钱，我现在还差多少钱？"在忠告年轻人时，胡瓜这样说。

胡瓜投的是非常高额的储蓄险，每隔几年就可以领回 50 万元、100 万元的保险。比如说现在缴 1000 多万元，将来可以领回 2000 多万元。而且，更高明的地方在于，这种储蓄险缴费时可抵税，领回时可不缴税，实在是一种兼具储蓄又节税的双重理财工具。除了储蓄险外，胡瓜也投保了高额的医疗险，因为人到老了还是会生病，不要老了没人照顾，所以也投了医疗险。

胡瓜还相当实际，未雨绸缪地替子女及自己的未来做好准备。除了每年为子女缴纳高额的 300 多万元保费外，每年还给儿子和女儿，每人各存入 100 万元 (当地规定父母每年赠予每名子女各 100 万元额度内无须缴税. 若子女结婚当年，则提高为 400 万元内免缴遗产税)，等到孩子 20 岁时，就都会各自有 2000 万元了。

"我相信自己老了，孩子们也会照顾我，但也相信他们能够自己照顾自己，他将来能孝顺你也许是应该，但如果不孝顺该怎么办！把自己的养老金也要存够，人家没法照顾你的时候，自己也能照顾自己。"胡瓜坦言，"我只投资自己，钱都交给老婆去管。原则是买东西不贷款，像吴宗宪有一次跟我聊天，他说有 8 间房子，其实他的房子九成都是用贷款买的，利滚利压到喘不过气来。我也告诉过任贤齐，不要美慕别人有豪宅，否则容易入不敷出。"

胡瓜这种量入为出的态度和懂得规划财富并身体力行的做法，确实很值得我们参考。如果我们希望将来能有钱又很闲，实现财务自由不妨借鉴借鉴。

在日常生活中，我们更应该养成量入为出的习惯。下面的一些诀窍，可以帮助我们养成和巩固这样的习惯。

1. 列出预算

通过编制家庭财务预算，能有效地控制家庭经费。预算一旦编好后，家庭的每位成员，都知道有些什么可用，而且可以作为当月开销的准绳。

2. 别充阔佬

你的钱袋中最好不要夹带一打大面额钞票，少带些钱，够紧急的开支就行。如果身边没带钱，便不会大把地乱花了。

3. 尽量别用信用卡

根据统计显示，持卡消费者一般比用现金购货的购买欲高 10%。因此，为了更少地花钱，要少用甚至不用信用卡。

4. 身边勿带自动提款卡

一旦你把提款卡带在身边，你的钱就易取易花，提款的次数增多，就难以收支平衡。最好将提款卡放在家中隐蔽又安全的地方。

5. 设置零钱盒

每天回到家后，要先把提包和口袋掏空，把所有的零钱投入到零钱盒里，以使"聚宝盒"成长快速；当然，你要在口袋中留足坐车用的零花钱。

6. 养成储蓄的习惯

当你在超前消费的诱惑下，或者冲动购物欲亢奋时，最好牢记一条重要的原则：储蓄一部分钱作为未雨绸缪的打算。

7. 拒绝推销员

对上门的、电话里的或者电视上的推销员，都要敢于说"不！"只要你不贪图便利或便宜，就可省下许多赚来不易的钱，又能省下你许多宝贵的时间。

8. 购物要有目的

你可将需要买的东西列出一张表来，然后依单购置。切勿在肚饿或衣破时，再去买许多食物与新衣；要克服从众心理，避免抢购或盲目采买，应把每一笔钱用在刀刃上，才不会浪费。

节俭理财是脱贫致富的关键

真正的有钱人，实现财务自由的人都能正确地对待金钱。我们之所以羡慕有钱人，很大的原因是在大多数人的想象中，他们一定都过着挥金如土、享尽荣华富贵的奢侈生活。然而，根据很多事实证明，他们绝对是勤俭持家、毫不浪费的人。

因为他们深知"由俭入奢易，由奢入俭难"，他们明白节俭是脱贫致富的关键因素之一，是实现财务自由的根本。对于真正有钱，财务自由的人来说，节俭是维持富有的不二法门，任何人违背这条铁律，就算收入再高、财富再多，迟早都会出现财务上的危机，成为一名穷光蛋。

因此，要实现财务自由就要从养成正确的金钱意识开始，该节约时一分钱也不多花，该花钱时一分钱也不吝啬。

比尔·盖茨是当今世界上最富有的人之一。他多年雄踞世界首富宝座，其个人净资产已经超过美国40%最穷人口的所有房产、退休金以及投资的财富总值。例如，他6个月的资产就可以增加160亿美元，相当于每秒有2500美元的进账。

比尔·盖茨之所以能够成为多年雄踞世界首富宝座的人，是因为他身上具备了许多常人所不具备的优点。其中，他对待金钱的态度和方式，特别值得我们学习。例如，比尔·盖茨那令人肃然起敬的节俭意识和节俭精神就值得我们效仿。

从微软创业时开始，比尔·盖茨就非常注重节俭。有一回，兼任微软总裁的魏兰德将自己的办公室装修得非常气派，比尔·盖茨知道后非常生气，认为魏兰德把钱花在这上面完全没有必要。他对魏兰德说，微软仍处于创业时期，一旦形成这种浪费之风，很容易阻碍微软的进一步发展。

后来，微软成为了软件业营业额最高的公司，但比尔·盖茨的这种对待金钱的态度还是没有改变过。1987年，还是在比尔·盖茨与温布莱德相好的时候，一次，他们在一家饭店约会，助理为他在该饭店订了一间非常豪华的房间。比尔·盖茨进门后，看到里面一间大卧室、两间休息室、一间厨房，还有一间特大的、用于接见客人的会客厅，忍不住骂道："这么奢侈铺张，究竟是哪个混账东西干的好事？"

有一年，他去中国台湾做演讲。下了飞机后，他就让随从去宾馆订了一个价格便宜的标准间。很多人得知此事后，大惑不解。在比尔·盖茨的演讲会上，有人当面向他提出了这个问题："您已经是世界上最有钱的人了，为什么还要订标准间呢？为什么不住总统套房？"

比尔·盖茨说："虽然我明天才离开台湾，今天还要在宾馆里过夜，但我的约会已经排满了，真正能在宾馆房间里所待的时间可能只有两个小时，我又何必浪费钱去订总统套房呢？"

比尔·盖茨一年四季都很忙，有时一个星期要到四五个国家召开十几次会议。每次坐飞机，他通常都坐经济舱，没有特殊情况，他绝不会坐头等舱。

有一次，他应邀出席在美国凤凰城举办的电脑展示会。主办方事先给他订了一张头等舱的机票，他知道后，没有同意他们的做法，最后硬是换成了经济舱机票。还有一次，比尔·盖茨要到欧洲召开展示会，他又一次让主办方将头等舱机票换成了经济舱机票。

腰包里很有钱，但比尔·盖茨从来没有用钱摆过谱。有一次，他与一位朋友前往希尔顿饭店开会，由于迟到了几分钟，所以没有停车位停车了。于是他的朋友建议将车停放在饭店的贵客车位上。比尔·盖茨不同意。他的朋友便说："钱可以由我来付。"但比尔·盖茨还是没有同意，他认为，贵客车位需要多付12美元，这是超值收费，很浪费。

在对待金钱的问题上，比尔·盖茨有这样一句名言："花钱如炒菜一样，要恰到好处。盐少了，菜就会淡而无味，盐多了，则苦咸难咽。"他自己一直都坚持把钱花得恰到好处。

都成世界首富了，还在花钱上斤斤计较，是因为比尔·盖茨小气，吝啬到已成为守财奴的地步了吗？当然不是。事实上，比尔·盖茨并不是守财奴——比如，微软人的收入都相当高；而且，他还为公益和慈善事业一次又一次地捐出大笔大笔的善款。他还表示，要在自己的有生之年把95%的财产捐出去……

其实，世界上所有屹立不倒、财富长青的富豪都能够正确地对待金钱，他们绝不会为了摆阔或者炫耀自己而铺张浪费、极尽奢华，绝大多数时候，他们都身体力行地厉行节约，然后把钱用在最该用的地方去。

真正节俭的人有能力讲究奢侈铺张浪费，但是从内心里并不愿意这样做的人才是具有节俭美德的。节约体现的不仅是一种美德，更是一种成熟与理性的生活方式。

在现实生活中，很多人往往只注意到了那些有钱人所拥有的巨额财富和所取得的辉煌业绩，却很少留意他们的对待金钱的态度和方式，其实这里面才真正蕴藏着致富的秘诀。

现在流行一个新名词：新抠门主义。在现在的都市中涌现出一群人，他们的收入也算可观，可是在消费上却精打细算，该花的钱，出手大方，该节俭时必须节俭，日子过得津津有味。

时下，人们所说的抠门不再是过去的那种节约一度电、节省一分钱的概念，也不是一件衣服"新三年，旧三年，缝缝补补又三年"的口号。而是对过度奢侈的一种摒弃，崇尚的是一种简单生活。不是以不消费或减少消费为节俭标志，而是在正确的理财理念下用尽量少的钱获取尽量多的享受，满足尽量多的需求。

由此可见，我们要实现财务上的自由必须从做好节约一点一滴开始。点点滴滴节约的事情虽小，但意义很大，一是培养了节俭的良好习惯，二来也是积水成渊，集腋成裘。所以，我们不应因为一些应该节俭的点滴小事而不为。

必须明白的事

如果不懂得怎么去花钱，做到理性科学的消费，即便你再怎么会赚钱，依然难以获得真正意义上的财务自由。在我们的身边，有很多人就是因为忽略了这一点，以至于他们有着较为不错的经济收入，却总是出现钱不够花的局面。试想，如此一来，又怎么能实现财务上的自由呢？由此可见，我们不仅要懂得如何赚钱，还应有要学会怎么花钱。

第七章 走出投资的误区

　　诚然，我们要想获得财务上的自由，就必须拓宽自己的经济收入通道，而进行有必要的投资则是让我们的钱生钱的最好通道。但是，如何进行有效的投资，让自我的财富增值呢？以下就是我们必须注意的事项。

理性投资，以稳为主

投资，能够让我们获得更多的财富，从而更为了轻松地实现财务自由。但应注重投资的方式，因为投资方式不同决定贫富之别，许多人之所以老是不能赚钱就是因为他们不会设计适合自己的投资方案。许多人信奉"人有多大胆，地有多大产"，但是让冒险的欲望无限地膨胀，就会变得荒唐和不可理喻。很多人就是在投资时失去理智，不从客观实际以及自身实力出发，盲目冒险，结果功亏一篑，损失惨重而让自我陷入额财务危机。其实，只要我们要想实现财务自由，如果在投资时保持良好的心态，做到"稳"字当头，不盲目行动，反而会更快更容易获得成功。

20世纪80年代初，温州掀起了一阵低压电器创业潮。1984年，南存辉找了几个朋友，四处借钱，在一个破屋子里建起了一个作坊式的"求精"开关厂。四个人没日没夜地干了一个月，做的是最简单的低压电器开关。可谁知赚来的第一笔钱只有35元。三个合作伙伴都沮丧极了，而南存辉却兴奋异常，因为他觉得自己终于找到了一条通往财富的路子。就从这35元的第一桶金中，他仿佛看到了曙光。

1984年7月，他与朋友——现德力西集团董事长胡成国一起投资5万元，在喧闹的温州柳市镇上办起了一个"乐清县求精开关厂"，开始了他在电器事业里的艰难跋涉。

在南存辉的投资理念中，始终把"稳"字放在第一位，他绝不会去追逐那种"高得离谱"的冒险投资，用他自己的话说就是"烧自己那壶水"。他的这种投资心态，决定了他不会盲目地去实行多元化经营。事实上，专业化和多元化的道路孰优孰劣的问题在业界已经讨论了很多年。对此，南存辉始终坚持：不熟悉的不做；行业跨度太大，没有优势的不做；要多元化也是同心多元化。他说："在企业快速发展阶段，有非常多的行业让你选择，找上门来的各行业合作伙伴踏破了门槛。这样很容易导致决策的随意性，好比烧开水，你把这壶水烧到99度只差1度就开了，突然你心血来潮觉得那壶水更好，把这边搁下不烧了而跑到那边另起炉灶，新的一壶还没烧开，原来那壶也凉了。"

南存辉始终认为，一个人必须"烧好自己的一壶水"，为了在自己认定的行业里做专做精，南存辉可谓煞费苦心，一心扑在自己的事业上。很多朋友都对他说有很多的行业既轻松又来钱快，但南存辉丝毫不为所动，依旧按部就班。

在许多人迷恋"风投"的今天，南存辉的执著和笃定如此难得。从低压电器、高压电器到工业仪表，南存辉的小作坊成长为一个专业的制造电器的正泰集团。南存辉说："国际上正泰最有力的一个竞争对手去年年销售达 90 亿欧元，是我们的 10 倍。正泰在自己的领域里还有很大的发展空间。"

一位农民企业家周某经过几年奋斗赚了很多钱，也获得了许多荣誉。1993 年，他偶然获悉市场上铝材可获得丰厚利润，当即决定兴建铝材厂，并且仅用 8 个月就投资建成了日产 10 吨的铝材加工厂。随后，由于铝锭、铝棒全部需要外购，周决定另建电解铝厂。又由于电力供应不足，为解决铝厂的电力供应问题，他不顾电力部门的强烈反对，在小火电已被列为限制发展项目的情况下，周又找人设计并组建了三台 5 万千瓦小机组，年发电量为 15 亿度，而铝厂自用仅为 6 亿度，三台小机组有两台闲置，为了解决剩余电力的外输和联网问题，周又建了变电站。为了解决发电用煤的问题，周专门成立了一个庞大的运煤车队。载重 60 吨的重型车无法通过简易的乡村公路时，周出资 7000 万元计划修建一条长 40 公里连接高速公路的专用二级公路。当发电产生的煤灰无法处理掉时，周又计划兴办一个水泥厂……

这时周的投资战略是"逢山开路、遇河搭桥"，就是走到哪算哪，遇到什么就是什么。这种"缺啥补啥"完全跟着感觉走的投资方式终于把周某的事业引向歧途。

"我只相信自己的直觉"是很多老板自我炫耀的口头禅，而像这样感性投资决策迟早会导致灾难性后果，让他们的财务出现问题。

不少企业在经营中都像周某一样习惯跟着感觉走，走一步看一步。不少企业在经营中坚信"车到山前必有路"，即使无路可走，也一定会"柳暗花明又一村"。这些不科学和缺乏战略眼光的投资决策行为和方式，如果不及早引起他们的注意，迟早会为其付出沉痛的代价的。

以上述的案例中，我们可以得出这样一个答案，那就是我所要想通过投资来实现财务自由成为一个好的投资者，无论是在心理上还是行动上都要做好充分的准备，这样才能百战不殆，攀登致富高峰，真正地实现财务自由的目的。让我们谈一谈稳健投资需要注意的问题：

1. 投资的动机和认识

投资不是投机，成功需要长期的积累才能成就大业。投资的行业最好是你熟悉而有能力掌握的。先审慎检视一下投资的时机以及自己适合的条件。对市场必须深入了解，投资计划必须具体可行。

2. 预测风险

预测可能遇到的风险，并评估自己的实力是否足以担当。

3. 充裕的资金计划

如果可能，投资的资金多筹措一些是最理想的。无可否认，如能预先妥善规划详尽的资金运用表，当然会倍增奋斗的信心以及成功的概率。

4. 投资计划要有乐观的算盘，也要有最坏的打算

如果市场或者经营环境发生重大变化，而无法按照预定的计划执行时要如何应变，如何掌握东山再起的机会？如何让损失降到最低程度？这些在心理上都必须有所准备，以增加成功的概率，进而尝到投资成功的甜美果实。

5. 不可低估竞争者

不要因为手上有了投资计划，就轻视你的竞争者。评估你的竞争者，不要等闲视之。不管怎么说，他们总是起步在你的前面。如果你轻看或忽视竞争者存在的事实，那么有意愿投资在你身上的对象，很可能会怀疑你忽略了某些重要因素。

投资不能好高骛远，要谨慎

很多人工作了几年，多半会有一些积蓄。有的人可能是继承了一些遗产，有些人则是靠几十年勤俭持家积攒了一些钱，还有些小本经营者通过多年打拼手里有些钱。既然有了钱，就会想着以钱生钱，通过投资来使财富增长，从而实现自我人生的财务自由。

不过，市场有风险，投资需谨慎，不能好高骛远。对每一个投资者而言，要时刻绷紧谨慎这根弦，尤其第一步要走稳，这样才能够通过成功投资，打造属于自己的财富人生，实现自我人生的财务自由。

棉花商人雷新泉作风干练，精明能干。通过几次投机白手起家后，雷新泉特别迷恋投机，认为做生意投一次机，一笔要顶上平时做几十笔。没有投机的勇气和胆量，是很难成功的。

有一次，他从有关部门那里得到消息，预计在下一年，由于受不利气候的影响，国内棉花的产量将无法满足国内市场的需求。他觉得棉花大涨价的时机即将来临，抓住这一次机会投机，将会赚到一大笔利润。

果然，不久棉花的价格就一路飙升。棉花持续涨价，许多棉花商人认为投机棉花的天赐良机来临，手里即使有棉花，也都不外卖，纷纷储存大量棉花，睁大眼睛等待时机以高价抛售。

雷新泉深信只要手里有棉花，就不愁卖不到一个好价钱，就不愁赚不到大笔的利润。他怀着这一坚定的"信念"，从国外高价进口了 25 万吨棉花。

但是，市场是瞬息万变的。面对棉花暴涨的局面，为了抑制棉花的无序价格，国家发改委追加了大批量的棉花进口配额，使国内棉花的供需基本保持平衡，很快抑制了棉花价格持续上涨。

随后，棉花迅速暴跌，而雷新泉进口的棉花要在几个月以后才能够运来。他错过了迅速卖出棉花的最佳时期。仅此一项，雷新泉就几乎赔尽了全部家当。

投资也是一样，过分的投机取巧是一种看出了某些机会就下赌注的行为。这种赌注有时会赢得非常刺激，有时也会输得非常惨。在投资时，把所有的发展希望都寄托在赌徒式的投机取巧上，就往往容易出现"想赢得精彩却输得很惨"的结局所才来的就是一系列的财务问题。

值得注意的是，当一个人想投资时，最先要做到的就是选好目标，制定出切实可行的实施计划，稳扎稳打，尽量去降低失败的风险。

以商铺投资为例，商铺投资是高投入、高产出、高风险的投资，所以投资时一定要注意尽量降低风险。要想安全成功地投资商铺，就不能好高骛远、想得太多。

具体来说，首先不能太贪心，现在不少商铺招商宣称的投资回报率至少在 80％左右，有的甚至高达几倍，这种投资回报率的计算方式通常都是"理想化"的，即没有考虑隐性成本和各种风险，主要是想通过夸大回报来诱惑投资者。如果投资者因此心动了，就容易往里面砸钱。

其次，在决定投资前，投资者应全面考察开发商的开发实力、诚信度、知名度等。开发商的实力、信用度、经验，直接关系到物业能否真正成功。有实力的开发商能在硬件建设方面加大投入，优化硬件环境，并且能够保证兑现对业主的承诺。一个简单的方法是，选择有过成功开发商业物业经验的开发商的项目。这样风险度就会很低。

再者，你还不能只盯着"旺铺"。那些被称为"旺铺"的商铺往往是潜在的升值空间已接近顶峰，投资回报空间有限。比如，在目前的商铺投资市场上。位置佳、地段好的所谓"经典旺铺"，其价格往往被炒得很火或者达到一个离谱的价格高度，这时候投资者如果贸然买入，会存在着很大的套牢风险。买到"旺铺"，无异于"抱着烫手的山芋"，到时候就只能看运气了。

此外，投资所要面临的另一个问题是，如果你要投入一个以前不曾接触过的行业，所花费的心力和应该学习的东西就要比原来从事这个行业的人多得多。不管你过去的经验如何，一定要先做一个全盘的分析，以免遭到失败。投资之前，应先向熟悉此行业的人进行详细咨询，把所有的细节问题都想清楚。所谓"谨慎驶得万年船"，你考虑的问题越周详、越细致，你成功的概率就越大。

总之，在希望通过投资来实现财务自由，我们要清楚这样一个事实：做投资不是一时冲动，更不是异想天开，不能说"只要我有钱，投资什么都行"。你可以开别人的玩笑，但是最好别拿自己的钞票开玩笑，否则到时候你不仅笑不出来，恐怕哭都会来不及，甚至会"栽"得很惨。

投资，切忌跟风的"群羊效应"

在作出决策时，如果只是紧盯着别人在做什么，做什么最赚钱，以此来决定自己的方向。动手早的尚能赚到一点钱，稍迟一步的便会亏得两袋空空，甚至负债累累。

我们要想通过投资来实现财务自由，就应该避免上述出现的问题。决不能成为群体心理的牺牲品。这是因为，群体很容易犯错误，追随群体通常也得不到什么好处。

20世纪九十年代初，"休闲服装热"席卷全国大中城市，人们纷纷脱下古板、单调的西装、夹克，去掉紧绷绷的领带，穿上随意、轻松的休闲装，寻找舒适、恬淡之感。在暮春时节，满眼望去，尽是身着各式各色休闲装的人们。很多地方的服装市场上休闲装卖得特火，沿海许多制衣厂因较早推出"休闲装"而赚得盆满钵满。

这股潮流大大刺激了内陆某省的民营服装企业，他们极想从广阔的服装市场中分一杯羹。他们打的如意算盘是，本省人口过亿，如果平均每5人购一套休闲装，即便是10人一套的话，市场规模也大得惊人。于是他们纷纷从国外引进成套的休闲装生产线，仅仅两年间，该省轻工系统内各企业就为此投入2000多万美元，建起了40条休闲装生产线，年设计生产能力为600万套。

新的生产线投产之初，市场行情还颇令人鼓舞，但是好景不长，由于消费者很快对休闲装失去了热情，市场迅速出现饱和，而随着更多厂家的加入，竞争日趋激烈，大家只好减少产量。

紧缩的市场使得各厂生产线大量闲置，很多企业开工不到一年，就将引进的设备晾了起来，全省库存各式休闲装保守估计近一千万套，困死巨额流动资金。再加上国家对金融系统加强了监管，控制信贷规模，很多企业想转产也苦于缺乏资金。很多厂子不得不关门停产，只有少数厂家苦苦支撑，盼着时来运转。

城乡服装店和个体摊贩的休闲装更是堆积如山，任凭"跳楼价""大出血"也留不住顾客的脚步。

之所以会出现这种局面，其直接原因就是跟风决策。很多企业只是盲目上马而没有考虑该省两个基本的省情：

一是本省虽然人口过亿，但五分之四的人口居住在农村。休闲装的销售对象只能是以收入较高的青年消费群体为主，但他们在全省人口中所占比例很低，所以，市场潜在规模并没有当初所设想得那么大。

二是没有考虑到市场竞争。许多企业在入市之初只是看到休闲装市场这块蛋糕很大，但是没有料到有更多的企业在准备分而食之，结果重复投资使市场迅速饱和，岂不是自取灭亡？

许多企业就缺乏这种市场观念，他们在作出决策时，只是紧盯着别人在做什么，做什么最赚钱，以此来决定自己的方向。动手早的尚能赚到一点钱，稍迟一步的便会亏得两袋空空，甚至负债累累，这种盲目跟风的决策方式给我们留下了太多的教训。

那么，我们在投资的过程中如何才能避免跟疯避免自我的财务受到损失并因此而获得更多的财富，实现自我人生的财务自由呢？

1. 用大脑而不是用眼睛

大多数人投资，95%是用他们的眼睛，而仅有5%是用他们的大脑。当人们购买一项不动产，或者一只股票时，通常是根据他们眼睛所看到的，或者经纪人所告诉他们的，或者一位同事的热情暗示来做出他们的决策。他们通常是用情感而不是理智进行购买。这就是为什么 10 个投资者中有 9 个赚不到钱——当然他们不一定赔钱，但是他们就是赚不到钱。他们只是收支平衡，赚些钱，也赔些钱。这是因为他们用眼睛和情感投资，而不是用他们的大脑投资。许多人投资是因为他们想迅速变富，他们最终不是成为投资者，而是成为梦想家、盲从者、投机者和骗子。

2. 不要盲目跟风

应该说别人可以做，但自己不一定跟着做，要自己把握自己的经营方法，正确地判断自己的能力，好好把握，这样对个人才算有责任感，不然会遭到失败的。

常有人说某种生意赚了钱，就有人来试试看，这样一窝蜂地做生意，结果形成恶性竞争，倒闭的事件层出不穷，这就是不能判断自己，总是羡慕别人，想模仿别人，使彼此发生了困难。

3. 在潮流中发掘灵感

社会是前进的，追得上潮流的生意人，才有可能与社会同步前进，否则留在原地，很容易被同行超越，甚至被淘汰。何谓潮流？做生意的有句格言："顾客永远是对的。"就是在可能的范围内顺应消费者的要求，潮流就由此而来。

能从潮流中发掘做生意的新手法，并且付诸实现，就是成功的第一步。

4. 建立正确的心态

做投资要讲究方法。但方法再多都离不开三种关键心态：忌贪婪、不盲目、独立性。

忌贪婪，就是每次投资之前我们要为自己设定一个"止盈点"；不能多多益善、贪得无厌。同时，也要设定一个"止损点"避免财务损失；一旦到达止损点，要果断了结，绝不留恋，以及引起后续的财务危机。

不盲目，当然是要多做研究和分析，不要被众人跟风的表象所迷惑，要学会透过现象看本质，以伯乐的眼光审时度势。

独立性，就是一旦认准了一只"金蛋"，就不要被别人的言论所左右，假以时日，它会孵化成"金鸡"，让我们下步踏在财务自由的人生道路上。

必须明白的事

投资不是赌博，在进行投资的时候，你一定要保持一定的理性。如果有一批受人尊敬的经济专家突然断言说，未来最有希望的产品是蛋卷冰激凌，你没有理由相信他们是在为你提供新信息。你必须根据事实自己做出判断，并且要保持一定的心理距离，以便正确地评判其他人的群体判断，而不至于陷入没有头脑的群体判断失误中。大多数靠自己奋斗而成功的富豪，同时也是独立性很强的人，这绝不是一种巧合。

第八章　理性投资，这样做就对了

Chapters 8

那么，在通往财务自由的人生道路上，如何才能做到理性投资呢？首先，你要宏观规划好你的资金，其次，最好选最适合自己的投资工具，再者尽量选择自己较为熟悉的领域。

投资要宏观规划好你的资金

对大多数个人投资者而言，资金本来就不是很宽裕，所以要想获得一定的投资收益，实现财务自由就应该很好地规划你的投资资金，重视资金的调节和运用。许多投资者不重视资金的规划使用，常常是捡了芝麻丢了西瓜，不仅没有获得预期的收益，反而会有资金被套牢甚至亏掉本金的财务危机。

现实生活中，常会见到一些新上马的项目只进行了一半就被迫下马，这究竟是怎么一回事？这是由于投资者操作项目时并没有周详地考虑，没经过充分论证，盲目上马之后才发现，实际情况和想象的情况存在着很大的差距，不得不半路叫停。这样不但使前期投入资金无法收回，出现财务危机，而且对各项资源的浪费也是巨大的。

北京有一家企业，主要生产儿童饮料。因为产品价格合适，深受河北农村的消费者喜爱，经济效益一直很不错。县里一位领导的亲戚齐某见此情况，就通过关系，来到这家饮料厂当厂长。

齐某上任后，发现儿童饮料每年都能赚上几百万元，他感到企业这么多年已经有了近一个亿的资金了，并且已经有了一个很好的销售渠道，便琢磨开发一个新的儿童项目。一天，他发现儿童药品有很大的市场，于是就招兵买马，开始生产儿童药品。

经过两年的努力，儿童药品生产出来了，推销员在推销儿童饮料的同时还得卖儿童药品。半年后，不仅药品没有卖出去多少，而且儿童饮料也开始滞销了。为什么呢？齐某怎么也想不明白，自己为企业创新的项目，为什么就没有赚到钱，还把前面做得很好的儿童饮料也变成了滞销品呢？

原来，儿童饮料是一种对儿童发育起到一定促进作用的儿童食品，消费者购买是因为这家企业生产的儿童饮料不仅便宜，而且质量也很好，儿童都喜欢。儿童药品，毕竟是药，药的功效是治病，不属于食品。消费者认为，这家企业生产的饮料可能有问题，要不然为什么搭着药品一起卖，所以儿童药品不但没有打开销路，反而引起儿童饮料的滞销。

搞经营做生意，最忌讳的就是现金不足。做生意时。发生现金不足的情况，大多都是由于经营者缺乏对资金的宏观规划所致。虽然经营者都非常重视资金，但却往往忽略对其进行有效合理的规划。也就是说只重视如何将钱拿到手里，而忽略如何有效合理的花好手里的每一分钱，让其产生应有的作用。这样回很容易出现财务问题，免令自己经常陷入资金紧张和周转不灵的困境。

巨人集团由于发展过快，对企业资产疏于管理，以至于出现了财务危机。这一点在其子公司康元公司身上体现得最为明显。康元公司在 1993 年公司成立之初，承担了"脑黄金"的生产和销售，为集团公司立下了汗马功劳。然而没多久，康元公司便暴露出了许多问题。由于康元公司财务管理非常混乱，集团公司也未派出财务总监对其进行监督，导致公司浪费严重，债台高筑。至 1996 年底，康元公司累计债务已达 1 个亿，扣除债权仍有 5000 万元债务，其中大量债务存在水分，相当一部分是由公司内部人员侵吞造成的，公司的资产大量流失。类似的情况在集团公司下属各公司内普遍存在，但却并未引起重视，也没有采取有效的措施加以控制。这样一来，便使集团无法对巨人大厦的投资作出正确的财务分析与评估。"巨人集团以前从没和银行打过交道，除了存点钱和资金走账之外，与银行基本没有信贷关系。"危机出现后，巨人集团四处求贷，然而由于平时缺少这方面的联系，最终将价值 2 个亿的大厦全抵押后才得到 350 万 3 个月的短期贷款。公司曾向四方求援：如果再有 1000 万资金，大厦就可开工，难关就会渡过。然而 1000 万哪里去找？这真是一分钱难倒英雄汉，5 个亿的"巨人"被 1000 万元逼上了梁山。

现在想来，如果巨人集团内部财务制度健全，资产的安全性、流动性、赢利性得到保证，生物工程能源源不断地提供资金，巨人大厦的修建就不会遭到"釜底抽薪"之重创；如果巨人集团充分利用信贷市场、股票市场融资，也不会出现如此"捉襟见肘"的局面；另外，如果巨人集团在发展中能更好地利用兼并、收购来走规模扩大的道路，避开新建项目的成本和风险，也不至于出现因为一个巨人大厦就将整个巨人集团陷在泥淖里欲拔不能的尴尬局面。然而，这些仅仅只是如果，悲剧已经发生，重要的是不要再让悲剧重演。

实际上，还有很多隐藏的不太容易被经营者察觉的因素，也会造成资金不足、周转不灵财务问题。所以经营者绝对不要小看每一个小地方的影响，众多的小地方汇合起来需要的资金，就是一笔相当可观的数目。经营者在分期购买机器时，开始可能会觉得需要付出的机器款是区区小数目，可不要忘了，分期付款就好比背上了高利贷，从买机器的那天起，在以后很长的时间内你必须将这笔支出列在首位，否则一个筹措不力，你就可能陷入财务危机。

解决财务问题，预防资金紧张的最好办法，就是做一个为期三个月到半年的现金预算。主要是用作公司在未来一段时间的经营情况，对公司的收支情况作出评估。假如在预算中发现有大量资金存量，就可以抽出一部分进行风险性较低的投资；如果需要庞大的资金，发生现金短缺的情况，就要考虑借贷。

现金预算可以有效发挥控制和预算的双重功能，假如经营者本身和规模根本负担不起某一项投资，就完全可以在现金预算的数字中显示出来，从而避免了盲目投资所造成的财务损失。现金预算可以有效改善经营者的资金额度和投资决策，是不可忽视的财务管理工具。

现金预算的制作，可以以月为期，将与现金有关的项目一一列出，以计算这个月份内可能使用的资金和将会收到的资金进行比较。现金预算最好能附上一栏记录实际收支的数据，这样可以一目了然地发现预算中的问题，掌控好财务。

与适合自己的投资工具"谈恋爱"

刚参加工作没多久的小李，看到北京的房价涨幅很大，很有投资价值．就和父母商量要买房，理由是无论是自住还是投资，将来都不会亏。远在外地的父母同意了儿子的建议，为儿子付了房子首付，由小李负责按揭。结果，小李没想到，首付问题解决了，自己却因为工作变动，待遇不如以前，按揭成了大问题，每个月供房之后，吃穿都成问题。又加之目前政府出台的一系列金融调控政策，使小李如坐针毡，他的投资回报遥遥无期，生活窘迫却近在咫尺，成了最悲惨的"房奴"。

要知道，就如小李一样，当"房奴"从来都不是一件轻松的事。银行三天两头就提高贷款利率，你可能搭上超出预期的更多的钱，房子"这座大山"会压得你小心翼翼，唯恐丢掉饭碗。

所以我们必须清楚，自己的投资方式是不是合适。想达到使已有的钱既保值又增值的目的，必须选择恰当的投资方式，现在适合个人投资的方式有很多种：储蓄、股票、保险、收藏、外汇、房地产等。那么，在实现财务自由的投资理财方式，怎样去判定适不适合呢？我们可以从以下几点考虑：

1. 职业

有的人认为个人投资理财首先需要投入大量的时间，即如何将有限的生命进行合理的分配，以实现比较高的回报。你所从事的职业决定了你能够用于理财的时间和精力，而且在一定程度上也决定了你理财的信息来源是否及时充分，由此也就决定了你的理财方式的取舍。

例如，如果你的职业要求你经常奔波来往于各地，甚至很少有时间能踏实地看一回报纸或电视，显然你选择涉足股市是不合适的，尽管所有的证券公司都能提供电话委托等快捷方便的服务，你所从事的职业也必然会影响到你的投资组合。又如，对于一个从事高空作业等风险性很高的工作的人而言，将其收入的一部分用于购买保险是一个明智的选择。

2. 收入

投资理财，首先要有一定的经济基础。对于一般工薪族而言就是工资收入。你的收入多少决定了你的理财力度，那些超过自身财力，"空手道"式的理财方式不是一般人能行的。所以很多理财专家常告诫人们说将收入的 1 / 3 用于生活消费，1 / 3 用于储蓄，剩余 1 / 3 用于投资生财。按此算来，你的收入就决定了这最后 1 / 3 的数量，并进而决定了你的理财选择。比如，同样是选择收藏作为自己的投资理财的主要方式，但资金太少而选择收藏古玩无疑会困难重重。相反，如果以较少的资金选择投资不大、但升值潜力可观的邮票、纪念币等作为收藏对象，不仅对当前的生活不会产生影响，而且还会获得相当的收益。

3. 年龄

年龄代表着阅历，是一种无形的资产。一个人在不同的年龄阶段需要承担的责任不同，需求不同，抱负不同，承受能力也不同。所以不同年龄阶段有不同的投资理财方式。对于现代人而言，知识是生存和发展的基础，在人生的每一个阶段都必须考虑将一部分资金投资教育，以获得自身更大的发展。当然，年龄相对较大的人在这方面的投资可以少些。因为年轻人未来的路还很长，偶尔的一两次失败也不用怕，还有许多机会重来，而老年人由于生理和心理方面的原因，相对而言承受风险的能力要小些。

因此，年轻人应选择风险较大、收益也较高的投资理财组合，而老年人一般应以安全性较大、收益比较稳定的投资理财组合为佳。

4. 性格

性格决定个人的兴趣爱好以及知识面，也决定其是保守型的，还是开朗型的；是稳健型的，还是冒险型的，进而决定其适合哪种投资理财。个人投资理财的方式有很多种，各有其优缺点。比如，储蓄是一种传统的重要的理财方式，而国债是众多理财方式中最为稳妥的，股票的魅力在于收益大、风险也大，房地产的保值性及增值性是最为诱人的，至于保险则以将来受益而吸引人们，等等。每一种投资理财方式都不可能让所有人在各方面都得到满足，只能根据个人的性格决定。

如果你是属于冒险型的，而且心理素质不错，能够做到不以股市的涨落喜忧，那么，你就可以将一部分资金投资股票。相反，如果你自认为属于稳健型的，那么，储蓄、国债、保险以及收藏也许是你的最佳选择。相信，当你选择出适合自己的，并采取实际行动，就能减少你实现财务自由的阻力。

最好在自己较熟悉的领域起跑

投资理财不是投机，实现财务自由也并非一步而蹴需要长期的积累才能成就大业。投资的行业最好是你熟悉而有能力掌握的。先审慎检查一下投资的时机以及自己适合的条件。对社会环境，市场必须深入了解，计划必须具体可行。

浙江的廖勇原本经营着一家专卖儿童读物的商店，他在儿童读物的经营上很有心得，效益虽不算太好，但除了维持开支还略有积累。

一天，廖勇听成都的一位朋友说：现在成功学、励志类图书销售非常火爆，好多的书店都缺货了，估计这类图书的销售还会持续火爆一段时间。

廖勇到图书市场一调查，果然如同这位朋友所说，不少经营此类图书的书店都生意兴隆。

廖勇立即决定大量订购成功励志类书籍，他倾其积蓄，外贷5万元，购进一批此类图书，并组织营销人员全力出动营销。可是结果却大大出乎廖勇的预料。一些客户说："你的这类图书毫无新意，无论是板式、装帧，还是内容、印刷质量都不行，而且价钱也偏高，很多人虽然在看，但真正掏钱买的真是少之又少。"

由于这类图书占用了他大量的资金，导致想要订儿童读物的货款不能及时到位。廖勇一想，这也不是个办法，最后只好亏本甩卖，在市内亏本甩货也难销，又亲自带人跑到临近多个县市才算将图书销去九成，

算账结果：积累亏了个精光……

无独有偶，某地一民办电器厂，最初专为一家无线电厂生产收录机配件，企业倒也一帆风顺。后来老板见由自己提供配件的无线电厂获利颇丰，便觉得自己实在太亏了，于是决定自己单独生产收录机，但生产出来后，因技术不过关，牌子也不响，根本就销售不出去。不到一年，老板又掉头生产电饭煲和电风扇，效果依然不理想。这样，办厂5年，"掉头"4次，来回折腾。结果，由于资金、设备和技术条件跟不上，不但未获分文利润，反而把原有的十几万家当折腾一空，老板已心灰意冷，追悔莫及。

他们留下的教训是惨痛的。所以，当我们要想通过投资创业去实现自我人生的财务自由不可盲目去追捧那些高利润的行业，而应根据自身的特长，以及市场、消费者及相关行业的经营情况，经过仔细深入的调查之后，决定是否投资，盲动不但不会让我们实现财务上的自由，还会让我们陷入财务危机。

人们佩服有勇气开创自己事业的人，但是不能把勇气和无所畏惧混为一谈。事实证明，投资自己最熟悉最擅长以及自己最喜欢的事业，最容易获得成功。因此，当你决定一项投资的时候，请关注以下几点：

1. 个人兴趣与特长

兴趣与特长与经营者的成功息息相关。德国哲学家尼采曾说过："要知道你是个怎样的人，只需看看你自己喜欢什么。"这里所谓的"自己喜欢什么"，其实就是个人的兴趣。有些人喜欢看书，结果开了书店；有些人喜欢插花，就开了花店。一般来说，把自己喜欢的事业做为职业，干起来就会事半功倍。因为兴趣与职业一旦结合起来，就可以成为个人工作动机的"倍增器"。通常情况下，感兴趣的事人们会干得有声有色。

另外，还有一项影响经营者成功的因素，就是个人的特长或潜能。一个人如果具有某方面的潜能，只要稍加指点或训练，就可以轻而易举地掌握。比方说一个人的手指活动非常灵活，只需稍加指法训练，就可成为一个优秀的打字员。不过，兴趣是特长的首要条件，没有兴趣，也就谈不上特长。比如一个人很害怕开车，很可能就是小时候曾被汽车撞过，在童年阴影的笼罩下，对开车全然没有兴趣，以致一生也没有试过学开车，但他却很有可能是有资格参加一级方程式赛车的高手，正是因为兴趣之故，而无法发现自己的特长。

2. 个人性格

每一个人的性格都不尽相同，有的人冷酷无情，有的人则极重感情富有人情味；有的人消极怠命，有的人却积极挑战命运；有的人坚强如钢，也有的人柔情似水。性格大体上可以分为内向和外向两种。内向性格的人，个人意识较强，有主见，他们通常不会接受既定的结论，而相信自己的判断，一般适宜做管理和投资分析等需要缜密思维的工作。而外向性格的人，比较乐于与人沟通，做事往往根据客观经验尽量把事情办好，很少相信个人的主观猜测。

性格对经营者的成功和失败，也起着决定性作用。当你属于比较外向性格的人，善于与人交往，那你最好从餐厅、宾馆、歌厅等第三产业入手，以强有力的公关开创自己生意的成功。假如你属于内向性格的人，则不妨考虑从事技术性较强的生产加工行业，凭自己产品的质量获胜。

3. 个人能力

每个人都有其不同的能力，一个打工仔可以肩挑过百，但却因为受教育程度所限而不会计算一个简单的数学题。一个外语学院的高材生，可以得心应手地跟外国人打交道而完全没有语言障碍，但却可能连"担水上楼"之力也没有。如陈景润在数学方面的天赋举世公认，其生活能力却实在令人不敢苟同。不同的人有不同的能力，有的人善于思考管理，有的人长于动手；有的人力大无穷适合于体力活，有的人则心细如丝，适宜从事绣花、电子装配之类的精细手工活。

现在人们常说："如今的社会是个'食脑'的时代"，所谓"食脑"的意思，就是靠自己的脑袋吃饭，就是只要肯动脑筋，就可以减少不少体力，也就离成功不远了。不错，现代社会正渐渐变形为信息社会，若能充分掌握和分析信息，就可以在社会上立足。智力水平较高的人，也会比较有利，但这并不是说体力毫无用处。因为至今为止，还没有任何一项工作是完全不需要动手只需动脑的，再说，动脑也离不开强壮的体力相配合。

每个人既有的智能，在不同行业和职位所表现出来的成就是不尽相同的，如果你在某一行业尽力以后仍然无法成功，也不要因此而气馁和叹息，可以试着从另一个地方入手，你可能会干得相当出色。

总之，千万别这山望着那山高，只有投资自己熟悉、有深刻了解的行业的人往往容易获得成功，才能真正地因此而获得财务上的自由。

必须明白的事

永远不要存侥幸，更不要去赌运气，最明智的投资是根据自己的实际情况做出适合于自己的计划和安排。你要知道，任何一次投机冒险，都可能让你的资金打水漂。你要做的是尽量让自己的资金保值。

第九章　尽最大可能让自己动起来

　　任何计划和设想，如果不及时地采取有效的行动，永远没有结果。在通往财务自由的路上，亦是如此。因此，你在有了一项决定之后，就应该尽最大的可能让自己动起来，去做，否则一切都是枉然。

相信自我直觉和胆量

想要赚钱，实现自我人生的财务自由当然需要分析经济动向，熟悉统计，另外还需要一定程度的直觉判断。获得财富实现自我人生的财务自由。不能依理论进行，也许会有人说："这种想法是错误的，生意必须依照经营理论或经营心理学才算科学，合理的经营方法对生意是绝对有必要的"，但是以目前的社会来说，没有计量性的经营根本就无法生存。不过，判断一种事业能不能赚钱，却是无法用计量算出来的。决定这些问题必须靠个人的直觉。当然，必须参考一些有根据的资料。

在这个世界上，"科学"自然比"直觉"正确，比如：用鱼群探测器来测鱼群，一定比渔夫直觉寻找，更能获得大量的鱼群。用科学测量器探知石油藏量，比人的直觉，更能探明大量的石油储量。

但是，实现自我人生财务自由赚钱的道理和以鱼群探测器来发现鱼群的方法完全不同，赚钱可说是无中生有，所以，哪怕采用再先进的科学机器，也无法找到赚钱法。直觉的判断是决定你是否能赚大钱，实现自我人生财务自由的最重要关键。然而，直觉的判断，并不是时时都正确。

闻名世界的发明家爱迪生，一生发明了许多物品，就连这么绝顶聪明的人，也不敢保证他的判断件件都对，他说："有许多我以为是对的事，一经试验后，往往就会错误百出。因此我对于大小事都不敢下肯定不变的决定，当我一旦发现自己的判断有些不对时，立刻见风转舵，改变方向。"

同样，赚钱也是如此。就拿购买股票来说，对于一个短期投资者来说，个人的感觉尤其重要，当然同时要参考介绍资料。在观察好盘势后，选哪种股票时往往需要直觉来判断，单靠纯粹的理论肯定会大跌眼镜。

因此，赚钱并不是件容易的事。以直觉判断，凭胆量论胜败。想要赚钱，实现自我人生的财务自由就一定会变成这种状况。当赚钱的机会来临时，你仍是犹豫不决，那么你还不具备发财的资格。这是因为你还没有培养起敏感的直觉和胆量，所以你最好再休养一段时间再谈赚钱吧！胆量的有无建立在自信的直觉判断力的基础上，而判断的做出并不是件容易的事情。

俗语说："三个臭皮匠，凑成个诸葛亮。"任何事情多多征求他人的意见，曾任意大利银行行长的简尼说得好；"一切事情，一时没有解决的把握，不妨找些聪明可靠或经验丰富的知己好友，陈述问题和自己的意见，请他们给予建议。"当然，最后的取舍，仍得由自己决定。直觉和胆量是赚钱的焦点也是你通往人生财务自由的关键，忽视了这两者，你永远不可能发财，真正地获得人生的财务自由。

心动不如行动，想到就要做到

拿破仑说得好："想得好是聪明，计划得好更聪明，但做得好才既是最聪明又是最好。"思考是成功的开始，目标是成功的方向，但这只相当于在维修站里给你的法拉利赛车加满了油，弄清了前进的线路，甚至于在排位赛中拿了杆位；但要想真正得到分站冠军，还得等到五盏红灯熄灭后，正式在赛道上的比拼。

我们要实现财务自由其实很像 F1 比赛，要想收获冠军，就必须把赛车驶上赛道；要想实现人生的财务自由，就必须积极展开行动。

现实是此岸，理想是彼岸，中间隔着湍急的河流，而行动就像是架在这河上的唯一桥梁。如果想到达理想的彼岸，就必须跨过这架行动的桥梁。

人人都清楚这个道理，但一旦真的要他把心动付诸行动，却仍然不免犹豫不决、瞻前顾后，他就会因为害怕失败、害怕改变、害怕付出等等原因而不去行动。所以，与其说行动是一种能力，倒不如说它是一种勇气，我们要想获得人生上的财务自由就必须克服恐惧勇敢地行动。

在雅典城邦时期，有一个口才很差却非常勇敢的人，他很想像别人一样上台去发表精彩的演讲。于是有一天他终于走上了演讲台，他前面的许多人都许诺要办许多大事，而他站在台上半天一句话也说不出来。最终他只说了一句话，却为他赢得了全场最热烈的掌声。

他是这么说的："他们说的那些事情，我都要去做。"

行动是比任何语言都更有用的东西，成功并不需要你知道多少，而是要看你做了多少，所有的知识、计划、心态都只有付诸行动才能取得成绩。所以，不管你现在有着什么样的财务计划，也不管你有着什么样实现人生财富的点子，你只有行动才能让它们一一实现。因为只有行动才能把心动变为现实，只有切切实实去做了，才能一分耕耘得到一分收获，让理想朝着现实进行。

在我们的身边，总有许多人，他们渴望财富，希望能够有一天可以获得财务自由的人生。他们同样会着许多好的想法和点子因为他们从不曾把自己的诸多想法付诸实践，所以他们就不曾真正实现成功，仍然被各种各样的财务问题所困扰。而如果你也只把想法停留在自己的空想世界里，那还不如不去想。毕竟"一百次心动不如一次行动！"只有行动才是敢于改变自我、拯救自我的标志，才是一个人能力的证明。光想、光说，而不去做，那将永远停留在原地，无法前进。

美国著名成功学大师杰弗逊曾说："一次行动足以显示一个人的弱点和优点，并能够及时提醒此人找到人生的突破口。"毫无疑问，所有能成大事者都是勤于行动和善于行动的大师。在人生之路上，我们需要的不过就是：用行动来证明和实现那些令自己曾经心动的梦想。而我们要想实现自我人生的财务自由，所需要的不正是立即行动起来马？

你要知道，无数的事实告诉我们，行动才是获得成功的最佳保障。

美国作家哈里就是这样一个肯把自己的梦想去付诸实践的巨人。

哈里从确立了自己的梦想——写一部长篇小说开始，就时刻牢记只有行动才能使自己梦想成真。哈里是美国海岸警卫队的一名厨师，空余时间他就常常帮同事写情书，一段时间过后，他发现自己爱上了写作，于是他便想用两到三年的时间来写作一本长篇小说。

哈里为了实现这个目标，便立刻行动起来。每天晚上，别人都去娱乐、休息了，他却躲在屋子里不停地写。就这样整整写了8年，他终于在杂志上第一次发表了自己的作品，不过只是一个小小的豆腐块而已，稿酬也仅仅只有100美元。但他没有灰心，反而还从中发现了自己在写作上的潜能。

哈里从美国海岸警卫队退休以后，仍然笔耕不辍，但是稿费依然没有多少，反倒是欠债越积越多。尽管如此，哈里仍然不放弃写作。有个朋友见哈利如此贫穷，便为他介绍了一份在政府部门工作的差事，可是哈里拒绝了他的好意，他说："我要做一个作家，我必须不停地写作。"

又经过了几年不懈的努力，哈里终于写出了自己梦想中的小说。为了这个梦想，他整整花费了12年的时间，忍受了别人难以想象的困难，而且由于不停地写作，他的手指已经变了形，视力也变得很差了。但是这一切都是值得的，哈里的小说一出版就引起了巨大的轰动，仅仅在美国就发行了160万册精装本和370万册平装本，之后还被改编成电视连续剧，观众超过了一亿三千万人次，创下了收视率的历史最高纪录。而他也凭借着这本小说获得了普利策奖，获得了很高的收入。

这部小说就是我们今天经常读到的《根》。哈里后来说："人生取得成功的唯一途径就是'立刻行动'、努力工作，并且要对自己的目标深信不疑。世上并没有什么神奇的魔法可以将你一举推上成功之巅，你必须有梦想和信心，才能克服行动中遇到的种种艰难险阻。"其实，我们要想实现自我人生的财务自由也是如此。

杰克·韦尔奇曾经给过年轻人一个忠告，他说：如果你有一个梦想，或者决定做一件事，那么，就立刻行动起来吧，如果你只想不做，是不会有所收获的。哈里的成功就很好地证明了这个道理，只有把自己的梦想付诸行动才能最终走向成功，有远大的志向也要有实干的精神才能最终有所收获。

下面的事例就是最好的佐证。

一位侨居海外的华裔大富翁，小时候他家里很穷，在一次放学回家的路上他忍不住问他妈妈："别的小朋友都有汽车接送，为什么我们总是走路回家呢？"妈妈无可奈何地回答说："我们家穷！"

　　"那为什么我们家穷呢？"他又问道，妈妈告诉他："孩子，你爷爷的父亲本是个穷书生，经过十几年的寒窗苦读，终于考取了状元，官居二品、富甲一方。哪知你爷爷却游手好闲、贪图享乐，以至于不思进取坐吃山空，因此家道败落。而你父亲生长在时局动荡、战乱的年代，他总是感叹生不逢时，想从军又怕打仗，想经商时却又错失良机，就这样一拖再拖终于一事无成、抱憾而终。临终前他给你留下了一句话：大鱼吃小鱼，快鱼吃慢鱼。'"

　　"孩子，我们家族的振兴就只能依靠你了，做事情想到了、看准了就必须立即行动起来，抢在别人前面，努力去做才会成功。"他牢记了母亲这番话，后来依靠自家十亩祖田和三间老房为本钱，终于成为今天在《财富》华人富翁排行榜前五名的富商。他在自传的扉页上曾写下了这样一句话："想到了，就是发现了商机，行动起来，就要不懈努力，成功仅在于领先别人半步。"

　　也许你已经为自己的财务勾画好了一个蓝图，但是这也给你带来了巨大的烦恼，你可能会感到自己迟迟不能将计划付诸实施，你总是试图去寻找更好的机会来实现它，或者常常对自己说：我要把它留到明天再做。可是明日复明日，明日何其多啊！总是把希望寄予明天，那么任何伟大的计划都难以有它实现的那天。

　　实现自我的财富人生，实现自我的财务自由，即必须立即去行动起来，否则，你的财务自由的人生终一个是美丽的设想。

看准时机就出手，不要犹豫不决

比尔·盖茨曾说过："我的成功其实很简单，看准了就出手，不放过每一次来到身边的机会。"这对我们做事有非常大的启发，尤其对那些希望获得自我人生财务自由的人来说更是如此。杨致远和伙伴戴维创业 Yahoo！的例子就让我们从中学到了很多，这件事充分证明了他们就是这种看准时机就出手，绝不犹豫的人，所以他们才能成为亿万富翁，拥有了巨大的成功，实现了自我人生的财务自由。

杨致远在斯坦福大学学习期间就显示出了非凡的才华，只用 4 年时间就完成了电子工程系本科及硕士学业并顺利获得学位。但之后杨致远并没有马上工作，反而是加入了戴维·菲洛的研究项目，和他一起开始学习博士的课程。

他们一起研究控制软件，一段时间后他们就发现这个方向已经被几个公司所垄断，如今已经没有什么发展机会了。此时正赶上 Mosaic 第一个 Web 网浏览器的出现，给 Internet 带来了极大的活力，同时也迷住了他们。

于是，他们便开始制作自己的主页，内容包括杨致远的高尔夫分数，还有他们喜爱的日本相扑运动的资料等等。他们收集各自喜欢的站点，然后互相交换，一开始是每天交换一次，接着是几个小时一次，之后就变成了随时交换。随着所收集的站点资料日渐增多，他们开发了一个数据库系统来管理这些资料，并把资料整理成方便的表格，并将它命名成"杨致远和戴维的 WWW 网指南"。随后这个站点的名单越来越长，于是，他们便将它分成不同类别，很快每一类的站点也增多了，于是就又将这些分成子类，此时 Yahoo！的雏形就诞生了，它的核心就是按层次将站点分类，且至今未变。

之后他们便把这份指南的地址发给了几个朋友，意料之外的是：没过多久就有数以百计的人开始访问他们的这份指南。在制作之初他们并没有打算将这份指南公开使用，不过由于杨致远的电脑与斯坦福大学的公开网络相连，所以只要有人知道地址就可以向隔壁的戴维一样随时访问。

由于访问站点的人越来越多，他们从中看到了宝贵的商机，于是便开始扩充这份指南的功能，以提高搜索效率，并加入了最新站点、最酷站点等辅助功能。每一次改进，都会让他们收到大量的鼓励电子邮件，有些还提出了中肯的改进建议。正是这些数字化的掌声催生了 Yahoo！。

Yahoo！最与众不同之处就是它是一个层次组织，在最顶层分有 14 大类：商业、经济、娱乐、科技等，在每大类下面还有子类层，如娱乐类就有幽默、笑话、趣闻、音乐等，音乐下则又分歌剧、卡拉 OK、流派、机构等，用户就可以根据自己的需要一直检索到最底层。Yahoo！覆盖范围很广，最底层约有 40 万个独立站点，而 Yahoo！的分类层次完全是由杨致远和戴维两人而不是电脑来完成的，因而内容更精准有效，这正是 Yahoo！的精华所在——其他的 Web 索引站点提供的关键字查找是一种电脑服务，而 Yahoo！则是一个精心构造的 Web 信息大厦。

到了 1994 年秋天，Yahoo！迎来了他们第一个百万访问日；冬天则正式成立了网景（Netscape），让他们可以在更大的舞台上施展。随着 Web 网的商机成熟，网景（Netscape）发布了第一个浏览器上 Internet 目录的按钮就指向 Yahoo！，热线则建立了第一个有广告的 Web 小站点，大众媒体开始大肆报道 Internet 现象，风险投资基金也纷纷向 Web 涌来。

Yahoo！当时已经成了 Web 网上最热的站点之一，英国路透社在杨致远和 Yahoo！身上发现了巨大的商机，负责市场的副总裁彼翰·森特意从伦敦来到洛杉矶考察 Web 网的商业机会，当他读到有关 Yahoo！的报道后，很快就成了它的常客，并认识到"Yahoo！事实上缩短了信息与人类的距离"，并开始考虑将路透社的新闻业务加入 Yahoo！。于是，他便打电话给杨致远，杨致远惊讶地说："我正要打电话给你。"原来经过几个月对关于 Yahoo！发展的思考，杨致远认识到"Yahoo！不仅仅是 Web 网目录服务商，更是一种新媒体"这一观点。而其他竞争对手在认识到这一点时，已是半年之后。

从此，Yahoo！和路透社就成了朋友，路透社希望将新闻有偿提供给 Yahoo！，杨致远为了获得 Yahoo！所需的资金，拿着他的同学帮助他撰写的一份五页的商业计划不停地拜访风险投资者，同时他们每天还要继续进行站点的分类整理工作，终于他们找到了塞可维亚投资公司，两方达成合作。从此，Yahoo！开始了又一个高速发展的时期。

Yahoo！的成功虽然有许多外部因素的介入，但说到底是归结于杨致远和戴维二人能把对 Web 网站的单纯兴趣变成切实的商业行为。他们在迷上了 Web 网浏览器后，便从中发现了巨大的商机，并能抓住全球网络发展的大好时机进行创业，从而获得自我人生财务的自由。而 Yahoo！也凭借其自身与众不同的特点在众多 Web 网服务商中脱颖而出，给他们回报了更多。这就是平凡人和成功人士最本质的差别，也是即此被财务为题困扰而实现了财务自由人之间的最基本的差别吧，后者不仅能看到别人看不到的商机，还能把它坚持下去，直到得到成功为止。

必须明白的事

有时候，我们缺少的就是那么一点点冒险精神，对自己少了一点点自信，害怕失败。但是，在这个世界上又有什么事能保证百分之百成功呢？在通往财务自由的道路上，我们最要紧的是去做，不是害怕失败，而是要学会在出现了问题的时候，怎么去有效地调整，减少损失，并尽可能地让它产生价值。

第十章　拆掉思维的墙

　　给你带来巨大经济收益的不是你有多么努力，而是要懂得如何用脑去做事。在现今的时代背景中，我们要想在残酷的竞争压力中冲出一条血路，最为有力的武器，就是创意、思维。

墨守成规不会有好收成

我们中的大多数人总是习惯于自觉不自觉地沿着以往熟悉的方向和路径去思考和做事，而不愿意去另辟新路，生怕新开辟的路上会存在什么危险。但是，经验虽然是我们的宝贵财富，往往也束缚了我们的思维，成为我们头脑中的无形枷锁。现实中，很多人难以时间财务自由被各种各样的财务问题所困扰，便是由于收到了固定思维的困扰。

如果你经常被枷锁束缚，就会变得很像下面故事中的这个围着邮筒转了一圈又一圈的人：

一天晚上有一个醉汉被一堵墙挡住了去路，他摸着墙走了一夜也没走出去。等到天亮时醉汉醒了，才发现原来昨天摸着走了一夜的墙竟然是一个圆形的邮筒。

我们头脑中的枷锁就像这个圆形的邮筒，如果你扶着它不愿放手，就永远走不到想去的地方。在面对财务的时候也是如此，如果我们还是按照原来的犯法，经验去理财，去做财务规划，就会让我们损失掉许许多多的良机因此，要想有所发展，有所成就，我们就必须能创新并勇于创新，敢于打破一切常规。曾经在国外医学界有过这样一则报道：有一个年轻人遇到了一位心跳骤停的病人，他为了帮助病人恢复心跳，于是便自作主张地用水果刀剖开病人腹部，掰断两根肋骨，直接用手挤压他的心脏，因此病人获得了重生。

我们可以试想，如果这位年轻人拘泥于经验，他就不会自作主张为病人急救；如果他像受到过正规训练的医生那样思考，就会顾虑使用水果刀会不会引发感染，也不会用手去掰断病人的肋骨，更不会直接去挤压病人的心脏。但是在当时那种情况下，年轻人的做法显然就是最好的，正是他的不畏常规让他挽救了一条生命。

但是，我们却经常会被这种思维定式所僵化，固执地认为这样做是好的，而那样做就是不好的。可是在如今这个高速变化着的社会，没有什么是一成不变的，如果我们不能用发展的、创新的眼光去看待问题，我们就会面临着被淘汰的境遇。例如，现今网络经济较为火热，而实体店面经济不景气而你还是觉得应该投资实体店面。试想一下，这回带来什么样的结果呢？

这就是思维方式所带来的危害。简单地说，思维定式是一种把自己对待某种事物的观点、分析、判断都纳入了程序化、格式化的思维套路，它会让我们对具体问题的分析判断变得僵化、机械，从而失去了应有的灵活性。当然，对于这种思维定式也并不能全盘否定，毕竟它在处理简单的事情时具有一定的快捷作用，但是若对于任何问题都依靠这种思维定式去思考、去做，就会造成很可怕的后果。

如果被这种思维定式所禁锢，一旦面临新情况、新问题需要有所改变的时候，它就会像一头拦路虎一样横亘在我们面前，用它自身强大的惯性和形式化的结构来阻碍我们。这正如法国生物学家贝尔纳所说的那样："妨碍人们学习的最大障碍，不是未知的东西，而是已知的东西。"

所以，在现今这多变的大时代背景中，我们要实现自我人生财务自由。就必须能突破阻碍我们的思维定式，才能发现新的机遇，获得财富上的增长。不能像故事中的坎贝尔那样墨守成规，无论面对什么样的变化都当做开锁去处理。

坎贝尔有一手开锁的绝活，他能在极短的时间内打开无论构造多么复杂的锁，而且从未失手。他曾夸口说，1个小时之内，他可以从任何锁中挣脱出来，只要让他带着自己的特制工具进去。

有一个小镇的居民对此不服，他们有意让他难堪一回，以借此来打击他那嚣张气焰。于是，他们特别打造了一个坚固的铁牢，并配上一把非常复杂的大锁，他们要请坎贝尔来试试，看他能否从这里成功出去。

坎贝尔想都没想就接受了这个挑战。一走进铁牢，他就迫不及待地取出自己特制的工具，开始工作。半小时过去了，坎贝尔用耳朵紧贴着锁，专注地工作着；45分钟、1个小时过去了，坎贝尔仍然在重复着先前的工作，但他的头上开始冒汗，他并没有像他所说的那样从铁牢中逃脱出来；2个小时过去了，坎贝尔依旧没有打开这把锁。当坎贝尔把他筋疲力尽的身体靠着铁牢的门坐下来时，意想不到的结果出现了，牢门顺势打开了。

原来，小镇的居民根本没有给这个牢门上锁，那把看似很厉害的大锁不过只是一个摆设而已。

坎贝尔为什么没能打开那把锁？原因就是牢门根本没有上锁。牢门虽然没有上锁，而坎贝尔的大脑却上了一把大锁，在他的思维定式中，只要牢门上有锁就必定是锁上的，可是恰恰这个牢门上的大锁就根本没有锁。所以，任凭他使尽浑身解数也打不开这把锁就一点也不奇怪了。

其实在我们头脑中的枷锁有很多副，我们要想走出新的财务自由之路就必须把它们一一打破，这样才能在不受束缚的情况下尽情施展创新思维，获得更多的获取财富，实现自我人生财务自由的机会。要想打破枷锁，首先要做的就是认识这些束缚住自己的枷锁。

那么，我们该如何以这种思维形式中走出来呢？

1. 走出从众心态

我们很容易受别人观点的影响，当你把一个经过深思熟虑的想法告诉朋友时，如果他说："你错了！"也许你会不以为然；当你再告诉第二个朋友时他还是说："你错了！"你就会有些动摇；当第三个人还是对你说错了的时候，你就会觉得自己真的错了，从而就很可能彻底推翻了这个可能是正确的观点。

这是一种要不得的心态，它严重束缚了我们创新的思维。很多时候，真理并不是总是掌握在大多数人手里的，如果你相信自己是对的，就要敢于坚持自己的观点。

2. 不可尽信权威

古人说，尽信书不如无书。权威或是书本并不总是正确的，毕竟他们还会受到当时客观环境的影响。所以，当我们通过实践得出的结论和权威不同时，不要随便怀疑自己，而是在经过多方考证和认识的基础上再去判断事情的真相。

虽然大部分的权威都是正确的，但是也并不能对所有的权威论断全盘接受。

3. 不迷信过往的经验

经验主义同样是一种严重束缚创新思维的枷锁，它和权威枷锁一样，都阻碍了创新的进一步发展。如果长时间受困于这种经验，就会变得故步自封，无法进步。

这种枷锁的另一个表现是，当得到了一个答案后，就不愿再去深究一步得到更多、更好的答案。

4. 打破求稳心理

这是一种从内心深处不愿冒险的心态，这种心态希望所有事情都能按部就班、井然有序的发展，一旦出现任何变化都会从内心深处感到恐惧，因此就会杜绝任何"创新"之类的字眼。

拥有这种心态的人就会安于现状，但是在如今社会中就如同逆水行舟，不进则退。如果总是这样求稳，就必然会被淘汰。

所以，我们要想获得成功实现财务自由在做事时就要打破这些束缚我们思维的枷锁，为创新思维冲出一片不一样的天空，敢于打破一切不合理的常规，敢于改变任何不适宜的东西。因为，墨守成规是不会给你带来任何收获的而打破常规却往往能让你发现一条崭新充满了光明的路。

从问题的症结入手

事实上，无论我们做任何的事，都会遇到问题，在通往财务自由的路上亦是如此。我们要想成功，就必须用对解决问题的方法。这其中最关键的一点就是从问题的症结入手，抓住问题的要害所在，这样解决起来问题才能更见成效，才能一针见血地深入问题的"靶心"。

可惜的事，在很多的时候，我们亦遇到问题，就胡子眉毛一把抓，这样的结果往往就是事事着手、事事落空，即便是事情最终能够做成，也要付出相当多的时间和精力。而与此相反，从问题的关键处着手，就能够以最快的速度抓住问题的要点，并采取有针对性的解决方法，这样，再棘手的问题都能迎刃而解。

围魏救赵的故事就是一个典型的例子。

战国时期，由于魏国派军队进攻赵国，很快就包围了赵国首都邯郸，赵王眼见形势危急，已经抵挡不住魏国的攻势，于是便派人向齐国求救。齐国大将田忌受齐王派遣，准备立即率兵前去解救邯郸。

但军师孙膑劝他说："眼下之计，将军决不能用强扯硬拉的办法，依在下愚见要想援救赵国，我军只需要抓住魏国的要害进攻直接捣毁它空虚的地方即可。眼下魏军以倾国之力攻赵，其精兵锐将势必倾巢出动，国内必定空虚。如果我们能抓住此有利时机，直接攻打魏国都城大梁，魏军就必定会回师来救。这样，不就解了赵国被围之困吗？"这一席话说得田忌茅塞顿开，十分钦佩地说："先生真是英明高见，令人佩服。"

　　孙膑顿了顿，又补充说："还有更为重要的一点是，我军正可以趁魏军长途往返行军、疲惫不堪时以逸待劳，在途中不好埋伏，一举击溃他们。"

　　田忌大呼妙计，便依孙膑策略行事，直奔魏都大梁。果然，事情的经过正如孙膑设想一般，在桂陵一带，齐军将魏国的兵马杀得大败，不但这一仗大获全胜，也成功解了邯郸被围之困。

　　通过攻打魏国的都城来解赵国邯郸之围，乍看起来二者似乎并无联系，但其实事情之间是存在深层次关联的。我们做事的时候就要学会这种智慧，要能抓住问题的关键和要害所在，注意避实就虚，才能让问题迎刃而解。

　　我们要想实现财务自由，做事情就要找到这种能"牵一发而动全身"的关键所在，就像魏国的都城大梁那样占据着十分重要位置的症结点，一切矛盾的汇集处，只要解决了它，其他问题也就不能称之为问题了。

　　美国总统罗斯福就给我们做了很好的榜样，他治理经济危机的方法可谓是从问题症结入手的典范。

　　20世纪30年代，美国出现了前所未有的经济大萧条，其持续时间之长、涉及范围之广都无能出其右者。当时正好出现了极为严重的遍及全国的挤兑风波，所有银行就像被卷入旋涡一样，被这股挤兑风波逼得连喘一口气的时间都没有。

罗斯福在 1933 年 3 月 4 日，宣誓就任美国总统，第三天，也就是 3 月 6 日，他便发布了一条惊人的决定：全国银行一律休假 3 天。这就意味着全美的银行将中止支付 3 天，这样一来，各家银行也就有了较为充裕的时间进行各种调整、融资。

罗斯福利用这三天休假让金融界喘了一口气，各家银行也尽快采取各种方法来应付这股挤兑风波。在全美银行休假三天后的一周内，占全国银行总数 3 / 4 的 13500 多家银行就恢复了正常营业，而交易所也重新响起了电锣声，纽约的股票价格上涨了 15%，经济形势也得到了有效恢复。罗斯福的这一果断决策，不仅避免了银行系统的整体瘫痪，而且重新带动了经济的整体复苏。

罗斯福的这一决策为什么会有这样立竿见影的效果？其实就是因为他抓住了问题的症结所在。银行业是整个经济系统中最重要的一环，而银行最怕的就是挤兑，因为一旦出现挤兑风波，大众就会对金融形势丧失信心，一旦丧失信心，挤兑现象也就会愈厉害，从而形成恶性循环。而罗斯福的"全美银行休假三天"的决定，就为银行界解决挤兑风波赢得了时间，银行有时间进行融资就意味着可以在有准备的情况下应付挤兑，当银行解决了挤兑的问题后，公众就会重新恢复对经济形势的信心，形势也就自然越来越好了。

罗斯福就是抓住了"银行业"整个经济系统中的症结，才成功解决了经济萧条，成为历史上最成功的一位美国总统。

这种从问题最关键处入手的方法，这就像我们去解一团缠在一起的毛线，如果你从中间开始解起必然就会越解越乱，到最后说不定还会把自己缠起来。而如果你先找到一个线头，并从它开始一点点慢慢解起，用不了多久一团乱麻似的毛线就会重新变得顺畅起来。正在为自我财务问题而烦心的你，在这儿不如好好想想，阻碍你实现财务自由的关键问题在哪呢?

创造才会具备价值

要想实现财务自由你就必须创造价值。这就是本小节所要讲叙的主要内容。

一个原本就存在的东西价值就已经确定了，无法增加也无法减少。同样的道理，这件东西的价值是属于创造者的，而不属于别人。这也就是说，一旦你创造了某些东西，那么这些东西的价值就会附着在你的身上，变成你的价值。举个很简单的例子，爱迪生发明了电灯泡，那么灯泡的价值就是爱迪生的价值，乃至于由灯泡衍生出来的价值也都属于爱迪生，而不是别人。因此，我们可以下一个结论：创造才能具备价值而当你创造出应有的价值之后你就能为自我的财务自由增加重要的砝码。

李辉是一家食品公司的普通人，因为身上没有多少技能、加上刚到这个公司不久，没有做出过什么贡献，经常被认为是公司最没有价值的人。可是这个结论在一次展览会之后被推翻了，他变成了全公司最有价值的人。那么究竟是怎么一回事呢？

原来，这家食品公司在参加一次展览时，由于报名晚而被安排在顶楼最偏僻的角落，由于这栋建筑只有6层楼，没有电梯可以使用，所以参观者必须要走楼梯到六楼才能看到展览。毫无疑问，很少有人愿意这么去做。即便他们爬到了6楼，也往往会忽视处在角落的食品公司。因此，几天的展览下来，食品公司的光顾者少得可怜，甚至在一些时候，连一个人都没有。如果一直是这样，展览的目的也就不能达到。

可是，这家公司又该如何做来达到"招揽人"的目的呢？现场的工作人员陷入了沉思之中，李辉也在其中。就在大家茫然不知所措的时候，李辉从平常的广告模式当中想出了一个好办法。即用一些铝牌做成一些漂亮的蛋糕小模型，撒在一楼和二楼人多的地方，并且在铝牌上写着"拾到此牌者，可到顶楼A12室换取纪念品"。而所谓的礼品就是公司的产品，这样不仅能把人给招揽上来，而且还能让每一个上来的人都能品尝到公司的产品，一箭双雕。果然，这个办法实施之后，公司的生意一下子火爆了起来。

就这样，李辉从"公司最没有价值的人"一下子变成了"公司最有价值的人"。

创造，有时就是思维模式中一个灵动的亮点。在很多时候，它只出现在闪念之间，但它的作用是不容忽视的。它往往能产生无与伦比的价值。就像案例中的李辉一样，简简单单的一个想法，竟让李辉从"公司最没有价值的人"一下子变成了"公司最有价值的人"这也让他顺利地踏上了自我人生财务自由之路。由此可见创造的力量有多大对于我们实现财务自由的你作用有多大了把！

那么我们怎么去做才能拥有创造的力量，为自我的财务自由增添资本呢？

（1）多观察、多学习。

任何创造，都必须从现有的经验之上进行。而要想获得现有的经验，就必须通过观察、学习来进行。因此，在平常的工作、生活之中，我们要善于观察、善于学习，否则即便你有再多的时间和机会，你也不可能创造出有价值的东西。

（2）想方设法去改变。

守旧、抱残守缺之人总是走在别人的后面，不懂得创新，也不知道如何去创造。从某种意义上来说，这是一种没有价值的表现。试想，公司里的某一个人只会跟在别人的后面做事，别人会的模式他就会，别人不会的模式他就不会，没有自己的想法和行动，那么这样的人对于公司来说，又有什么价值呢？

（3）换一个角度去看。

所谓换一个角度去看是指创造并不仅仅是沿着别人现有的道路去进行，而且还可以根据自己的需要从另外一个角度去看，从而得出自己想要的、和别人不同的东西。只要这些东西对自己的生活、工作有帮助，那就具备价值。

（4）不断创新。

创新是创造的一条捷径，也是一条主要渠道。现有的事情价值都在别人的身上，而我们能做的并不仅仅是利用别人的价值，还可以在此基础上进行创新，获得自己的价值。举个很简单的例子：李辉之所以能想出"铝牌"的创意，关键就在于他从别人的广告模式当中进行了创新，把平常的纸片换成了铝牌，并且把单纯的文字广告变成了一种礼品券，一下子就收到了良好的效果，从而凸显出了自己的价值。

（5）改变心理的固定模式。

任何一个人都有自己固定的心理模式，很多时候我们都是按照这种心理模式来思考、作出判断。但是往往我们会陷入其中而无法自拔。任何事情都用这种模式去思考，对于自己来说是一种束缚。因此，要想创造，就必须改变这种心理模式，换一种方式去看问题，事情或许会变得更加易解。

改变思维方向

在财务管理的过程中，我们考虑问题往往都是根据正向的逻辑思维进行的，可是很多时候，按照正向逻辑思维并不能让问题获得解决，甚至会把问题搞得更加复杂，这个时候，我们不妨换种思维方向，学会颠倒过来，即利用逆向思维来处理，效果可能会更好一点。如果你不相信，不妨看看下面这个犹太人的故事。

犹太民族以擅长经商而著称，他们往往很精明。一天，一个犹太人大摇大摆地来到一家银行的贷款处，在椅子上坐了下来。贷款处的经理打量着眼前这位客户：名贵的西服，笔挺的领带，昂贵的皮鞋，手上还带着一枚镶有很大钻石的钻戒。看来来头不小！贷款经理暗自想。

"您好，需要我为您效劳吗？"经理热情地跟他打着招呼。"我想借些钱，请问可以吗？"

"当然可以，不过您得有担保！"贷款经理说着，心想这回可能有大生意要做了。

"这里有！"犹太人拍了拍鼓鼓的皮箱。

"那么请问您要借多少呢？"

"1美元！"

"1美元！先生，有担保的话多借些也没有关系的！"

"不！只要1美元。这些担保够了吧？"说着，犹太人把随身携带的一个皮箱拿了出来，从里面取出一堆股票、国债、现金等。

"总共50万美元，够了吧？"贷款经理的眼睛睁得大大的："当然！但是你真的只借1美元吗？""是的！"

"那好吧！年息6%。只要您一年以后归还，这些我们就会还给您。"

"谢谢。"犹太人说完，转身准备离开。

"不过，"贷款经理说道，"我不明白，您既然有那么多的钱，为什么却还要借1美元呢？哪怕您多借一些，我们也是乐意为您效劳的！"

犹太人笑了笑说："其实我的目的只是存放这些钱。但我问过几家金库，他们的保险箱租金很贵。所以，我打算把这些资金暂时存在贵行，这样，一年只需缴纳6美分的费用就可以了！"

从这个犹太人身上，我们不仅看到了犹太人惯有的精明，而且也看到了逆向思维的神奇之处，换一种思维方向来思考、处理问题，很多时候就是能给自己带来意想不到的结果。就像故事中的犹太人一样，把要存放的财产当成贷款的担保，不仅达到了存放的目的，而且还免去了保险箱的租金，一箭双雕，这种思维难道不值得我们在财务管理中学习，借鉴吗？

那么逆向思维有哪些呢？主要有以下几种：

1. 反转型逆向思维。

所谓反转型逆向思维是指从已知事物的相反方向进行思考，从而得出不一样的结果。"事物的相反方向"常常从事物的功能、结构、因果、状态关系等方面做反向思维。

例如，我们一般跑步的时候，都是脚底下的路不动，而人在动，那么能不能在跑步的时候，人不动，而脚底下的路在动呢？按照这种思维模式进行思考下去，家用跑步机就应运而生了。

2. 转换型逆向思维。

所谓转换型逆向思维是指在思考一个问题时，由于解决问题的手段受阻，因而通过转换思考角度来提出解决问题的手段的思维方法。使用这种方法，往往使得原本复杂的问题变得简单。

例如，圆珠笔刚发明的时候，并不是现在这个样子，而是比现在的还要大。往往芯里的油还没用完，圆珠就被磨坏了,弄得使用者满手都是油。使用过不同的材料来改进圆珠都没有成功。后来,人们抛弃了改进圆珠的做法,改换思路,把笔芯变小,让它少装些油,使油在珠子还没坏之前就用完。于是,棘手的问题就这样轻松解决了。

3. 缺点逆向思维

所谓缺点逆向思维是指在事物原有缺点的基础上扩大缺点,将缺点变为可利用的东西,化被动为主动,化不利为有利。

例如,我们常见的"乞丐装",就是缺点逆向思维的结果。某时装店的经理不小心将一条高档裤子弄破,在无人问津的情况下,经理干脆把裤子弄得更破,造成一种"乞丐服"的感觉。因为市场上从来没有这种服装,也没有"乞丐装"的名称,一下子便吸引了"前卫"、"时尚"人士的注意。最终"乞丐装"的销路顿开,该时装商店也出了名。

这就是逆向思维所带来的神奇效果。

必须明白的事

你必须改变你的思维,打破固有的思维模式,开动脑筋,用新的方法和创意去做事,去开拓自我财富提升之路。你要知道,当所有人用同一种方法和技巧去做同一件事的时候,你采取同样的方法和技巧,再怎么付出和努力,事情很难取得比他们更好的成效。

第十一章 赚钱要靠脑子

● Chapters 11

$

永远不要抱怨自己有多么的努力，也不要说什么自己辛辛苦苦的付出没有得到应有的回报，因为在现实的世界中，真正有钱，获得财富自由的人，都是用脑子在赚钱。

赚钱的机会，不单单是努力工作

实现财务自由的人，大多事优秀的投资者，他们自在机会来临的时候，是绝不会放过机会的，在没有机会的时候，总是想方设法去创造机会。

有两个农民，都在从事着开采石头的生意，他们都是将开采出来的石头用粉碎机碾碎，只不过，一个是把碎石卖给建筑工地，一个是将碎石卖给工艺市场。

这个将碎石卖给工艺市场的农民发现，当地的石头有着其独特的造型和光泽，遇事，他就开始琢磨，要是将这些石头进行简单的加工，这不就成了天然的工艺品了吗？因此，这位农民成了第一个在城里买房子的人。

这位农民在自家的地里砌上土墙，别的村民对他的这种做法大惑不解。原来，这位农民在土墙上用石灰粉刷上了可口可乐的广告，在这一地段，前后五百里的地方，仅有这么一个可口可乐的牌子，他也因此而每年坐收 5 万元。

　　后来，村里的都在自家的地里栽果树，由于这里特殊的地理位置，加上气候适宜，这里产出的水果汁浓肉厚，远近闻名，各地的水果经销商从全国的四面八方云集此地。但是，对水果经销商来说，这里到处都是优质的水果，他们不愁收不上水果，愁的是装水果的工具。这位将碎石卖到工艺品市场的农民决定将自家的果园承包出去，转而投资编箩筐的藤条，在此后的几年时间里，他赚的钱要远远多于其他的农户。

　　一次，丰田公司的一位营销经理听说了这位农民的故事，决定来拜访这位农民。当他来到这个小镇的时候，这位农民正在和对面的店主吵架：起因是他的一套西服的标价为800元时，对方就批发750元；而当他也降至750元时，对方就以700元的批发价卖出。一个月下来，对面那家店卖出了800套西服，而他只卖了区区12套。这位营销总监不由得大失所望。但是，当他听说对面的那家店也是这个农民开的时，立即决定以百万年薪聘用他。

　　我们很多人总觉得自己未能实现财务自由，难以获得财富，是因为没有好的机会，其实好的机会就在你面前。大多数人看不见这种机会，只是因为他们忙着寻找金钱和安定，所以，他们得到的也就有限。当你看到一个机会时，你就已经学会了并且会在一生中不断发现机会。当你找到机会时，你就能管理好自我的财务避开投资中最大的陷阱，就不会感到恐惧了。

当然，风险总是存在的，但聪明的头脑可以提高你应付意外事件发生的能力。常常有这样的情况，对一个人来说是高风险的事情，对另一个人来说可能是低风险甚至几乎没有风险。你越精明，就越能应付意外情况的发生。

管理好自我的财务把握投资机会，需要注意以下四个方面：

1. 始终保持积极的思想意识

意识保持积极，偶尔的触发也许会产生灵感，从而变成机会。例如，牛顿因一只苹果从树上掉下来打在身上，便开始思考这只苹果为什么不朝天上飞，而要往地下落，从而发现了万有引力定律。

2. 要善于捕捉机会

把模糊的意识提炼为清晰、具体可行的目标、策略和步骤。首先，要把模糊的意识变为清晰的意识，清晰地勾画出意识的轮廓，进而加进具体的细节，使意识成为鲜活的印象。其次，进行形势的判断，决定意识是否可行，或者是否值得施行，值得施行的意识是否需要修改。最后，根据意识提供的计划，制定长、短期的目标、策略和步骤等，便于实施。

3. 提升行动力

将机会付诸行动，做好抓住机会的实践工作，把成功和失败进行反复比较。机会虽然是无法保留的，但是因机会而产生的成功与失败的体验，是真实存在的。

4. 让机会再生

一个机会实现了，常常会带来其他的机会。在实施过程中，会出现一些意想不到的有利条件，实现发展的可能。当然，在付诸实践之前，需要经过认真分析论证，认为可行，才能实施。

一天，老虎正在树荫下打盹儿。兔子突然来报："老虎大王，不好了，一只灰狼进了我们的境内，正在追赶绵羊区长。"

老虎说："情况比较紧急，赶紧通知各位委员，立即到大榕树下开会，"

"大王，这个时候开会恐怕……"

老虎不耐烦地说："恐怕什么？事情紧急，我们必须立即行事。还不快去！"兔子还想说什么，一见老虎怒目圆睁，只得走了。

半个小时之后，会议才正式开始。老虎首先发言："大家好. 我们今天讨论的问题很紧急，眼下有一只大狼正在追赶我们的绵羊同志. 我们想想用什么方法救它才能更有效……"

讨论还未开始。兔子又闯进来了，它叹了口气说："不用了。老虎大王。绵羊区长已经被灰狼吃掉了！"

我们所处的是一个飞速发展的时代，尤其是在"毫厘之差千机变"的投资市场，如果你不能迅速地应对变化、把握机会，你就会损失很惨。在许多特定的情况下，有了好机会你就得马上抓住，否则等你把详尽的计划和方案都拿出来的时候，机会早已消失得没影了。

生活中有很多人，当他们面临投资良机时，却退缩了。因为他们内心充满恐惧，一开始就去猜测灾难了。出于这种消极情绪，他们决定不投资，或者把不该卖的卖掉，把不该买的买回，投资行为发生完全依赖于乐观的猜测或悲观的预感。如果他们有一点点投资知识和投资经验，并且做好准备的话，这些问题都能迎刃而解，就会获得更多的财富，为自我实现财务自由添码加瓦。

以钱赚钱，才能快速致富

年轻人总是愿意痛快地消费，有多少人考虑过自己的财务问题？也许他们会说："只要我今天过得快活就好。"

英国财政服务局的一份报告指出，善于消费的青年一代未必善于处理自我财务，他们中的很多人都面临着个人财务危机的挑战。

英国《卫报》的一项调查结果表明：英国年轻人面临的

财务问题最为严重，他们的个人储蓄少得可怜，无法应付沉重的债务和飞涨的房价。

这项由英国金融管理局和布里斯托尔大学联合进行的调查发现，过去 5 年中，20 岁至 39 岁的英国人中有 25% 的人遇到各种经济困难，而 60 岁以上的老人中这一比例仅为 5%。英国有 24% 的年轻人的信用卡透支。而对于 50 岁以上的中老年人来说，透支比例比青年人少一大半。

调查报告指出，英国年轻人之所以在经济与个人理财上存在严重问题，并非是由于他们的收入太少，而是因为他们大多更看重眼前的享受，不大关心以后的生活。

在这样的形势下，上班一族如果要靠一份薪水来致富，几乎是不可能的事情。

通过对很多、很忙却依然没有富起来的人的分析，我们就能发现以人赚钱相当辛苦，就更别谈什么实现财务自由了。而且，靠劳动赚取薪资者，不劳动就没有收入少了收入，财务又怎么不会出现问题。因此，《富爸爸，穷爸爸》一书的作者罗伯特·清崎认为，大部分的工薪阶级首先要让收入大于支出，才有机会跳出"老鼠圈"，重获财务自由。所以，作为穷忙族的你，不管如何节省，每个月都尽可能设法存个 500 元、1000 元，长期累积之后，你就能够跳出"老鼠圈"，晋级到以钱赚钱的阶段。

据美国美林公司公布的第 10 个年度世界财富报告显示，迄今为止，全世界拥有百万美元以上的富豪人数已经超过了 871 万，资产增加了 8.51％，而 10 年前百万美元富翁的人数仅仅是 450 万。10 年后的今天，即使具有超过 3000 万美元资产身家的超级富豪的人数，也增加了 10.21％，达到了 85500 万人。富豪的增长率在世界上并不平均，在发展中国家的增长率最高，其中亚太地区居世界首位，而韩国又位居第一（增长 21.3％），中国和印度不甘落后，正在赶超日本，中国内地的增幅为 6.8％，欧洲地区增幅较小，仅为 4.5％，而北美洲地区依旧拥有着世界上最多的百万富豪。

那么，这些富人是倚仗什么起家的呢？答案可能非常多，但最主要的只有一个，那就是——理财。很久很久以前，古人已经懂得了最好的理财致富之道：以钱赚钱。这个看似很简单很平常的原则，到现在还极为有用。

要理解透彻以钱赚钱的财富之道，首先了解一下"资金"这个概念。美国石油大王约翰·洛克菲勒曾对资金做过生动的比喻："资金对于商人如同血液与人体，血液循环欠佳则容易导致人体机理失调，资金运用不灵则会造成商场失败。如何保持充分的资金并灵活运用，是每个商人必须注意的事。"这句话既显示出了这位超级富豪的高财商，又说明了只有让资金的运转加速才能创富的深刻道理。

富人总是把赚来的钱再次投入到新的项目上，以钱赚钱；而穷又忙的人却总是依靠自己出苦力赚钱，他们喜欢把赚到的钱存储起来，结果存来存去并没存住，最终还是花了出去。

毫无疑问，储蓄是处理自我财务的第一步。但是，如果一味只懂得存钱，却不去做其他的投资，往往会导致财务上出现问题。

从某种意义上讲，银行储蓄确实很安全。尤其是定期保密储蓄，即使不慎将存折丢失，别人也不可能轻易取走存款，个人仍可凭相关证明办理挂失手续。而且，一笔存款，任凭社会经济形势怎么变化，其主人都可按期得到一笔相应的收益。然而，从另一个角度看，若论资产保值增值，银行存款并非最安全的方式，更不是个人投资的最佳选择。

鞍否管理好自我的财务状况最终能使你拥有多少财富，这是很难预测的，但唯一能确定的是，将钱存在银行而想致富，实现财务自由难比登天。试问你有没有听说过单靠银行存款而实现财务自由的人？将所有积蓄都存在银行的人，到了年老时不但没有获得财务上的自由，甚至连财务自主都达不到。

通常，钱财愿意为懂得运用它的人工作。那些将金钱放在稳当的生利投资上，让钱滚钱，利滚利，将会源源不断地创造财富。对拥有金钱却不善于理财的人来说，虽然看起来到处都是投资获利的机会，但事实上却是处处隐藏陷阱，一旦盲目投资，就会损失惨重。

所以，我们一定要学一学有钱人的投资智慧，让手中的钱动起来，以钱赚钱，为自己"生"出更多的财富最终获得财务上的自由。

有一个商人，由于深谙营销之道，懂得成交之法，年纪轻轻的就拥有了巨额的财富，成为富甲一方的人。但天有不测风云，一场大火过后，房倒屋塌，不剩片瓦，所有的财产都在转眼间化为尘烟。

他决定从头来过，并相信自己一定会重塑辉煌。在他的脚边，有一只死老鼠。这是一只从火海中逃出来的老鼠，因为伤势严重，挣扎了一会就死了。他决定用它作为资本做点买卖。

谁会要他的死老鼠呢？别担心，任何东西都有用，有用的东西自然有人愿意掏腰包。在一家药材铺里，他得到了一枚小钱。

一枚小钱够干什么呢？别担心，小钱自有小钱的用处。他用这枚小钱买了一点糖精，又用一只水罐盛满一罐水。他看见一群制作花环的花匠从树林里采花回来，便用勺子盛水给花匠们喝，每勺里搁一点糖精。花匠们喝完糖精水后，每人都慷慨地送给他一束鲜花作为报酬。他卖掉这些鲜花，第二天又带着糖精和水罐到花园去。当然，花匠又送给他一些鲜花。用这样简单的方法，这个人不久就拥有 8 个铜币了。

有一天，御花园里满地都是狂风吹落的枯枝败叶，园丁不知道怎么清除它们。他走到一群玩耍的孩子中间，分给他们一些廉价的糖果。几乎在眨眼之间，小孩子们就帮他把所有的断枝败叶捡拾一空，堆在御花园门口。这时，皇家陶工为了烧制皇家餐具，正在寻找柴火，看到御花园门口这堆柴火，就从这个人手里买下运走了。于是，这个人通过卖柴火得到 16 个铜币和水罐等五样餐具。就这样，这个人轻易就积聚了 24 个铜币。有了 24 个铜币后，这个人在离城不远的地方设置了 10 个水缸，免费供应给 1 000 个割草工，割草工们很想报答他。

有一天，他听到一个消息说，近日将有一个马贩子带 1 000 匹马进城来。他就对割草工们说："你们今天每人给我一捆草，而且，在我的草没有卖掉之前，你们不要卖自己的草，行吗？"割草工们异口同声地答应了他。

马贩子进城后，根本找不到饲料，只得出 1 000 铜币买下这个人的 1 000 捆草。不久后，这个人又听到一个消息说，近日将有一条大船进港。于是他马上雇了一辆备有侍从的车子，冠冕堂皇地来到港口，订下全船货物。然后，他在附近搭了个帐篷，吩咐侍从道："当商人们前来求见时，你们要通报三次。"大约有 100 个商人前来购货，但得到的回答是："全船货物都被一个大富翁买走了。"听了这话，商人们就到他那里去了。侍从按照吩咐，通报三次，才让商人们进入帐篷。100 个商人每人给他 1 000 个铜币，取得船上货物的分享权，然后每人又给他 1 000 个铜币，取得全部货物的所有权。

就这样，火灾过去 11 个月零 5 天后，这个人就又成了大财主。

财务管理是一项脑力活动，靠的是智慧而非蛮力。上述故事中商人就是懂得用钱赚钱的智慧，从而由一枚小钱成了大财主。

用脑袋理财，必学的几种理财法

要想成为富人，实现财务上的自由，就必须学会管理好自我的财务理财投资，而且一定要主动出击，积极行动，为了理财投资，开源节流，提高理财的技能，增加投资的知识。财务管理须知等财神，不如练财技。

在管理自我财务实现自我财务自由的过程中，除了常规的财务管理方法，我们还可以发挥我们的聪明智慧，采用更新颖的财务管理方法，让自己的投资回报率翻几番。理财专家介绍了以下几个财务管理方法：

1. 巧用逆向思维理财

这是一个流传甚广的故事：

某家证券公司的散户股民几乎人人都在赔钱，只有门口看自行车的老太太赚了个盆满钵溢。于是，人们纷纷向她讨教炒股赚钱的秘方。老太太居然毫无保留地公开了她的发财秘籍。她说："其实，门口的自行车就是我炒股的'指数'，自行车少的时候我就买股票，自行车多的时候我就清仓。"原来，当股市萧条时，门口的自行车就会非常少，而大家都一哄而上买股票时，门口的自行车就会多起来。

这个故事其实告诉我们，从众随大流是赚不到钱的，而反其道而为之往往能赚到大钱。老太太无意中运用了逆向思维，从而为自己赚了大钱。在如今理财渠道日趋增多、操作难度相对增大的情况下，巧用逆向思维科学财务管理，往往能取得很可观的收益。

2. 不从众，要另辟蹊径

在现实生活中，我们发现大多数人在投资上都存在着从众心理。看到大家都去炒股，于是不管自己对股票是否了解，也一哄而上，从而导致全民皆"股"。结果，赚钱的还是极少数人，大多数人都被套了。

3. 善用"麦穗哲理"

何谓麦穗哲理？这是一个著名的故事。有一天，古希腊哲学导师苏格拉底的 3 个弟子向老师求教，问该如何才能找到理想的伴侣。苏格拉底没有直接回答，而是带着徒弟们来到了一片麦田，让他们在麦田行进过程中，每人速摘一支最大的麦穗，不能走回头路，并且只能摘一支。

其中两个弟子一个刚走几步便摘了自认为是最大的麦穗，结果发现后面还有更大的；第二个弟子一直是左顾右盼，东挑西拣，一直到了终点才发现，前面几个最大的麦穗已经错过了。第三个弟子吸取前两位的教训，当他走了三分之一时，即分出大、中、小 3 类麦穗，再走三分之一时验证是否正确，等走到最后三分之一时，他选择了属于大类中的一支美丽的麦穗。

这也就是说在投资的过程中我们要学会选择、分析，从而获得最大的价值。

4. 不一味分散，适时"孤注一掷"

对于风险类的投资，"不把鸡蛋放在一个篮子里"确实能达到分散和减少风险的目的，但如果一味地去刻意"分散"有时会适得其反。

老张和老李都是稳健型的投资者，但老张遵循分散投资的原则，对各种投资方式都感兴趣，朋友承诺以高息向他借款，他明知有风险，但又怕错过这个发财机会，便借出了 1 万元，后来朋友的厂子破产倒闭，借款也鸡飞蛋打。虽然这 1 万元只是他"分散投资"的一部分，但与其他国债、储蓄、炒股等方式综合，他理财的年收益几乎是零。而老李见国债不交纳利息税，并且支取还可以享受相应档次的利率，他认为这种方式既稳妥，收益又高，便"孤注一掷"，把家中所有的积蓄都买了国债，到期时的年收益接近 3%。由此看出，收益较高、完全稳妥的情况下可以"孤注一掷"，同时，不能像老张这样为了分散而分散，涉入自己没有把握的高风险投资领域。

　　智慧对我们的财富创造有着巨大的影响，许多创造了巨额财富的人之所以能够获得成功，就在于他们在有良好的心态、百折不挠的勇气和屡败屡战、坚持不懈的精神的前提下，遇到问题肯动用智慧来解决问题从而获得了笔他人更多的财务回报，奠定了自我财务自由的雄厚资本。

必须明白的事

　　如果我们总是保持良好的心境，积极的态度，遇到事情多动动脑子、换个角度来思考问题，即使大家看起来不可能解决的问题也会迎刃而解。许多时候，决定你是否赚钱就在于一个好的创意。对待财富也是如此，要创造财富，就需要充分地运用自己或他人的智慧，否则，即使我们有很好的理财条件、机遇和方法，也往往会由于错误的投资判断，造成不应有的损失。

第十二章 列出计划目标，开始行动吧！

Chapters 12

人生没有目标，就会迷失方向。生活不会规划，就会陷入紊乱。是否富有不在于你赚了多少钱，而在于未来你有多少钱可以花。不良的消费和生活习惯会使你手中的钱白流失，把你带向贫穷。不会理财，不会财务管理，100元钱只会相当于1元钱的价值。请记住，富有闲适的生活源于正确的理财意识和良好的理财习惯。

财务管理，要从现在开始

现实生活中，因为年轻时只知道享受，而导致年老时贫穷的例子数不胜数。原因在于他们忽视了年轻时就开始财务管理，等到开始觉悟，却为时已晚，早已陷入财务危机。

"投资之神"沃伦·巴菲特 11 岁便开始投资股票。现拥有近 500 多亿美元，其财富基本上是从股市赚来的。巴菲特认为，只要公司持续保持良好的业绩，就不要把这公司的股票卖出。

巴菲特在 11 岁时，把自己和姐姐积攒的零花钱都投入股市，一开始便赔了，姐姐很不高兴，甚至骂他无知，让他尽快把钱拿回来。但他坚持认为要放三四年才会赚钱，无奈姐姐只好把自己的股票卖掉。最后事实证实了巴菲特的想法是对的。

20 岁时，巴菲特在哥伦比亚大学就读。大学期间，跟他年纪相仿的年强人只会游玩，或是阅读一些休闲的书籍，而巴菲特却喜欢研究金融学，经常到图书馆翻阅各种保险业的统计资料。他当时的本钱很少，虽然没有资金优势，但是他的钱还是越赚越多。

个人财务管理，实现财务自由的最大障碍是抱有"车到山前必有路"的侥幸心理。许多人抱着得过且过的态度来管理财务，总认为遇事"船到桥头自然直"，虽然年纪不断增长，而财富却不见增长，只能眼睁睁地看着别人的财富逐渐积聚。

财务管理投资理财是年轻人的工作，而老年后的工作就是如何合理享用财富。但在现实生活中，许多年轻人由于没有成家，有的父母还在职，基本上没有太多的生活负担，往往只注重眼前的享受，挣多少钱花多少钱，没有想过"财务管理"这件事。但今后要成家，而且父母逐渐接近老年，所以还是应该将收入做出合理的规划。在不影响正常生活的前提下，减少不必要的开销，用于投资或储蓄。

从现在开始，我们年轻人不要只想着花钱，应该懂得储蓄的重要性，先存点钱，到有数千元或上万元，就应该考虑长期报酬率高的投资，即使这样的投资带点风险。

也许有的人认为自己每个月挣的钱很少，根本没有钱用来投资理财，等以后有了钱再说吧。要知道，万丈高楼不是一天就可以建起来的。不如从现在开始，只要你每个月从有限的工资里抽出一部分钱存起来，慢慢地你会发现小金库在变大。

也许有的人会觉得现在自己已不再年轻，上有老下有小，不高的收入除了养家根本没有钱又能给予投资理财。的确，年纪长者没有长期的复利时间，但也没有什么可气馁的，你还有机会迎头赶上，只要行动，就会有意想不到的收获。如果你已经五十多岁了，那么你可以帮助子女致富，教他们管理财务的基本观念。

许多财务专家都认为，一生财务管理规划应趁早进行。因此，我们不要等以后有了钱再做，而应从现在就开始。

那么，我们应该遵循什么样的财务管理原则才能把自己的小金库变成大金库，一步步地实现财务自由呢？

1. 记一笔明细账

不妨设立一本记账本，通过记账的方法，使自己掌握每月的财务收支情况，对经济收支做到心中有数。同时，通过经济分析，不断提高自身的财务管理水平，使有限的资金发挥出更大的效益。养成这一良好生活习惯也是自己日后的一笔宝贵财富。

2. 设计理财计划

年轻人要对未来进行周密的考虑，及早做出长远计划，制订具体的收支安排，做到有计划地消费，量入为出，每年有一定的节余。对于余钱的处理，可以存入银行，也可以考虑进行投资，以钱生钱，如购买国库券、炒股等等，根据个人爱好和资金多少择"优"投资。

3. 保持理智消费

由于经济基础一般都比较薄弱，年轻人不要超越经济承受能力，讲排场，比阔气，盲目消费。激情消费常会使人花费一些没必要的钱，日常购物要避免因冲动或受亲朋好友的影响买些不必要的物品。

4. 管理额外收入

额外收入是每个人或多或少都会有的，如：单位的各种奖金、业余写作的稿费、有奖储蓄、各种彩票的中奖、亲人遗产的继承、亲友馈赠等等，金额从几元、几十元到上千元不等。对于额外收入的使用也要合情合理。有了一大笔收入，若暂时没有明确开销，最好及时存入银行，根据消费计划，择期储蓄可以购买一些必需物品，让钱花得有价值，保证"专款"专用。

给自己设立一个明确的目标

从概念上来说，管理好自我的财务并不难，就是要有效处理和运用钱财，让钱发挥最大效用，能够满足日常生活所需；此外，则通过开源节流的安排以增加收入节省支出，不断累积财富，来达成某些目标。但很显然，并不是每个人都可以有效地管理财务，管理财务要做得好，一定要有全盘规划，根据人生各阶段需求设立明确目标，再利用理财逐一完成。

怎样设定自己的财务管理目标呢？

1. 区别目标与愿望之间的差别

在日常生活中，每个人都有许多这样或那样的愿望，比如，换一所大房子、孩子能到国外读书、退休后过舒适的生活，等等。但这些只是生活愿望，而不是理财目标。真正的理财目标，必须具备下面两个具体的特征：可以用货币精确计算目标结果；有实现目标的最后期限。也就是说，管理财务目标必须具有可度量性和时间性。

2. 筛选理财目标

了解目标与愿望之间的差别后，就可列举所有的愿望与目标，一定要将所能想到的愿望目标全都写出来，包括短期目标与长期目标。然后从中筛选以便确立基本的理财目标，审查每一项愿望，并将其转化为理财目标。当然，有些愿望是不太可能实现的，这需要加以筛选排除，例如：想在一年内让自己的资金翻上数倍或数十倍，这对许多人来说都是遥不可及的，所以也就不能将其定为实际可行的财务管理目标。筛选下来的财务管理目标需要通过一定的时间来实现，所用资金量也会有所不同。因此，需要根据时间的长短、可行性、占用资金量等进行排序，从而确立基本的财务管理目标，也就是生活中比较重大的、时间较长的目标，如购房、买车、子女教育、养老等。

3. 分解目标

财务管理计划需要详细、有实现的方向性，比如，每月需要存入多少钱、每年需要达到多少投资收益等。当然，其中的部分目标不可能一步实现，所以就需要分解成若干个次级目标，以便能够知道每天的努力方向。

4. 清楚家庭财务状况

财务管理目标的设定需要与家庭的经济状况与风险承受能力等要素相适应，只有如此才能确保目标的可行性。家庭财务状况包括家庭的所有资产与负债，因此应统计家庭的所有收入与支出，最后生成家庭资产负债表和家庭损益表，也就是摸清家底、建立档案、形成账表。

财务管理的过程，对有些家庭来说可能是繁杂无比的事情，但不管是简单还是繁杂，都必须认真完成，因为这是财务管理活动中必不可少的过程。只有完成了此项任务，财务管理活动才可做到知己知彼，有的放矢。

有了价值连城的目标计划，成功已向你展示，你就不要再犹豫，开始行动吧。绝不要推到明天，今天就开始。

有个人想到美国旅游，他花了几个月的时间搜集关于美国的各种资料，同时订了飞机票，并制定了详细的日程表，标出要去观光的每一个地点，每个小时去哪里都定好了。此人的朋友知道他的这次旅游，便在他预定回国的日子里到他家做客，问他："美国怎么样？"此人回答："我猜想美国肯定不错，但我没去。"朋友大惑不解："你花了大量的时间做准备，为什么没有去呢？""我喜欢制定旅行计划，但不愿去飞机场……"

这说明什么呢？说明不管你的梦想多么美妙，计划多么周详，如果不采取行动，梦想永远都不会实现。

"千里之行，始于足下"，行动是实现目标的唯一途径。如果不采取任何行动，即使成功就在眼前也是无法实现的。

因此，管理财务，实现自我人生的财务自由只有目标还不行，还要付之于行动。不采取任何行动，目标终究只会是意图、言论、梦想。

坚持到底，不要轻言放弃

财务专家建议，财务管理要尽早开始。然而很多年轻人会觉得现在由于刚刚步入社会，用钱的地方很多，存钱财务管理难度大，还不如等将来工作比较稳定时再开始。其实，这种想法是比较偏颇的，要知道早一天做好财务管理早受益。

但年轻人也因为年轻，做事往往缺乏耐性，而这正是财务管理中的大忌。因为实现财务自由不是一夜暴富，要靠的长时间积累才能收到预期效果，所以，如果我们没有在财务管理之初就树立这样的认识，养成持之以恒的习惯，而是三天捕鱼两天晒网，那样不但很难实现预期的目标，而且很容易让自己丧失实现财务自由的信心。

　　林家辉参加工作几年了，手里有了一点积蓄，想投资赚取更多的钱。一方面他不想让自己辛辛苦苦赚来的钱放在股市里冒风险，另一方面，又想很快地让自己的收入见到很好的回报，想来想去，他在朋友的建议下，买了一只基金。在他看来，基金的低风险和平稳收益对他这样谨慎胆小还想发财的投资者而言，是一个不错的选择。

　　前几个月，他的基金表现优异，林家辉每次上网站看他的基金时，都能由衷地感受到财富增长带给他的惊喜。然而，在接下来的三个月里。这支基金开始不断地"跳空"，反复考验着他的心理承受能力，耐住性子的林家辉坚持认为它只是在积蓄力量，酝酿反弹，所以暂时没有采取什么措施。但接下来的好几个月里，他发现他的这支基金像得了"瘟疫"似的，长跌不起，到最后几乎是"破罐子破摔"，再也不理会林家辉焦灼的目光了。愤怒的林家辉一气之下，不顾朋友的劝告，立马将这支基金低价处理了，并打算从此以后，再也不涉足投资理财了。

然而，过了不久，他就尝到了冲动的后果，林家辉当初买下又抛弃的那支基金奇迹般地咸鱼翻身，一举创下佳绩。林家辉的心急和冲动，让他损失的不仅仅是金钱，更是第一次投资失利的账单。

从林家辉的经历中，我们要明白一个道理，就是不管你多么渴求财富，实现人生中的财务自由，但在财务管理的时候都要头脑冷静、有耐性。像林家辉那样，抱着快进快出，很快赚到大钱实现财务自由的想法，最终会让自己赔的很惨沦陷难以自拔的财务危机。

阳阳去年刚从学校毕业，本科读工科，现在的薪水在所在城市也就算是低薪，特别是在实习期间，薪水更是少得可怜。但是，阳阳一开始工作的时候，就决定了管理自我的财务。

阳阳选择的方式是以每月600的金额定期定额投资基金。也许有人会对阳阳每个月的投资数额嗤之以鼻：那么少的钱还值得去投资吗？但是阳阳认为十分值得。投资会让少得可怜的钱变得多起来，集腋成裘，积沙成塔，在薪水比较少的情况下，财务管理最关键一点是特意培养健康的生活习惯，特别是消费习惯。

阳阳选择的基金定投具有强制性储蓄、投资周期跨度长、平均成本、降低风险的特点，可以作为养老、子女教育、储蓄等替代投资方式。虽然从长期看，基金定投收益稳定，投资者要本着对资本市场的周期判断，从而确定定投期限，比如说投资者看好证券市场3年的牛市行情，那么定投期限就可以为3年，从而避免到手的利润在大环境变差的时候大打折扣。

确立定投方式后，必须严格按照设定的金额坚持定投，切忌定投不定。定投要求严格遵守投资纪律，以简单的投资方式，长期的投资心态去应对，而避免人为因素对其产生影响。

因此，不管是定投资金还是其他方式，我们一定要树立长期坚持的观念，并将它贯穿到自己的日常生活，认识到财务管理实际上并不是单纯的财产打理，它更是一个长期的生活规划，是一种生活态度和价值选择。

长期的耐心等待，是投资理财实现财务自由的先决条件。尤其通过理财致富，所需的耐心不是短暂的几个月或几年，最少需要二三十年，甚至四五十年。

大多数的富人，他们巨大的财富，最初都是由小钱经过长时间累积起来的。他们中的许多人最初所拥有的本钱都非常少，甚至少得可怜。然而成功就是由一连串的小的甚至微不足道的成就串联而成的，大财富是由小财富累积而成的。

因此，耐心是财务管理，实现财务自由的必备条件，只有耐心地熬过长时间的等待，创造财富的力量才会愈来愈大。

然而，今天我们身处事事求快的情况下，凡事强调速度与效率，吃饭上快餐店、寄信用快递、开车上高速公路、洗照片到快速冲洗店、学知识上速成班。人们变得愈来愈急功近利，没有耐性，同样，人们在财务管理上，也显得急躁而没有耐心，想要马上见到成果。在其他事上求快，或许会有成效，但管理好自我的财务，实现财务自由却快不得，时间是理财的必要条件，愈求快愈是很难达到自己的目的。很多人投资常犯的错误是半途而废，遇到微利时期就灰心，干脆卖掉股票、房产，完全离开了股市、房市，殊不知，缺乏耐心与毅力，无论做什么事情都是难有成就的。

总之，时间是实现财务自由的一个重要因素，若想取得不错的财务成果，就不能急功近利，要有"放长线，钓大鱼"的心理准备，不仅要具备长期投资的观念，也要有投资的毅力和耐心。

必须明白的事

一件事说起来容易，做起来难。实现财务自由也是如此。当你有了这一想法时，即使有困难，也要行动起来。没有打破四平八稳的勇气，你就不会有成为成功投资者的可能。机会不是等出来的，是干出来的！出路就在于你敢不敢行动！穷人之所以穷，很多时候不是因为没有梦想。而是没有让梦想照进现实。

财富
思维

思考致富

［美］拿破仑·希尔/著

旭日/译

民主与建设出版社
·北京·

◎ 民主与建设出版社，2021

图书在版编目（ＣＩＰ）数据

财富思维 . 1, 思考致富 /（美）拿破仑·希尔著；

旭日译 . -- 北京：民主与建设出版社，2021.2

　　ISBN 978-7-5139-3360-5

　　Ⅰ . ①财…　Ⅱ . ①拿…　②旭…　Ⅲ . ①财务管理—通

俗读物　Ⅳ . ①

　　中国版本图书馆 CIP 数据核字（2021）第 047500 号

思考致富

SI KAO ZHI FU

著　者	（美）拿破仑·希尔	
译　者	旭日	
责任编辑	刘树民	
封面设计	旭日传媒	
出版发行	民主与建设出版社有限责任公司	
电　话	（010）59417747　59419778	
社　址	北京市海淀区西三环中路 10 号望海楼 E 座 7 层	
邮　编	100142	
印　刷	三河市德利印刷有限公司	
版　次	2021 年 5 月第 1 版	
印　次	2021 年 5 月第 1 次印刷	
开　本	880 毫米 ×1230 毫米　　1/32	
印　张	6	
字　数	134 千字	
书　号	ISBN 978-7-5139-3360-5	
定　价	118.00 元（全 3 册）	

注：如有印、装质量问题，请与出版社联系。

目录

第二章　信心：相信你的欲望能够实现

第三章　自我暗示：影响潜意识的媒介

第四章 专业知识：经验中包含两种财富

第五章 想象力：财富心灵的智慧工厂

第六章　计划：让欲望化为行动

第七章　决心：克服拖沓和犹豫不决

第八章 毅力：坚定信心，不断努力

第九章 智囊：利用集体的知识与智慧

第十章 神秘的性：性欲的转移和升华

第十四章　清除恐惧获得成功

財富
思维

思考致富

序言
·
思想决定一切

你的意志力是决定你成败的力量。如果你想成功，你首先必须有正确的思维方式。换句话说，你可以在头脑中实现任何你想要的。

"思想"使人走上与爱迪生合作的道路

"思想决定一切"，这是真的。当思想与目标、意志力和获取物质财富的强烈愿望结合在一起时，思想就更强大了。很多年前，埃德温·巴恩斯发现人们可以通过思考致富，这是千真万确的。他的发现不是来自一个单一的想法，而是逐渐而来的。

起初，这只是一个迫切的愿望：他想成为伟大的爱迪生的商业伙伴。巴恩斯愿望的主要特征之一是"思路清晰"。他希望与爱迪生"一起"工作，而不是为他工作，在仔细观察了如何把欲望变成现实的描述之后，我们将会更好地理解致富的原理。

当这种欲望或思想的冲动第一次在巴恩斯脑海中闪现时，他也无法采取行动，因为他面前有两个主要困难：第一，他不认识爱迪生；其次，他没有足够的钱去买一张去新泽西奥伦兹的火车票。这些困难足以让大多数人感到沮丧，并放弃实现自己愿望的努力。然而，巴恩斯的愿望是不同寻常的！

发明家和旅行家

　　为了实现自己的愿望，他设法出现在爱迪生的实验室里，并宣布他已经和爱迪生一起工作了。几年后，爱迪生谈到他和巴恩斯的第一次见面时说："他站在我面前，看起来像个十足的流浪汉。但是他脸上的表情给人的印象，是他决心要得到什么。根据我多年与人打交道的经验，我非常清楚，当一个人真正渴望得到某样东西时，为了得到它，他会付出任何代价，这种人一定会成功。我给了他渴望的机会，因为我看到他已经下定决心，在他成功之前不会放弃。后来的事实证明我的判断非常正确。"

　　这个年轻人之所以在爱迪生的公司开始他的职业生涯，并不是因为他的外表，因为他的外表对他绝对不利，最重要的是因为他的"思想"，它决定了一切。

　　在第一次尝试的时候，巴恩斯并没有和爱迪生建立伙伴关系。他只在爱迪生的公司找到了一份工作，而且工资很低。几个月过去了。巴恩斯一心想要接近他秘密设定的"明确的主要目标"，但显然没有取得任何进展。然而，巴恩斯的意识正在发生重大变化。他不断增强成为爱迪生商业伙伴的愿望。

　　心理学家非常准确地指出："当一个人真的想做某事时，它就会发生。"巴恩斯准备在商业上与爱迪生合作，他决心继续积极准备，直到达到他的目标。

　　他从来没有对自己说过："来吧，有什么用？我想我必须改变我最初的想法，努力成为一名推销员。"而是他对自己说："我是来和爱迪生合作的。我必须实现这个目标，即使这要花费我一生的时间。"

他说的很重要！如果人们设定了一个明确的目标，并且愿意为这个目标付出一切（包括一些必须花费的时间），那么他们肯定会得到意想不到的结果！

　　也许年轻的巴恩斯当时不明白这个道理，但是他坚持简单愿望的不屈不挠的决心，和坚持不懈的毅力注定了他要排除一切障碍，给他带来自己所寻求的机会。

机会的狡猾伪装

　　当机会来到时，它出现的方式，并非为巴尼斯所能料到的，这是机会的恶作剧。机会有从后门溜进来的狡猾习惯，当它来临时，它经常伪装成不幸或失败。这可以说为什么这么多人不能理解机会的原因。

　　当时，爱迪生刚刚完成了一项新的办公设备的发明，称之为"爱迪生听写机"。他的销售人员对此不感兴趣。他们不相信这台机器能轻易出售。

　　巴恩斯意识到他的机会来了！这种机会悄悄地来了，它藏在一台奇怪的机器里，除了巴恩斯和发明家，没有人对它感兴趣。

　　巴恩斯知道他可以卖掉爱迪生的听写机。他向爱迪生提出请求，并立即获得许可。事实证明，他不仅卖了机器，而且他的销售非常成功。所以爱迪生和他签订了一份协议，让他负责国内销售。在商业合作的过程中，巴恩斯不仅让自己变得富有，而且还做了一件更重要的事情。他证明了一个人真的可以"思考并变得富有"。

　　巴恩斯最初的愿望终于实现了，尽管过程曲折，但对他来说是值得的。我不知道他的收获有多大，也许会给他带来两三百万美元。然而，无论它值多少钱，与他所获得的更大的智慧财富相比，它都是微不足道的。他的知识财富是："积极的思考，加上绝对的原则，并付诸行动，可以转化为物质财富。"简单地说，"思考"使伟大的爱迪生和同样伟大的巴恩斯结成了商业伙伴关系；思考让他变得富有。起初他一无所有，但最终证明他可以拥有一切。

距离黄金三英尺

人们被暂时的挫折吓倒时，轻易放弃是失败最常见的原因之一。有时候一个人很难不犯害怕成功的错误。在淘金热的日子里，达比也赶上了"淘金热"，去西部淘金。在此之前他从未听说过，从人们头脑中挖出的金子比从地下挖出的还要多。

他在那里选了一块地，开始用镐和铲子干活。经过几周的劳动，他得到了报酬——他发现了一个闪闪发光的矿藏。他需要一台机器来挖掘矿石。因此，他悄悄地埋藏了矿石，沿着他来到这里的脚步，回到他的家乡马里兰州的威廉斯堡，告诉他的亲戚和几个邻居"发财"的消息。他们凑钱买了他们需要的机器，然后运了出去。

在第一车开采的矿石被运送到精炼厂之后。消息传来，他们拥有科罗拉多州最富有的矿山之一。有了更多的矿石之后，所有的债务都可以得到清偿，然后利润就会大丰收。挖掘机挖得越深，达比和他的朋友们的希望就越高。然而，奇怪的事情发生了，黄金矿脉突然消失了：他们的梦想结束了，黄金聚宝盆不再存在。他们继续挖掘，拼命寻找矿脉，但徒劳无功。最后他们决定"放弃"。

他们把机器卖给了一个人，以一堆烂铁的价格卖了几百美元，然后坐火车回家了。烂铁的买主找到一名采矿工程师来检查矿井并做了一些计算。工程师提出了他的观点，并说采矿计划的失败是因为矿主不知道什么是"假矿脉"。根据他的计算，矿脉将在距离达比停止挖掘三英尺的地方被发现。果然，我在那里找到了它！

一堆烂铁的买家从矿里的矿石中赚了数百万美元，因为他知道在放弃之前要咨询专家。

成功路上离不开坚持

在这件事发生很久以后，当达比发现一个人的欲望可以变成金子时，他得到的好处是他失去的无数倍。他是在销售人寿保险时发现这一点的。达比记得，因为他在离金子三英尺的地方停下来，他错过了巨大的财富。

因为这一经历，他在自己选择的工作中获得了巨大的利益。他的方法很简单，只是对自己说："我曾经在离黄金三英尺的地方停下来，但当我说服人们购买保险时，我绝不会停下来，即便他们说'不'。"

只有少数人每年出售超过一百万美元的人寿保险，达比就是其中之一。他从放弃金矿的教训中学会了坚持。在一个人的一生中，当成功来临时，他将不可避免地遇到许多短期的挫折，甚至失败。当一个人被失败压垮时，最简单也是最合理的方法就是放弃，这也是大多数人做的。美国500多名知名且最成功的人告诉作者，在他们被失败压垮的地方，还差一步是他们的成功。失败是一个具有极大讽刺和狡猾的恶棍，当成功就在眼前时，剥夺一个人的成功是它最大的幸福。

50 美分的启迪

达比从大学拿到学位后不久，他决定从他的金矿开采经验中寻找好处。他的运气不错。在一次偶然事件中，他证明了"不"不一定真的是"不"！

一天下午，他正在旧磨坊帮叔叔磨小麦。他的叔叔经营着一个大农场，一些黑人房客住在那里。门悄悄地开了，一个黑人小孩走了进来，站在门边。她是一个佃农的女儿。叔叔抬头看见了小女孩。他粗鲁地对她喊道："你在这里干什么！"

女孩用微弱的声音回答："我妈妈说请给她 50 美分。"

"我不会的，"叔叔回答，"你现在回去吧。"

"是的，先生。"孩子回答，但她站着不动。

叔叔继续做他的工作。他太忙了，没有注意到孩子还没有离开。当他抬头看到孩子还站在原地时，他冲她喊道："我叫你回家！马上去，否则我要狠狠地揍你一顿。"

小女孩说："是的，先生。"但她仍然站在那里一动不动。

叔叔放下一袋小麦，准备倒进磨碎机的漏斗，拿起一块木板，开始向小女孩走去，看上去很生气。达比吃了一惊，他知道这个孩子将会受到毒打，因为他知道他叔叔暴躁的脾气。可是当他的叔叔走近孩子站的地方时，孩子向前迈了一步，直视着他的脸，尖声喊道："我妈妈一定要 50 美分！"

这时叔叔停下来，看了她很久，然后慢慢地把木板放在地上，把手伸进口袋，给了她 50 美分。孩子拿着钱，慢慢地退到门口。她的眼睛盯着她刚刚征服的那个男人。

她离开后，叔叔坐在一个木箱上，向窗外看了 10 分钟的天空。他怀着敬畏的心情回忆起自己刚刚遭受的失败。

达比也在思考，在他所有的经历中，他还是第一次看到一个黑孩子敢于平静地面对恶狠狠的主人，她是怎么做到的？为什么她的叔叔收起了他凶猛的性情，变成了一只温顺的羔羊？小女孩用了什么魔法改变了主人的态度？这些问题在达比的脑海中闪现，直到几年后她找到了答案，然后他给我讲了这个故事。不可思议的是，当他讲述这个不寻常的故事时，就是在这个古老的磨坊内——在他的叔叔打了败仗的地方。

儿童魔法力量

我们站在这个古老发霉的磨坊里，达比讲述了这个非凡的征服的故事，并再次被征服。他说完后，问道："你有什么看法？这个孩子用了什么魔法让我叔叔彻底失败了？"

这个问题的答案将在本书描述的原则中给出。答案非常有意义。这足以让任何人理解并运用小女孩在紧急情况下获得的力量。

保持头脑清醒，你就能看到帮助小女孩的力量。

在下一章，你会看到这种力量。它可能作为一个独立的概念出现。它也可能作为一个计划或目的出现。此外，它可以提醒你过去的失败或挫折，让你从中吸取教训，这一课可以让你赢得过去失败中失去的一切。

在我向达比解释了这个黑人小女孩无意中使用的武力之后，他立即回忆起他做人寿保险推销员的13年经历，并坦率地承认，他在这个行业的成功很大程度上归功于孩子行为的启发。达比指出：每当我遇到一个潜在顾客，想要不买保险就离开，我就会看到这个孩子站在旧磨坊里，她的大眼睛闪着不屈不挠的光芒。所以我对自己说，"我必须做这件事。"在我做的所有生意中，利润最大的生意是在人们说"不"之后做的。

他还回忆起在离金子只有三英尺的地方停下工作的错误。他说："但那次经历让我看到了一丝曙光。它教会我无论生意有多难都要坚持下去。在事业成功之前，我需要学习这一课。"

这个关于达比、他叔叔、小女孩和金矿的故事，无疑会被成千上万以卖人寿保险为生的人所阅读。作者希望向他们强调，达比每年销售价值超过100万美元的人寿保险的能力是由于这两次经历锻炼而成的。

达比的经历是如此的普通和简单，但是这些经历包含了他生命和命运的答案，所以对他来说，这些经历和他的生命一样重要。他从这两个戏剧性的经历中受益，因为他思考和分析了这些经历并吸取了教训。但是，一个既没有时间也没有兴趣去研究失败的人，怎样去寻找可能导致成功的知识呢？他应该在哪里以及如何学会把失败变成成功？

这本书是为了回答这些问题而写的。当你开始思考，你的财富逐渐增加时，你会发现财富的积累在于一种心态，一个明确的目标和不懈的努力。任何人大概都会对如何获得这种吸引财富的心态感兴趣。我花了 25 年研究这个，因为我也想知道"一个人怎么会有这种心态"。

你可能会注意到，一旦你掌握了这种哲学的原理并开始遵循它们，你的经济状况就会开始改善，你所接触的一切都会成为对你有利的资产。这不可能吗？不，绝对有可能！人类的主要弱点之一是普通人对"不可能"这个词太熟悉了，这很可悲。这本书是为那些寻求成功规则并愿意按照这些规则孤注一掷的人写的，拥有成功意识的人一定会成功。

如果你轻易让自己成为一个有失败意识的人，你就会失败。我们的目标是帮助所有那些寻求将失败意识转化为成功意识的人，这样他们就能获得他们需要的技能。

对大多数人来说，还有一个共同的特点，那就是根据"自己"的印象和信仰来衡量一切和每个人。许多人认为他们不可能思考和获得财富，因为他们的思想习惯了贫穷、贫乏、苦难、失败和挫折。

这很愚蠢，而且是一种自我毁灭的行为。

我会得到我想要的

亨利·福特计划制造著名的 V—8 引擎汽车，将八个汽缸铸造成一个引擎，并命令他的工程师设计它。设计图已经画出来了，但工程师们一致认为，铸造一个 8 缸发动机机体是不可能的。福特说："无论如何，一定要试着生产这种发动机。"

工程师们一致回答："这是不可能的。"

福特命令道："无论需要多长时间，都要坚持下去，直到成功。"

一些工程师不得不继续这样做。如果他们还想为福特工作，他们别无选择。6个月过去了，没有任何结果。又过了6个月，仍然没有结果。工程师们尝试了所有可能的设计来执行这个命令，但事情似乎没有进展，所有工程师都说："不可能！"

年底，福特询问了他的工程师，他们再次告诉他，他们还没有找到办法，不知道如何执行他命令的计划。

"继续做，"福特说，"我想要这个引擎，我必须得到它。"

工程师们继续努力工作，仿佛奇迹般地发现了制造技术。

福特再次有了获胜的成就感！

这个故事的叙述在细节上可能不详细也不准确，但故事的实质很耐人寻味。任何希望致富的人，都可以从这个故事中推断出福特的秘密。如果他们能够仔细考虑的话，这个秘密可以达到数十亿美元。没有必要看得太远，它就在你面前。福特成功了，因为他理解并运用了成功的原则。原则之一是渴望：知道你想要什么。当你读这本书时，你必须记住福特的故事。如果你能做到这一点，如果你能掌握这些让福特变得富有的原则，那么你就能在你工作的任何行业中取得类似的成就。

做自己命运的主人

诗人亨利写了一句哲理性的话："我是我命运的主人，我是我灵魂的船长。"他告诉我们，我们是命运的主人，因为我们有能力控制自己的思想。

他也在告诉我们，支配我们行为的思想可以磁化我们。这些"磁铁"吸引着我们周围各种各样的力量，以及性格和思想本质与我们一致的人才。

他还告诉我们，在我们能够积累大量财富之前，我们必须用致富的愿望来磁化我们的头脑，并且我们必须形成"致富的意识"，直到这种愿望驱使人们创造财富。但是亨利是诗人而不是哲学家，所以他满足于用诗歌表达伟大的真理，但是我们不满足！

改变命运的原则

在这本书后面的章节里，我将给大家陆续讲到改变我们命运的一些原则。现在我们准备讨论这些原则中的第一个：保持谦虚的精神。

请你记住：这些原则不是一个人发明的。这些原则曾让很多人走向了成功，你可以用它们来帮助你的发展。

几年前，我在西弗吉尼亚州沙龙大学的毕业典礼上发表了演讲。后来，一个在美国总统府工作的年轻人给我写了一封信。他非常清楚地表达了他对我要讲的财富原则的看法。他写得非常深刻和真实，以至于我用它作为我将要讲述的财富原则的引言。

亲爱的先生：

国会议员的工作给了我一个深入了解人性的机会。我写这封信是为了提一个建议，这可能对成千上万可敬的人有益。那年，当我还是毕业班的学生时，你在沙龙大学的毕业典礼上做了一次演讲。在那次演讲中，你在我心中培养了一个想法，这一想法正是我现在有机会为这个州的人民服务的原因，也是后来获得我生命中大部分成就的原因。

就像昨天一样，你讲述了一个有关亨利·福特的不可思议的方法，他没有受过教育，没有钱，没有权力，也没有朋友。在你的演讲结束之前，我已经决定为自己找一个这样的地方工作，不管将来会有多少困难。

成千上万的年轻人将在今天和未来几年内完成学业。他们每个人都会寻找一个崇高的信念。他们想知道从哪个方向和什么工作开始他们的生活。你可以告诉他们，因为你已经帮助许多人解决了难题。

今天，成千上万的美国人很想知道，他们如何将自己的想法转化为财富。这些人也都白手起家，所以他们必须从起跑线开始，他们没有经济支持。如果有人能帮助他们，那也只能是你！最后，我祝你更加幸福！

1957年，在我演讲35年后，我又有机会在沙龙大学发表毕业演讲。这一次，我获得了沙龙大学文学荣誉博士学位。

自那次演讲以来，我见证了詹姆斯·鲁道夫登上阶梯的顶端，成为国家航空公司的首席执行官和西弗吉尼亚州的民选参议员。

任何人们能够想象和相信的事情，都是可以实现的。

财富
思维

思考致富

第一章

·

欲望：打开财富之门的第一把钥匙

拥有欲望，这是走向财富的第一步！

50 年前，当巴恩斯从新泽西奥伦兹的一列货运火车上爬下来时，他看起来可能像个流浪汉，但他却有着和国王一样伟大的理想！

在乘火车去爱迪生办公室的路上，他想象着自己站在爱迪生面前：他听到自己请求爱迪生给他一个机会，让他实现自己一生都着迷的强烈欲望——成为这位伟大发明家的商业伙伴。巴恩斯的这种发自内心的想法不是祈祷，而是一种强烈的、跳跃的欲望。很明显，它高于一切。

很多年以后，巴恩斯再次站在爱迪生面前，在他第一次见到爱迪生的同一间办公室里。这一次，他终于把欲望变成了现实：他和爱迪生成了商业伙伴。

巴恩斯成功了，主宰他一生的理想终于实现了。这归根于他选择了一个明确的目标，并且用他所有的精力、意志力和所有的一切向这个目标努力。

破釜沉舟的人

过了五年，巴恩斯一直在寻找的机会才开始出现。除了巴恩斯本人，每个人似乎都认为他只是爱迪生事业齿轮中的一个小齿儿而已。但是在他自己的头脑中，从他参加工作的第一天起，他就曾想过要成为爱迪生的商业伙伴。

这清楚地证明了欲望所产生的力量。巴恩斯为实现了他的目标——成为爱迪生的伙伴。他构思了一个计划，通过这个计划实现了他的目标。他坚持自己的愿望，直到它成为现实。

当他去奥伦兹时，他没有对自己说："我想说服爱迪生随便给我一份工作。"而是对自己说："我想见爱迪生，告诉他我可以成为他的商业伙伴了。"

他没有说："如果我不能在爱迪生的企业中得到我想要的工作，我将会打开我的眼睛寻找另一个机会。"他只告诉自己："这个世界上只有一件事是我决心要得到的，那就是在他的职业生涯中与爱迪生的合作。我将把我的整个未来奉献给我想要的能力。"他没有给自己留一点退路，他必须成功，否则他将自我毁灭。

这就是巴恩斯成功的全部故事！驱动我们财富的力量。

很久以前，一位伟大的将军，面临着必须做出决定以确保在战场上取得胜利的局面。面对着比自己实力更强大的敌人，他把军队装上船，驶向目的地。下船后，他命令烧毁载有军队的船只。

在战斗开始前，他对部队训话道："每个人都看到船被烧毁了，这意味着除非我们赢了，否则不可能活着离开这里。我们别无选择，只有胜利或灭亡。"最后，他们赢了。

在任何职业生涯中，每一个渴望胜利的人都必须烧掉他返回的船，切断他所有的退路。只有这样，他才能保持对胜利的强烈渴望，这是成功的基本要素。

芝加哥大火的第二天早上，一大群商人站在斯塔特街上，看着他们的商店几乎化为灰烬，然后聚集在一起讨论对策。是重建家园吗？还是从芝加哥搬到一个更有希望的地方重新开始？他们达成的决议是离开芝加哥，但只有一个人例外。

决定留下来的商人叫马歇尔·彼得。他指着自己商店的灰烬说："就在这里，我想建造世界上最大的商店，不管它被烧了多少次。"

这是一个世纪以前的事了。这家商店很久以前就已经重建了，今天仍然屹立在那里。它雄伟的外表被它炽热的欲望所产生的意志力所凝固，这无疑具有重大的象征意义。对马歇尔·彼得来说，追随别人的脚步很容易。当生意困难或前景黯淡时，他们会收拾行李，搬到一个发展更容易的地方。

马歇尔·彼得和其他商人之间的差异尤其值得注意，因为成功和失败之间几乎所有的区别都在这一点上。

每个人都希望当他们到了知道如何使用金钱的年龄时，就能拥有金钱。"祈祷"不会带来财富，但是将"祈祷"财富的心态转变为坚定的想法，然后用明确的计划方法和手段获得财富，并以永不放弃的坚定精神坚持这些计划，将会带来事业的成功。

把欲望变成财富的六个步骤

把欲望变成财富，有六个明确而实际的步骤：

1. 在你心中，你必须确定你真正想要的财富的数量目标。仅仅说"我想要很多钱"是不够的，数量必须清晰。（这种清晰是有心理原因的，这将在下一章讨论。）。

2. 为了达到你想要的目标，你确定你要付出什么样的代价（世界上没有"白吃白喝"的事情）。

3. 设定一个你决心"拥有"你想要的东西的具体日期。

4. 制定一个清晰的计划来实现你的愿望，无论你是否准备好，请立即开始将计划付诸行动。

5. 简单写下你想要获得的财富的数量目标，达到目标的最后期限，你愿意为达到目标付出的代价，以及如何获得财富的行动计划。写一份声明，敦促自己实现誓言。

6. 每天大声朗读这句话两次，一次在晚上入睡前，一次在早上起床后。当你读到这句话时，你应该想象并能感觉到你已经拥有了这笔财富。

这六个步骤非常重要，你必须遵循这六个步骤中的每一个细节。尤其重要的是，你要遵守和遵循第六步的指示。你可能会抱怨，在你真正达到这个目标之前，你看不到自己的成就和财富，但这正是"燃烧的欲望"能帮助你的地方。

如果你真的非常想拥有财富，然后把你的愿望变成一个充满你大脑的想法，你会毫不费力地说服自己你会得到它。这样做的目的是让你渴望财富，并真正下定决心去获得它，最终你将能够说服自己：你会拥有它。

你能想象自己成为百万富翁吗

那些不理解人类精神活动原理的人，肯定会认为这些想法不切实际。如果对这六个步骤持怀疑态度的人知道，这是安德鲁·卡纳基传下来的信条，这可能会对他们有所帮助。卡纳基最初是一家钢铁厂的普通工人，他虽然出身卑微，但通过运用这些原则，他获得了数亿美元的财富。

如果人们知道上面提到的六个步骤，是爱迪生仔细研究并总结出来的规则，它可能对人们更有帮助。爱迪生认为，这些步骤不仅是积累财富的必要步骤，也是达到任何目的的基本步骤。

这些步骤不要求你"努力工作"，也不要求你做出牺牲，更不想让一个人变得可笑和荒谬。这些步骤的应用不需要太多的高等教育，只要你有足够的想象力，你就能成功地运用这六个步骤。这种想象能使一个人有洞察力，并理解财富的积累不能依赖于机遇或运气。你必须知道，所有积累了巨额财富的人，一开始总是有一些理想、希望、祈祷、愿望和计划，然后才能获得财富。

伟大理想的力量

生活在竞争中的我们，应该鼓励自己去理解，我们生活的世界已经发生了巨大的变化。它需要新的想法、新的行为方式、新的领导者、新的发明、新的教学方法、新的营销方法、新书、新的词汇、新的电视节目、新的电影概念。对这些新的更好的东西的需求背后有一种特质。如果一个人想成功，他必须拥有它。这种特质就是"目标明确"，知道需要什么，并有强烈的愿望去实现它。

那些希望积累财富的人应该记住，世界上真正的领导者是那些能够抓住无形的想法，并在机会到来之前有效利用它们的人。他们将这些想法（或想法的冲动）转化为摩天大楼、城市、工厂和各种能让生活更愉快的事物。

当你打算获得这些财富时，你不应该受他人的影响而轻视梦想家。在这个巨大变化的世界里，如果你想赢得一个大赌注，你必须掌握过去伟大先驱的精神。他们的梦想为我们的文化留下了许多有价值的东西。他们的精神已经成为我们国家的精神，使你和我有机会发展和展示我们的才能。

如果你渴望做的事情是正确的，并且你相信它，那就去做吧！

实现你的梦想！如果你遇到暂时的失败，不要在意别人说什么，因为别人可能不知道每一次失败，都会带来下一次成功的种子。爱迪生梦想着用电点亮一盏灯，他并没有站在原地踯躅不前，而是开始将梦想付诸行动。尽管他失败了 10，000 多次，他仍然坚持他的梦想，直到他把它变成了现实——注重实践的梦想家不会轻易放弃！

维伦梦想拥有一家联合雪茄和香烟商店，他把梦想变成了行动。目前，在美国城市的一些最好的角落里有一个"联合雪茄和香烟商店"。

莱特兄弟梦想有一台能在空中飞行的机器。现在人们可以在世界各地看到它，证明他们的梦想是真实的。

马可尼梦想着一种通过无线电波传输信息的方法。现在世界上的每一个电台和电视台都可以看到，他的梦想不是空中楼阁。也许你会感兴趣的是，当马可尼宣布他发现了一个原理，根据这个原理，他可以不用电线或其他材料通过空气发送信息，他的朋友们把他拘留起来，并把他送到精神病院进行检查。今天做梦的人的情况比以前的人好得多，当代世界充满了过去梦想者没有的机会。

如何让梦想从发射台升起

怀着成为某一个人成就某事的强烈愿望，这是梦想者起飞的起点。冷漠、懒惰或缺乏进步的人不会有梦想。记住：每个取得成就的人都有一个不幸的开始。经过许多悲伤的斗争和挫折，他终将能够获得成功。

这些成功人士的人生转折点出现在某个危机时刻。正是通过这种危机，他们自己意识到了另一种危机。班扬是英国最好的文学作品之一《天路历程》的作者。他因在宗教问题上的不同观点而被监禁，在经历了很多苦难后写了这本书。

作家欧·亨利在遭受巨大的不幸，并被囚禁在俄亥俄州的哥伦布市后，发现自己在文学方面极具天赋。在那次不幸的遭遇之后，他认识了自己的"另一个自我"，并利用自己的想象力来重新诠释生活。他发现自己是一个优秀的作家，而不是一个可悲的罪犯和歹徒。

狄更斯年轻时，他的工作是在黑色鞋油瓶子上贴标签。他初恋的悲剧深深地渗入他的灵魂，改变了他的生活，使他成为世界上真正伟大的作家之一。悲剧结束后，成功接踵而来。他的《孤星血泪》首次公映，紧接着是一系列其他作品，让读者看到了一个丰富而美丽的世界。

海伦·凯勒出生后不久就变得又聋又哑又盲。尽管遭受了巨大的不幸，她还是在伟人的历史上留下了不可磨灭的名字。她的生活可以作为一个明显的证据：除非你接受失败是一个自然的事实，否则人们永远不会被命运打败。

罗伯特·伯恩斯是一个目不识丁的农村孩子，他饱受贫困之苦，长大后成了一名酒鬼。然而，他没有继续沉沦。通过努力学习，他学会了写诗。结果，世界变得更美好，因为他用诗歌表达了美好的思想。除了人们心中的荆棘，他还种了百合。

贝多芬听觉有问题，米尔顿是盲人，但他们的名字将永远存在，因为他们都有自己的梦想，并将梦想变成美好的想法。

请记住，在生活中设定一个崇高的目标，追求财富和幸福，永远不需要比接受痛苦和贫穷付出更多的努力。下面这首诗，正确地说明了这句话里的普遍真理：

我向生活乞讨，

人生多一分也不给。

当我没钱的时候，

我不得不在黄昏中乞讨。

生活是真正的雇主，

他会满足你的任何要求。

一旦你决定了要赚多少钱，

你必须承担多少工作。

我的工作是廉价劳动力，

但我惊讶地发现一个事实：

如果我向生活付出高昂的代价，

生活会乐于付出。

实现不可能的事情

为了让这一章达到我期望的高潮，我想介绍一个我认识的最不寻常的人。我第一次见到他的时候，是在他出生后的几分钟里。他来到这个世界时，头两边都没有耳朵。当医生被迫解释这种情况时，他认为这个孩子可能一辈子都是聋哑人。

我对医生的看法完全不同，我有权这样做，因为我是孩子的父亲。当时我做了一个决定，也产生了一个想法，但在我内心深处，我默默地表达了我的想法。

在我内心深处，我相信我的儿子既能听又能说。怎么做呢？我相信一定有办法，我知道我会找到的。这时候，我想起爱默生的话：

"伟大的自然之道教导我们要有自信。我们所需要做的就是服从，这样我们每个人都会被引导。只要我们虚心倾听，我们就会听到正确的信息。"

正确的信息——欲望。是的，就是这样！我的儿子不能又聋又哑，这是我最大的愿望。为了实现这个愿望，我从未退缩过。

我该怎么办？我必须找到一种方法，把我强烈的愿望移植到我儿子的心里，并且不用耳朵就能把声音传到他的大脑里。

一旦这个孩子长大了可以和我合作，我会用我强烈的愿望填满他的心，让自然之道以它自己的方式把这个愿望变成现实。

我想到了所有这些想法，但我没有告诉任何人。我每天都向自己重申这个誓言，绝不让我的儿子又聋又哑。孩子逐渐长大，开始注意周围的环境。我们发现他有轻微的听力。当他还是一个蹒跚学步的孩子时，他没有表现出学会说话的迹象，但是我们可以从他的行为中看出，他能听到一点声音。

这就是我想知道的！我确信，只要他能听，即使很细微，他也能发展出更强的听力。后来发生了一件事，给我带来了希望，这完全出乎我的意料。

生活的偶然改变

有一次，我们买了一台留声机。

当我的儿子第一次听到这音乐时，他非常高兴，以至于马上就提出想拥有这台留声机。有一次，他来回播放一张唱片长达2个小时。他站在留声机前，用牙齿咬着外壳的边缘。这种习惯是他自己养成的，我们不知道这意味着什么。直到许多年后，我们才理解了这个习惯的含义，因为我们没有听说过"骨骼传声"的原理。

在他拿到留声机后不久，我发现当我的嘴唇对着他头骨下的乳突骨说话时，他能清楚地听到我的声音。

当我确定他能清楚地听到我的声音时，我立刻开始将倾听和说话的欲望转移到他的内心。不久，我发现这个孩子睡觉时喜欢听故事，所以我开始编一些故事，旨在培养他的自信心和想象力，并使他有一种强烈的愿望去听，成为一个正常人。

在我编的这些故事里面，有一个特别的故事。每次我告诉他，我必须添加一点新的戏剧性的色彩来显示我的重点。我编造这个故事的目的，是在他的头脑中培养一个想法，这样他就能意识到他的缺点不是负担，而是一笔有巨大价值的资产。尽管我读过的所有哲学书籍都清楚地指出，每一个缺陷都孕育着同等利益的种子，但我必须承认，在如何将这个缺陷转化为资产的问题上，我当时还没有一个成熟的想法。

赢得新世界

我总结了自己教育孩子的经验，发现父母的爱和鼓励与孩子的自信和乐观有很大关系。我告诉他，他的处境比他哥哥好，这种优势体现在很多方面，例如，学校的老师会发现他没有耳朵，所以他们会特别照顾他，对他特别好。

我还告诉他，当他长大成为一名报童(他的哥哥已经是一名报童)时，他会比他的哥哥好得多，因为人们看到他是一个聪明勤奋的孩子，尽管他没有耳朵，而且在买报纸时会给他一些额外的小费。

大约7岁时，他第一次显示出成功的迹象。我们在他心中的努力，正在结出果实。连续几个月，他一直要求我们让他卖报纸，但他母亲拒绝了。

最后他决定自己做这件事。一天下午，当只有他和家里的仆人呆在家里时，他偷偷地爬出厨房的窗户，跳到地上，独自跑进了这个世界。他向街上的鞋匠借了6美分，投资在报纸上，然后卖掉后再投资。

他像这样反复买卖，直到黄昏后，他还清了借来的6美分，计算了余额，得到了42美分的净收益。那天晚上我们回家时，发现他已经睡着了，手里紧紧握着新赚的钱。他的母亲拉开他的手，拿走了钱，她忍不住哭了。

这是不合适的，母亲为儿子的第一次胜利而哭泣是不合适的。我的反应正好相反。我开心地笑了，因为我知道我试图在孩子们心中培养的信心是成功的。

关于孩子的第一笔买卖，他的母亲看到的是一个失聪的孩子，跑到街上冒着生命危险去赚钱。我看到的是一个勇敢、雄心勃勃、自信的小商人。他对自己的信心倍增，因为他主动创业并获得了成功。

这件事让我很开心，因为我已经证明，他有足够的能力独立生活。

听力失聪儿童

这个失聪男孩从小学、初中、高中到大学，一步步成长着。除非老师在他面前大声喊叫，否则他听不见老师的话。他没有进入聋哑人的特殊学校，我们也不想让他学手语。我们认为他应该过正常的生活，和正常的孩子交朋友。我们一直坚持这个决定，尽管与学校工作人员进行了几次激烈的辩论。

当他在高中的时候，他尝试过电子助听器，但那对他没有多大帮助。在大学的最后一周，发生了一件事，这也是他一生中最重要的转折点。

在一个偶然的机会，他得到了另一个电子助听器，这是商家给他试用的。他对试用并不感兴趣，因为类似的事情让他失望了。后来，他拿起助听器，随意地戴在头上，并接上电池。天啊，像魔法一样，他对正常听觉的终生渴望成为了现实！

他一生中第一次，他的听力几乎和任何正常人完全一样。助听器改变了他的世界。他非常高兴地冲向电话，与母亲交谈，并完全听到了她的声音。第二天，他清楚地听到了正在讲课的教授们的声音。

这是他一生中第一次！他一生中第一次不用大声说话就能和别人自由交谈。真的，他的世界从此改变了。欲望已经开始带来回报，但是胜利还没有到来。这个孩子仍然需要找到一个清晰可行的方法，将他的缺陷转化为宝贵的资产。

在奇迹的想法开始的时候，儿子没有完全理解这件事的意义，但是他为新发现的声音世界而陶醉。因此，他给助听器制造商写了一封信，兴奋地描述了他的经历。儿子的热情感动了公司，公司邀请他去纽约。

到达纽约后，他被陪同参观了整个工厂，总工程师向他解释了他新发现的世界。这时，一种预感、一个想法或一种灵感——你可以称之为任何东西——在他脑海中闪过。正是这种思想的冲动，使他把自己的缺陷变成了资产，他不仅自己获得了一大笔钱，也给数百万人带来了幸福。

这种冲动的内容大概是这样的：他突然想起，如果他能找到一种方法，把他的新世界的故事讲给数百万没有助听器的聋哑人听，这对他们可能会有帮助。

他花了整整一个月进行积极的研究。在此期间，他分析了助听器制造商的整个营销系统，并设计了与世界各地聋哑人的沟通方法，以分享他新发现的美妙世界。工作完成后，他根据自己的发现起草了一份两年计划。之后，当他向公司提出他的计划时，他立即找到了一份工作，这样他就能真正实现他的抱负。

当他去工作的时候，他做梦也没有想到，这会给数百万失聪的人带来希望和帮助，如果没有这种帮助，他们也许永远听不到声音。

我心里非常清楚，如果他的母亲和我没有试图塑造他的思想，那么我们的儿子布莱尔将会是一个正常的聋哑人。当我在他心中培养出像正常人一样倾听、说话和生活的欲望时，这种欲望给了他一种奇妙的影响，这种影响自然而然地成为他心灵和外界之间沟通的桥梁和无声的鸿沟。诚然，将炽热的欲望变成现实的旅程是曲折的。

布莱尔的愿望是获得正常的听力，现在他真的有了！他出生时的这种缺陷很可能会使那些没有明确愿望的人拿着铅笔和锡杯上街乞讨。

当他年轻的时候，我在他的心里植入了一些"善意的谎言"，以便让他相信他的缺陷会成为一笔巨大的财富，他可以利用这笔财富。这个谎言现在被证明是正确的。这里有一个永恒的定理：自信和强烈的欲望，没有什么是不会实现的。

这些东西对任何人都是免费的。

精神的神奇作用

在一篇关于舒曼·汉克夫人的新闻报道中，有一段简短的叙述为这个女人如何成为一名非凡的歌手提供了线索。我现在引用这段话，因为这条线索只包含一个愿望。

在她职业生涯的开始，舒曼·汉克夫人拜访了维也纳宫廷歌剧公司的指挥，请他听听她的声音，但她被拒绝了。看了一眼这个尴尬的穿着朴素的女孩后，指挥粗鲁地说："你的脸和没有个性的样子，你怎么能指望在歌剧中成功呢？我的好姑娘，还是死了这个想法！回去买一台缝纫机，开始工作吧，你永远不会成为歌手。"

"永远"是一段很长的时间！

维也纳宫廷剧团的指挥知道很多歌唱技巧，但他不知道欲望和固执的力量。如果他对这种力量稍有了解，他就不会犯下不给天才一个机会并轻率地斥责她的错误。

几年前，我的一个同事生病了。随着时间的推移，他的病情变得越来越严重，最后他被送到医院做手术。医生告诉我，他生还的可能性极小。

但这是医生的意见，不是我同事的意见。就在他被推进手术室的时候，他用微弱的声音说："别担心，我会在这里住几天后再出去。"

照顾他的护士同情地看着我，但病人却安全地越过了死亡线。

在这一切之后，他的医生说："是他自己求生的欲望救了他。"

如果他没有拒绝接受死神的召唤，他就不会通过这个阶段。

我坚信用信心支撑欲望的力量，因为我看到这种力量让出身卑微的人爬到财富的顶端；我见过它让人们起死回生。在经历了数百次失败后，我看到它被人们用作恢复的源泉。我看到它给了我的儿子一个正常、快乐和成功的生活，尽管造物主在他来到这个世界时没有给他听觉。

凭借你心中产生的奇怪而不可预知的力量，你会对"某些事情"有强烈的渴望。在这种欲望的影响下，你绝不能承认"不可能"之类的话，也不能接受失败就是事实。除非我们承认它有限度，否则，意志的力量是无限的！贫穷与富有，都是思想的产物。向生命要求的愈多，生命带给你的也愈丰富！

财富
思维

/ 思考致富 /

第二章

·

信心：相信你的欲望能够实现

这是走向财富的第二步！

自信能让你的头脑充满力量。在强大自信的驱使下，你可以把自己提升到一个无限的顶峰。自信是心灵的催化剂，当信心与思想结合时，潜意识会立即接收到一种冲击波，然后将冲击波转化为精神上的等价物，然后将精神上的等价物转化为"无限的智慧"。

在所有重要的积极情绪中，自信、爱和性是最强的。当这三种情绪结合在一起时，它们具有"染色"思想的功能，使它们立即影响潜意识的意志并把它们变成精神。这引发了无限的真实反应，从而引发了无限的智慧。

如何培养自信

下面这段话将让你更清楚地知道，自我暗示原则在将欲望转化为物质时有多重要。这段话是：自信是一种心态，这种心态可以通过自我暗示的原则给潜意识以肯定和反复的暗示而产生。

当你熟悉了这本书的 13 条原则后，你可以随意培养这种信念心态，因为这是一种运用这些原则后会自动产生的心态。

以下内容可以帮助你理解它的含义。一位著名的犯罪学家曾经说过："当人们第一次接触犯罪时，他们害怕犯罪。"如果他们继续接触犯罪一段时间，他们就会习惯犯罪并开始容忍犯罪。如果他们与犯罪有较长时间的接触，他们最终会接受犯罪并被犯罪所控制。这就等于说，无论什么样的思想冲动被反复传递给潜意识，它最终都会被潜意识所接受，并受到这种思想的影响。

考虑到这一点，让我们再来思考一下这句话："在所有的情感想法（即感觉）与自信结合之后，它们立即开始转化为有形的物质等价物。各种各样的情感，思想的'情感'部分，是赋予思想活力、生命和行动的因素。当自信、爱和性的情感与思想的冲动结合在一起时，它产生的行动力比任何单一的情感都要强烈。"

我们可以用任何正常人能给理解的语言，来解释自我暗示的原则，这一点我们都知道。实践这些原则可以培养没有自信的人变得对自己和未来充满信心。

在我们开始之前，我们应该再次提醒每个人：

信心是"永恒而特殊的药"，它给思想以生命、力量和行动。

上面的句子值得读两遍、三遍、四遍，甚至更大声！

自信是我们获取财富的起点。

自信是所有奇迹和所有无法用科学定律分析的神秘事物的基础。自信是唯一已知的解决失败的方法。

自信可以将人们有限的头脑产生的普通想法转化为精神力量。

自信是人们能够控制和利用无限智慧所产生的巨大力量的唯一媒介。

自我暗示的魔力

为了证明自我暗示的魔力既简单又容易解释，它包含在自我暗示的原则中。所以让我们把注意力集中在自我暗示这个话题上，看看它是什么。它能实现什么？

众所周知，当一个人反复对自己说某件事时，他最终会相信它，不管它是真是假。如果一个人不断说谎，他最终会认真对待他的谎言。最后他会相信他的谎言是真的。每个人都是不同的，因为每个人拥有不同的思想。

人们会有意识地把某些想法记在心里，并以同情的态度鼓励他们。当这种思想与任何一种或多种情感相结合时，这种思想就会成为驱动力，从而可以直接控制他的每一个动作！现在，一个非常重要的事实原理如下：

任何一种思想和感情的结合，都会形成一种"磁性"力量，能够吸引其他类似或相关的思想。被情感"磁化"的想法就像一颗种子。当它在肥沃的土壤中培育时，它会发芽、生长和繁殖，直到最初的小种子变成无数相同的种子。

人类的思维是一种吸收性的冲击波，它能支配思想并与之和谐相处。一个人最初的想法、创意、计划或目标可以吸引许多与之相关的东西，并将这些东西加到他自己身上，并不断成长，直到它们成为帮助他成功的力量。

一个人最大的弱点是缺乏自信，这个弱点是可以克服的。依靠自我暗示的原则，你可以把畏缩变成勇气。这个原则的应用可以通过一个非常简单的方案来完成：写下你积极的想法和冲动，大声朗读并反复记住它们，直到它们成为你潜意识的一部分。

获得信心的五个步骤

1. 我知道我有能力实现我人生中设定的主要目标，所以我要求自己坚持下去，继续努力工作，在实现目标的道路上前进。我保证现在就采取这样的行动。

2. 我确信我心中占主导地位的思想，最终会显现出来，成为实际行动，并逐渐成为有形物质的事实。所以我决定，每天集中精力思考30分钟，思考我决心成为什么样的人，以便在我的脑海中创造一个清晰的精神形象。

3. 我知道，根据自我暗示的原则，我在头脑中反复坚持的任何愿望最终都会实现。因此，我决心每天花10分钟来培养自信。

4. 我已经清楚地写下了一份声明，记录了我人生中设定的主要目标。我永远不会停止尝试，直到我成功。

5. 我充分意识到财富和地位都不会长久，除非它们建立在真理和正义的基础上，所以我永远不会做任何对他人不利的事情。我想发挥我的吸引力来赢得别人的合作，我愿意用为他人服务的精神吸引他人为我服务。我想用对人类的爱来消除仇恨、嫉妒、自私和怀疑，因为我知道拒绝别人永远不会给我带来成功。我想让别人相信我，因为我相信他们，相信我自己。

我会在这份声明上签上我的名字，把它记在心里，每天大声朗读。我完全相信它会逐渐影响我的思想和行动，所以我会成为一个自信和成功的人。

在这五个成功步骤的背后是一条自然定律。到目前为止，还没有人能够解释这条定律。人们给这条定律起什么名字并不重要。重要的是，如果它被积极使用，它将有助于人类的荣耀和成功。相反，如果以消极的态度或消极的方式使用，它也会立即产生破坏性的后果。

消极思想的灾难

潜意识不区分积极和消极的精神冲动，我们给它什么它就做什么。潜意识会把恐惧驱动的想法变成事实，把勇气和自信驱动的想法变成事实。

这就像电一样。如果建设性地使用，它可以转动工业车轮。如果使用不当，它会毁灭生命。自我暗示的规则也是如此，它能让你快乐和富有，也能让你陷入痛苦、失败和死亡的深渊，这取决于你对它的理解和运用程度。

如果你内心充满恐惧和怀疑，并且你不相信自己有能力改变世界，那么自我暗示会接受你缺乏自信，让你长期沮丧和尴尬。

像风一样，把一只船吹到这边，另一只船吹到那边。自我暗示的法则会让你成功，也会让你失败，这取决于你如何扬起"思想的风帆"。任何通过自我暗示法则的人都能在他的想象中获得最高的成就。有一首诗描述了这一点：

> 如果你认为你被打败了，
> 那么你一定被打败了。
> 如果你认为你不敢，
> 那你肯定不敢。
> 如果你想赢，
> 但你认为你赢不了，
> 那你就赢不了。
> 如果你认为你会失败，
> 那么你已经失败了。

因为在这个世界上，

成功始于一个人的意志，

而意志完全取决于精神。

如果你认为自己比别人优越，

那么你一定比别人优越。

在你得到生活的奖励之前，

你必须对自己有信心。

生活中的战斗并不总是对强者有利。

但是最后的胜利，

一定属于那些认为他们有信心的人。

在你头脑中沉睡的是天才

在你的本性中，天才的种子正在沉睡。如果你唤醒它并让它行动起来，它会带你到达一个你从未到达的顶峰。

就像音乐家从小提琴的琴弦上弹奏出最优美的乐章一样，你也可以唤醒头脑中沉睡的天才，并推动它前进，实现你想要的一切。

林肯在四十岁之前尝试的每一个职业都失败了。那时，他是一个不知道去哪里的人。直到他接受了人生中一次伟大的实验，他才唤醒了内心沉睡的天才。这种经历混合了悲伤和爱，是他唯一真正爱的女人带给他的。

爱的情绪和自信的情绪非常相似，所以爱很容易将特定的思想冲动转化为同样的精神力量。作者在研究中发现，在成百上千取得杰出成就的人中，有一种女性的爱在背后影响着他们。

如果你想知道信仰力量的证据，首先是耶稣。基督教的基础是信心，尽管许多人已经颠倒或误解了信心的深刻含义。基督教的教义和成就被大多数人理解为奇迹，但事实上它是信仰。如果有奇迹，那只能通过自信来创造！让我们看看自信的力量有多大。

众所周知，印度的圣雄甘地就是一个很好的例子。因为他的原因，世界上文明社会的人都知道自信能成就大事是多么令人震惊。甘地在当时并不比他那一代的任何人更有权力。他没有任何正统的权力作为工具，比如金钱、军队和战争物资。事实上，他没有钱，没有家庭，甚至没有像样的衣服，但他有权力。他是怎么得到这种力量的？他从自信中得到它。此外，他将这种信心移植到两亿人的心中。

甘地的惊人事业是他影响了两亿人的心灵，并使他们团结起来采取一致行动。除了信心，世界上还有其他力量可以取得如此巨大的成就吗？

一个概念创造了巨大的财富

商业需要信任和合作，在这里我将举一个例子来分析，这样人们就能更好地理解。积累了巨额财富的企业家，使用先给后取的方法。

事件发生在 1900 年，当时一家美国大型钢铁公司正在组建。当你读到这个故事时，你应该记住一些基本的事实，你就会明白想法（信心）是如何成为巨大财富的。

如果你经常思考财富是如何积累的，那么这个由美国钢铁公司创造的故事，一定会给你灵感。如果你仍然怀疑思考和致富，那么这个故事可以消除你的疑虑。下面你可以清楚地看到，本书中陈述的大部分原则已经被应用。

宴会后的演讲，价值 10 亿美元

1900 年 12 月 12 日晚，大约 80 位美国金融大亨聚集在纽约第五大道的大学俱乐部大厅，欢迎一位来自西方的年轻人。当时超过一半的客人，不知道他们将见证美国工业史上最重要的事件。

爱德华·西蒙斯和查理·史密斯安排了晚宴，向东方银行界介绍了 38 岁的钢铁先驱施瓦布。但他们从未想到施瓦布会震惊所有的客人。事实上，他们两人已经警告过施瓦布，这些纽约绅士般的人物不会对雄辩的演讲做出任何反应。如果他不想惹恼斯蒂格曼、哈里曼、范德比尔特和其他人，他最好说些礼貌的客套话。

时间限制在 15 分钟到 20 分钟，甚至坐在史怀博右侧的约翰·摩根，看起来也像一个威严的皇帝。提升整个气氛是一种巨大的压迫，只是为了给宴会一点面子。他似乎已经准备好坐下来了。

新闻界并没有把宴会当成一回事，更不用说计划第二天在报纸上发表新闻了。因此，两位主人和他们尊贵的客人安静地连续做了七八道菜。聚会上很少有人说话，即使有些人说话很随意。这些银行家和经纪人很少见到施瓦布，也不清楚他的性格。但是宴会并没有结束，所有在场的人，包括财富之神摩根，都被施瓦布打败了，这个 10 亿美元的婴儿——美国钢铁公司——就是在这个时候诞生的。

施瓦布在宴会上的讲话没有被记录下来，这也许是历史的遗憾。但除此之外，对于所有的宴会参与者和他们所代表的50亿美元来说，演讲产生了像电一样的力量和影响。宴会结束后，尽管施瓦布的演讲持续了90分钟，但观众们似乎仍然很着迷。

活动结束后，摩根把演讲者带到窗口，两人一起坐在不舒服的高椅子上，跷起二郎腿，又聊了一个小时。

施瓦布的性格产生了强烈的魅力，但更重要的是，他的钢铁工业扩张计划非常有吸引力和现实。许多人试图通过饼干、钢丝和铁环、糖、威士忌、石油和其他制造业的联合经营，说服摩根成立一个钢铁信托基金。

在此之前，购物中心的大赌徒约翰·盖兹曾敦促他这么做，但摩根不信任他。芝加哥股票经纪人比尔和吉姆成立了火柴信托公司和饼干公司，他们也和摩根谈过，但是他们没有成功。艾伯特·加利，一个假装虔诚的律师，也继续努力工作，但是他很安静，没有给摩根留下任何印象。直到施瓦布的演讲，摩根才最终被带到这个最大胆的局面，金融业和钢铁业才得以向前迈进。

在这个计划之前，人们总是认为那些想发财的梦想家在做梦。

一个世纪以来，金融的磁力吸引了成千上万管理不善的小公司与大公司合并。这是由商业海盗约翰·盖兹设计的。他合并了一系列小公司，合并了摩根公司，成立了联邦钢铁公司。但是与卡纳基领导的由53个合伙人组成的巨大信任相比，其他公司的联合组织微不足道。不管他们多么努力地合并，即使他们所有人加起来，他们也不会伤害卡纳基的巨大信任，摩根知道这一点。

这个神经质的老苏格兰人也知道，从匹兹堡的最高点，他看到摩根的小公司试图夺走他的生意。起初他很开心，后来他很反感。

当摩根疯狂地试图入侵他的钢铁工业时，卡纳基愤怒了，并进行报复。他决定他的对手有什么生意，他就要做什么生意。在此之前，他对铁丝、管道和床单不感兴趣。他只向这些公司出售原料钢。不管他们做什么，他都不在乎。现在施瓦布是他的得力助手，他准备让他的对手绝望。

另一方面，摩根也从施瓦布的演讲中看到了他的联合公司问题的答案。没有卡纳基这个最大的巨人，信任就不是信任。正如一位作家所说，这是没有李子的李子布丁。

施瓦布在 1900 年 12 月 12 日晚的演讲，虽然没有提供任何保证，但无疑带来了一个暗示，即巨大的卡纳基企业也可能归于摩根麾下。他谈到了世界钢铁工业的前景、更新组织以提高效率、从事专业化经营、淘汰无利可图的工厂、集中精力丰富财产、节省矿物运输、减少浪费、节省行政开支和争取国外市场等。

此外，他还告诉大亨们，他们过去赚钱的方式有一些错误。他说，他们的目标是建立垄断，提高价格，并凭借他们的特权获得丰厚的红利。施瓦布愤怒地指责这个系统。他告诉听众，在一个一切都需要扩张的时代，这一政策的短视无疑会阻碍市场的扩张。他声称通过降低成本，将会创造一个不断扩大的市场。根据设计，如果钢铁被用于更多的用途，世界贸易的很大一部分可以被夺走。事实上，尽管施瓦布当时不知道什么是现代化大规模生产，但毫无疑问，他是这种新运作模式的先驱。

大学俱乐部的晚餐结束了，摩根回去思考施瓦布的美丽愿景。施瓦布回到匹兹堡，为卡纳基经营钢铁业务。而加里和其他人，则回到股票报价机预测下一个交易行为。

事情很快就发生了，摩根花了一周时间消化施瓦布丰富的理论大餐。当他确信金融消化不良的后果不会发生时，他邀请施瓦布去见他，发现这个年轻人有些畏缩。施瓦布说，如果卡纳基发现，他信任的公司总经理一直在和华尔街的皇帝眉来眼去，他可能会不高兴。卡纳基自己决定永远不涉足华尔街。因此中介约翰·盖兹建议，如果施瓦布"碰巧"在费城的贝利酒店，摩根可能"碰巧"在那里。

但当施瓦布到达时，摩根正在他纽约的公寓里生病。因此，在摩根的敦促下，施瓦布去了纽约，出现在摩根的书房门口。

现在，一些经济史学家声称，他们相信卡纳基从头到尾都是这部戏剧的导演。由施瓦布主持的晚宴，著名的演讲，以及施瓦布和摩根在周日晚上的会面都是由这个狡猾的苏格兰人安排的。然而，事实恰恰相反。当施瓦布被叫到纽约讨论这笔交易时，他不知道他的主人卡纳基是否会接受出售公司的提议，尤其是卖给摩根。

然而，施瓦布和摩根确实带了六张铜版纸。上面的数字是施瓦布自己写的，这是他对每家钢铁公司的实际价值和可能盈利能力的估计。他认为，每个公司都是新成立的钢铁王国不可或缺的一部分。四个人整晚都在考虑这些数字。当然，最重要的是摩根，他坚信金钱有权判断。

和摩根在一起的是他的贵族伙伴，学者兼绅士罗伯特·培根。第三个是约翰·盖兹，一个被摩根鄙视并用作工具的赌徒。第四位是施瓦布，他对钢铁生产和销售的了解超过了当时任何一群人的总和。自始至终，会议都没有质疑匹兹堡的数据。如果施瓦布说一个公司值多少钱，那么它一定值多少钱。施瓦布还坚称，只有他提名的公司才能被纳入合并后的公司。他想象中的公司没有多余的地方，他甚至不允许贪婪的朋友把自己公司的重担放在摩根的肩上。

黎明时分，摩根站了起来，挺直了背。只有一个问题有待解决。摩根问道："你认为你能说服卡纳基卖掉他的企业吗？"

施瓦布说："我可以试试。"

摩根说："如果你能让他卖掉，我会接受这笔交易。"

这里的事情进展顺利。但是卡纳基会卖吗？他会要价多少（施瓦布认为是 3.2 亿美元）？他会接受什么付款方式？普通股还是优先股？债券？现金？没有人能筹集到超过 3 亿美元的现金。

一个月后的一天，威彻斯特的霜冻草地上举行了一场高尔夫比赛。卡纳基穿着一件厚毛衣，缩成一团御寒。施瓦布像往常一样大声说话，以振奋他的精神，但对商业只字未提。直到两人在卡纳基的温暖舒适的小木屋里坐下来，施瓦布谈到了在舒适的环境中退休的快乐，以及作为一个有钱的老人在社交生活中自由消费的轻松，他的说服力足以催眠大学俱乐部中的 80 位百万富翁。卡纳基投降了，他拿了一张纸，在上面写了一个数字，递给了施瓦布。他说："好吧，我们按这个价格卖吧。"

根据嘉信理财的 3.2 亿美元，加上过去两年增加的 8000 万美元资本，这个数字接近 4 亿美元。后来，在横跨大西洋的船甲板上，卡纳基悲伤地对摩根说，"当时我应该向你多要 1 亿美元。"

摩根高兴地回答道："如果你想要更多，你也得到了。"

当然，每个人都哄堂大笑。

一名英国记者表示，外国钢铁行业对如此大规模的合并感到"非常惊讶"。耶鲁大学校长哈特尔宣称，除非信托得到控制，"在未来 25 年内，华盛顿可能会有一个皇帝。"但有能力的股票操纵者基恩 (Keene) 已经开始推动新股上市，这个虚拟而又能够真实存在的美国钢铁公司，通过统一整合后，整体价值足足增长了 6

亿美元。

卡纳基得到了他的售价，摩根集团为此"劳神"赚了6200万美元。其他人，从盖茨到加里，也得到数百万美元。38岁的施瓦布也拿到了薪水。他成为新公司的总经理，并一直控制着公司，直到1930年。

财富始于思想

朋友，你刚刚读到的大企业生产的戏剧性故事是欲望可以转化为同等有形物质的最好例证。这个庞大的组织是在一个人的内心创造的。他的自信、渴望、想象力和毅力是投资美国钢铁公司的无价之宝。该公司依法成立后，它收购的钢厂和机器设备是次要的。重要的是，经过仔细分析，这些工厂的资产价值仅通过合并统一管理的工厂就增加了约6亿美元。换句话说，施瓦布的想法，以及他对摩根和其他人的信任，价值6亿美元。这笔交易的利润确实不是一笔小数目！

美国钢铁公司已经脱颖而出，成为美国历史上最富有、最强大的公司之一。它雇用了成千上万的员工，开发了钢铁的新用途，开拓了新的市场，从而证明了施瓦布的创造力创造了6亿美元的利润，这实际上是赚来的。财富始于思想！获得财富的唯一限制是一个人的精神活动。只有自信才能解除这个限制！当你要与人做生意时，不管你提供多少，你必须记住，正是通过这一点，你才能成功。

财富
思维

／ 思考致富 ／

第三章

·

自我暗示：影响潜意识的媒介

所有通过五种感官到达大脑的线索，和自我施加的刺激都可以被称为"自我线索"换句话说，自我暗示是对自己的暗示。它是产生想法的意识部分和产生行动的潜意识部分之间的交流媒介。

自我暗示的原则会自动将一个人的意识产生的主导思想（无论是消极的还是积极的都不重要）传递给潜意识，并对其产生影响。

这是造物主创造人类的方式，允许他通过五种感官完全控制到达潜意识的内容。然而，这并不意味着每个人都能冷静地运用这种控制的能力。相反，在大多数情况下，人们没有能够正确应用它，这就是为什么许多人一生都很贫困的原因。

当我们回首往事的时候，潜意识就像一片沃土。如果你没有撒下你想种植的作物的种子，那么杂草会自由生长。

自我暗示实际上是一种自我控制的手段，通过这种自我控制，个人可以根据自己的意愿在潜意识中植入创造性的想法。然而，由于疏忽和漠不关心，我们对自我暗示不能够施加正确的影响，也有可能让破坏性的思想在这肥沃的心灵土壤中生长。

想象和体验金钱在你手中的感觉

在"欲望"一章中，我们谈到了六个步骤中的最后一步，那就是每天大声朗读两遍你自己写的梦想，大声朗读你对金钱的渴望，想象和体验金钱在你手中的感觉！通过这个步骤，你可以满怀信心地直接将欲望目标转移到潜意识中。当你反复重复这个过程的时候，你会自动形成将欲望转化为金钱的心理习惯。

在继续之前的话题，请回到第一章中提到的六个步骤，并仔细阅读它们。然后想象并感受自己拥有了这些财富！如果照着这样做，你会以绝对信念的精神与潜意识直接交流你所渴望的物质。通过不断重复这个过程，你会自主地产生一些思维习惯，它将有利于把欲望转化为物质财富。

所以说，我们要记住的一点是，当你大声朗读你的愿望时（你试图通过大声朗读来培养你的"金钱意识"），只朗读那些单词是徒劳的——除非你在朗读时融入了你的感觉或情感。

这一点确实非常重要，因此几乎每一章都有必要重复。因为大多数人只是缺乏对这一点的理解，当使用自我暗示的原则时，他们无法达到预期的效果。

简单而不带感情的话不会影响潜意识。如果你要希望得到你想要的结果，那就把充满激情和自信的想法或话语注入你的潜意识里，让他在你的潜意识里生根发芽。嗯，如果你在第一次尝试中不能成功地控制和引导你的情绪，不要气馁。记住，世界上没有免费的午餐，你必须继续努力才能做到这一点。你不能欺骗自己，假装自己控制了情绪，那只会自欺欺人。当然，也许你很想这样做。

要想获得影响潜意识的能力，你必须坚持应用我们这里提到的一些原则。这种能力的获得是需要很大代价的，以低廉的付出获得你想要的能力是不可能的。你，只有你，决定你争取的回报（即金钱意识）是否值得你努力工作。

要想游刃有余地运用自我暗示原则的能力，在很大程度上取决于你能否专注于你现有的欲望，直到你达到魂牵梦绕的地步。

提高你的注意力

当你开始实施第一章中提到的与六个步骤相关的提示时，有必要使用集中原则。

在这里我们提出一些建议，告诉你怎么样来有效利用注意力。当你开始实施六个步骤中的第一个，也就是说，让你"在头脑中决定你想要的确切金额"。此时，集中注意力，或者闭上眼睛集中注意力，直到你真正看到钱是什么样子。每天至少重复一次。当做这些练习时，根据"自信"一章的要求，想象你真的有钱。

这里有一个重要的事实——潜意识会在绝对自信的状态下接受给予它的任何指示。当然，在潜意识接受这些指令之前，这些指令经常需要被一遍又一遍地重复和呈现。根据这种说法，人们可以考虑在潜意识中玩一个合理的"把戏"。因为你对自己深信不疑，所以你可以说服你的潜意识，你必须拥有你所看到的财富，并且相信这些财富属于你，并等待你去索取。这样，潜意识会自然地把具体的计划交给你，让你获得财富。

将上一段提到的想法传达给你的想象力，看看你的想象力能够或将要做些什么来实现你的愿望，并制定一个可行的积累财富的计划。不要等到计划明确出来，然后根据计划通过提供服务或销售商品来获得想象中的财富。

相反，你应该立即看到自己坐在财富上，同时要求并期待潜意识提出一个或多个计划。密切关注这些计划，一出现就付诸实施。当计划出现时，它们可能会以"灵感"的形式通过第六感"闪现"到你的心里注意它，当你感觉到它时立即做出反应。

六个步骤中的第四个要求你"制定一个清晰的计划来实现你

的愿望，无论你是否准备好，请立即开始将计划付诸行动。"你应该以前一段提到的态度来遵循这个指示。在实现愿望的过程中，一个人必须制定一个积累财富的计划。人们不能相信自己"感觉"，因为有时候你的理由是懒惰的，如果你完全依赖它，你可能会失望。

有一点非常重要，那就是当你看到你想要的财富的时候，同时你也要试着去看那些你正在提供的服务或者出售的商品，因为你要靠它们来获得财富。

刺激潜意识的三个步骤

接下来我们来总结一下第一章中，我们提到的 6 个步骤，以及相关的说明，根据在本章描述的原则，你需要按照下面的这个方式来实施：

首先，闭上眼睛大声朗读你写的梦想清单（以便你能听到自己），包括你想要积累的钱的数量、时间限制和为获得钱做准备的计划。当你这样做的时候，你最好找一个不会被打扰或打断的地方（最好是躺在床上准备睡觉的时候）。当你执行这些指令时，想象一下你已经有钱了。

例如，假设你计划在五年后的 1 月 1 日积累 50，000 美元，并且你计划以销售人员的身份提供个人服务来赚钱。那么，你的自我目标应该是：

到 2025 年 1 月 1 日，我将有 5 万美元。在此期间，资金会有不同的数额。

为了得到这笔钱，作为一名销售人员，我想尽可能提供最有效的服务，以提供尽可能多和最好质量的服务（描述您打算提供的服务或商品）。

我相信我会有钱的，我相信我现在就能看到钱并触摸到它。为了得到它，只要我提供我想提供的服务，它就会立即转化为同等比例的利益。我在等一个拿钱的计划。一旦计划出现，我将立即行动。

其次，每天早晚重复这个过程，直到你能（在你的想象中）看到你想要的钱。

最后，把你写的声明放在你早晚都能看到的地方，睡觉前和起床后读一读，直到你记起来。

记住，当你遵循这些要求时，你是在运用自我暗示的原则来给你的潜意识下命令。还要记住，潜意识只能根据情感指令和"心"传达的指令来行动。自信是所有情感中最强大、最有效的，请遵循"信心"一章中的要求。

刚开始你可能觉得这些要求看起来很抽象，但是不要被这些细节所困扰。不管在一开始的时候，这些要求有多么抽象和不切实际，你只要遵循要求去完成就可以了。

如果你不仅能在精神上，而且能在行动上遵循指示，那么一个全新的你可以驰骋的世界将展现在你的眼前。

智慧的秘密

当所有的新思想新观点被提出来的时候，都会受到质疑，这就是人的天性。

然而，如果你按照上面的指示去做，你的怀疑很快就会被信念所取代，然后很快就会转化为自信。因为通过实践，你会发现这些理念完全正确。

许多哲学家说过，人是自己命运的主人，但大多数哲学家没有解释为什么人是自己命运的主人。在这一章我们彻底解释清楚了，为什么人类能够主宰自己的命运，尤其是自己的经济地位。一个人之所以能够成为自己的主人和环境的主人，就是因为他能够影响自己的潜意识。

将我们的欲望转化为金钱和物质，这个过程是自我暗示原则的一个应用。自我暗示是一种媒介，通过它，潜意识可以被触及和影响。其他原则只是应用自我暗示原则的工具。请牢牢记住这一点，当你使用本书中的方法积累财富时，你总能注意到自我暗示原则所发挥的重要作用。

读完整本书后，回到这一章，认真而实际地遵循以下指示：

每天晚上睡觉之前大声的朗读一整章内容，知道你相信自我暗示是完全可靠的，因为它能够帮助你实现所有的梦想。当你大声朗读这些内容的时候，要拿着一个笔，把那些对你有帮助的句子在下面画上一条线。

严格遵循以上说明，你就能完全理解和掌握成功的规则。

我们每一次面对逆境，每一次遭遇失败或每一次心痛，都会产生同等或者更大利益的种子，把这个种子埋在你的潜意识里，等待它生根发芽吧！

财富
思维

/ 思
考
致
富 /

第四章

·

专业知识：经验中包含两种财富

知识可以分成两种，一种是普通知识，另一种是专业知识，普通知识呢，你不管有多么丰富或者博学，对我们的财富积累都没有多大的帮助。

比如说，很多著名大学的各个院系，也确实搜集了人类文明史上的各种常识，但是这些大学教授们却并没有多少钱，他们是专门传授这些知识的，但并没有去应用这些知识来创造财富。

知识要想创造财富，必须经过有组织的计划和实际行动，然后一步一步地朝着一个财富目标去前进才有吸引力。正是因为人们对这个问题的本质缺乏了解，所以人们错误地认为知识就是力量，但实际上呢，根本不是这么回事。知识只是一种潜在的力量，我们只有把知识与明确的行动计划和明确的奋斗目标结合在一起，才能够构成一种力量。

教育机构没有办法成功地教会学生怎么样去组织和应用知识，这是所有教育系统的一个缺陷。

许多人错误地认为亨利·福特一定是一个"受教育程度较低"的人，因为他只受过一点点"学校教育"。犯这样错误的人不理解"教育"这个词的真正含义，这个词来自拉丁语"educo"，意思是从里到外的演绎、生成和发展。

一个受过教育的人，他不一定具有丰富的常识或者说专业知识，而是他所受到的教育，使他的思想得到了充分的拓展，这些事实让他在不侵犯他人权利的同时，能够获得他想要的财富。

第一次世界大战期间致富的"无知者"

在第一次世界大战的时候，芝加哥一家报纸在社论中称亨利·福特为"无知的和平主义者"。福特先生反对这种观点，指责报纸诽谤他，并且把这家报纸告上了法庭。

当此案在法庭上审理时，报社律师让福特自己站在证人席上为自己辩护，向陪审团证明福特的无知。律师问了福特许多问题，所有这些问题都是为了证明，尽管福特在汽车制造方面可能有相当多的专业知识，但他在其他方面可以说是无知的。

福特遇到了这样的问题："本尼·迪科特·阿诺德是谁？""1776年，英国派了多少士兵去美国镇压叛乱？"在回答后一个问题时，福特先生说："我真的不知道英国派出了多少士兵，但我听说派出的人数比返回的人数多得多。"

到了最后，福特烦透了这一系列的问题，让他又被要求回答一个非常咄咄逼人的问题的时候。嗯，他俯下身，指着问这个问题的律师说：

"如果我真的想回答你刚才提问的这个愚蠢问题，或者你之前问我的所有问题，那么我告诉你，我的桌子上有一排按钮，只要我按下一个按钮，我就可以立刻打电话给我的助手，让他来代替我回答你提出的所有任何关于我职业生涯的问题。好了，现在麻烦你告诉我，为什么让我周围的人能够在任何时候提供我所需要的知识的时候，我必须把这些普通的常识塞进我的脑子里呢？"

这确实是一个无懈可击的答案。这个答案难倒了律师。法庭上所有的人都认为，回答这个问题的人不是一个无知的人，而是一个有洞察力的人。

一个真正有学问的人，他知道当自己需要什么知识的时候，他应该从哪里去获得，以及怎么样利用一些知识，去为自己制定一个明确的行动计划。正是因为依靠"智囊团"的帮助，亨利·福特拥有任何他需要的专业知识，并使他成为美国最富有的人之一。然而，他没有必要自己掌握知识。

学习专业知识才能获得财富

在你确保你有能力将欲望转化为财富之前，你需要做的是，努力学习某些服务或职业方面的专业知识，运用这些知识来获得财富。也许你需要的这些专业知识，远远超出了你的能力或者意向，那么没关系，你的智囊团可以弥补你的不足，

要想积累一大笔财富，你需要很强大的力量，这些力量来自于专业的知识，以及对专业知识的充分组织和合理运用，然而积累财富的人不一定具备这些知识。

有些人没有接受过一些必要的教育，他们没有掌握自己所需要的专业知识，但他们有致富的雄心壮志。对这些人来说，雄心壮志可以给他们希望和鼓励。

有些人因为没有接受过"教育"而感到自卑，事实上，这完全没有必要。如果一个人知道如何组织和领导一个拥有丰富专业知识的"智囊团"，那么他自己也和这个团体的任何成员一样拥有同样的知识。托马斯·爱迪生一生只接受了三个月的教育，但他并不缺乏知识，也没有死于贫困。亨利·福特还没有上六年级，但是他通过自己的努力取得了惊人的经济成就。

专业知识是最丰富、最便宜的服务！如果你不相信，你可以查看任何一所大学的工资单。

了解获取知识的方法

首先，你应该明确：你需要什么样的专业知识以及你需要它的目的。在很大程度上，你生活的主要目的和你努力追求的目标将帮助你确定你需要的知识。 在这个问题被确定之后，下一步需要你确切地知道可靠的知识来源。

那些可靠的知识，最重要的来源包括：

1. 自己的经历和教育。

2. 通过与他人合作获得的经验和知识。

3. 高等院校。

4. 公共图书馆

5. 专业培训课程（特别是通过夜校和函授课程）。

我们在获取知识的同时，必须要有明确的目标，然后通过可行的计划来学会运用知识。如果知识的获得，不是为了一个有意义的目标服务，那它本身就毫无价值可言，如果你想通过学习来进一步提升自己的知识储备，你必须确定获取知识的目的，然后知道你可以从哪里获得这些知识。

那些不同行业的成功人士，总是想尽办法去获得与他们的主要目的、业务或专业相关的知识。 那些没有成功的人经常错误地认为离开学校后对知识的追求会停止。事实上，学校教育只是为将来获得实用知识铺平道路。

当今社会追求专业化，哥伦比亚大学就业中心前主任罗伯特·P.莫尔在一篇新闻报道中强调了这一事实。

最需要的人才

企业在招聘人才的时候，通常最需要的是在某个领域有专长的候选人，从商学院毕业的会计、统计员，各种工程师、记者、建筑师、化学家以及公司未来的领导者。

那些在学校里比较活跃的学生，他们喜欢和各种各样的人相处，他们的学习成绩也都不错，这样的学生比只会学习的学生要好。因为这样的学生，他们具备各种各样的有利条件，能够同时被几个单位聘请，有时候甚至会多达六个职位供他选择。

一家大型工业公司的领导写信给摩尔，谈到毕业班可能的候选人时说到："我对那些在管理方面有发展潜力的人非常感兴趣，因此我们在招聘的时候，特别强调一个人的性格、智慧和品格，要远远比他的教育背景更重要。"

"实习"的建议

在提到建立一种制度，让学生在暑假期间进入办公室、商场，以及各行各业进行实习的时候，摩尔声称，在大学完成两到三年的学习后，应该要求每个学生选择某个专业科目，并想办法阻止学生在没有专业科目的课程中漫无目的地浪费宝贵的时间。他说："学院和大学必须正视各行各业对专业人员的需求问题。"他敦促教育机构对学生的就业承担更直接的责任。

对于需要专业教育的人来说，可靠而实用的方法之一是上夜校。在美国，无论邮件在哪里投递，所有可以通过函授教授的科目都可以接受专门的培训。

在家学习的优势之一是学习计划灵活，你可以利用业余时间继续学习；在家学习的另一个好处是，如果你选择一所函授学校，你可以在学校提供的大多数课程中获得极其充分的咨询条件。对于那些需要专业知识的人来说，这些可能是无价的。不管你住在哪里，你都可以获得好处。

通往专业知识的道路

据说美国拥有世界上最先进的公立学校制度，但是人们对此熟视无睹。人类的独特之处在于他们只珍惜那些需要付出代价的东西。

美国的免费学校和免费图书馆没有吸引力，因为它们是免费的。这是许多人认为毕业后有必要接受进一步培训的主要原因。

同时，这也是许多雇主支持员工通过函授学习的主要原因。根据经验，他们知道愿意牺牲业余时间在家学习的人通常都具有领导者的品质。

那些不想补习知识的人都有一个弱点，那就是他们都有不思进取的毛病！而那些愿意业余时间在家学习的人，尤其是靠薪水生活的人，他们很少满足于长期待在一个很低的职位上。他们通过学习和行动，希望为自己的晋升开辟一条道路。他们获取知识的目的，是为了消除前进路上的障碍，从而赢得那些有权给予他们机会的人的青睐。

业余时间在家学习这个方法，特别适合那些有工作的人。因为他们离开学校之后，就要为了生活去每天上班。当他们在工作中遇到了困难，发现不得不去补充他们的专业知识，这时候已经没有时间回到学校再去学习了，那么在家学习就成了首选。

斯图尔特·奥斯汀·韦尔 (Stuart Austin Weir) 最初的专业是建筑工程，他也从事这一职业，直到大萧条时期，当时经济限制了这一市场，他再也无法赚取所需的收入。他分析了自己的情况，决定转而从事法律工作。

他又回到了学校，接受了专业的学习，还考取了律师的资格证。等他顺利毕业之后，通过了律师资格考试，也很快开了一家高薪律师事务所。

很多人可能会说，不行，我不能到学校继续学习，因为我必须赚钱养家糊口；还有的说，我太老了，已经没法去学习新的知识了。

我可以在这里提供更多的信息。威尔先生回到学校时，已经过了 40 岁，他也要养家糊口。此外，由于威尔先生在各大学选择的科目中选择了高度专业化的课程，他已经完成了大多数法律专业学生需要在两年内完成的 4 年学业。

因此，掌握获取知识的方法具有重要意义。

创造财富的简单想法

有一间杂货店的售货员突然被解雇了，找不到工作怎么办呢？他有一些会计经验，也学习了专业的课程，掌握了最新的会计和办公的知识。所以呢，他就开始经营一家自己的企业。为了找到客户，他就从以前雇用他的杂货店老板开始，先后与 100 多位小商人签订了合同，每月以非常低的价格为他们记账。他的这个方法非常实用，很快他就发现，自己很有必要在一辆轻型卡车厂开一个移动办公室，他还在这间办公室安装了现代会计设备。他现在有一个办公室团队，雇用大量助手，这样那些小商人就可以用最少的钱获得最好的会计服务。

专业知识加上想象力是这独特而成功的企业的制胜因素。去年，那位会计公司的老板支付的所得税是他被解雇时工资的 10 倍。

这个成功企业的出发点就是一个想法！

既然我足够幸运地向失业的售货员提供了这个想法，我现在认为如果我足够幸运地提供了另一个想法，我也许能够创造更多的收入。听到解决失业问题的计划，售货员脱口而出："我喜欢这个主意，但我不知道如何把它变成现金。"换句话说，有了这个想法，他就苦于不知道如何推销自己的会计知识。

那么，又出现了一个必须解决的问题。在一个打字女孩的帮助下，他整理了自己的想法，并制作了一本引人注目的手册，介绍了新会计系统的优点。每一页纸都印得清晰整洁，并粘贴在普通剪贴簿中。它就像一个沉默的推广者，有效地介绍了这项新业务的内容。因此，它的所有者赢得了众多会计业务。

计划让你找到一份理想的工作

全国成千上万的人需要营销专家的服务，他们有能力为营销服务策划出有吸引力的小册子，让人们用来推销自己的业务。

这里提出来的想法，是针对某个痛点需求提出的解决方案。这种解决方案不限于为个人服务，也包括对企业的服务。显然，想出这个主意的女人有着敏锐的想象力。她认为自己的创新提案可以成为一个新的产业，为人们提供服务。

这位精力充沛的女性被第一个"个人服务销售计划"的迅速成功所鼓舞，因此她立即采取第二步，为刚刚大学毕业但尚未找到工作的儿子解决同样的问题。她为儿子提出的计划是我见过的销售个人服务的最好例子。

当这份计划完成的时候，它是一份将近 50 页的，打字整齐、组织有序的计划，包含了她儿子的自然能力、学校教育、个人经历以及其他各种无法详细描述的信息的描述。该计划还详细描述了她儿子的理想职位。漂亮的封面连同优秀的书面指示，描绘了儿子上任后的工作计划。

准备一个计划需要几个星期。在此期间，这位女士几乎每天都派儿子去公共图书馆收集信息，以便最大限度地服务他的计划。她还把他送到可能雇用他的雇主那里，从他们那里收集关于管理方法的重要信息，这对于为他想要的职位制定工作计划很有价值。工作计划完成后，附上六七个好建议供雇用他的人采纳。

你不必从基层做起

看到这里，有些人可能会问："不就是找一份工作吗？何必费这么大的力气！"

答案是："做好工作永远不会太麻烦！"应该指出的是，这位女士为儿子准备的计划帮助他找到了他申请的工作，并且在第一次面试中获得了成功，工资完全符合他的要求。

此外——一个重要的问题——这个职位不要求年轻人从基层做起，而是从一开始就成为最初级的经理，并领取经理级的工资。

"这怎么可能？"很多人表示深表怀疑。

原因很简单，这个年轻人在申请工作时采用的有计划的自我推荐至少节省了他 10 年的时间。如果他"从基层开始发展和升迁"要达到他从一开始就得到的位置，必须要花 10 年时间，而且还必须是好运。

从基层做起，一步一步往上走的想法听起来很合理，但有一个重要原因足以否定这一想法：太多人从基层做起，但主管很难有机会发现他的优秀品质，所以他们总是停留在基层。我们还应该考虑的是，从基层的角度看待问题往往令人沮丧和沮丧，长时间会扼杀一个人的雄心壮志。

我们把这种情况称为听天由命，意思是我们接受自己的命运，因为我们已经养成了每天例行公事的习惯，那么当这种习惯变得难以改变时，我们就没有能力抛弃它。这就是为什么它值得从比基础层高一两个层次开始的原因之一。

选择这样做，一个人会养成随时观察周围环境的习惯，观察别人是怎样走到今天这个地位的习惯，以及看到机会时毫不犹豫地抓住机会的习惯。

让不满成为动力

丹·赫尔宾的例子最能说明我的意思。在大学里，他是圣母院球队的经理，圣母院球队是 1930 年著名的全国冠军足球队。当时，已故的纽特·罗科尼 (Newt Rocconi) 负责团队。赫尔宾大学毕业时，是一个非常糟糕的时期。大萧条使得找工作变得非常困难。因此，在投资银行和电影行业浪费了一些时间后，他接受了他正在寻找的第一份有前途的工作——以佣金为基础销售电子助听器。

赫尔宾知道任何人都可以从这份工作开始，但对他来说，这份工作为机遇敞开了大门。近两年来，他一直在做他不喜欢的工作。如果他不采取任何措施来消除这种不满，他永远也不会超过那份工作。首先，他瞄准了公司经理助理的职位，并成功获得了这个职位。迈出这一步后，他比一般人有更多的优势，所以他能看到更多的机会。

赫尔宾在助听器销售方面创造了辉煌的纪录，这使得他公司的竞争对手，Dictograph公司的董事长安德鲁斯想了解赫尔宾，他是如何从成立已久的Dictograph公司抢夺了很多生意。他邀请赫尔宾和他交谈，后来赫尔宾成为公司助听器部门的新销售经理。然后，为了测试他的能力，安德鲁斯离开了公司，在佛罗里达呆了 3 个月，这让赫尔宾在新的工作中有了上进心，没有沉下去！后来赫尔宾被选为公司副总裁。这个职位是大多数人只有经过 10 年努力才能赢得的荣誉，但赫尔宾在 6 个月内轻松实现了这个目标。

在这个故事中，我想强调一个人是升到高位还是降到低位，主要取决于他控制环境的能力。只要他想控制环境，就能够达到自己想要的高度。

同事是宝贵的资源

我还要强调另一点，即成功和失败在很大程度上是"习惯"的结果！我相信丹·赫尔宾和美国历史上最伟大的足球教练之间的亲密关系已经深深根植于他内心的一种获胜的渴望，因为圣母院足球队依靠这种获胜的渴望取得了举世闻名的成绩。事实上，如果我们崇拜的人是胜利者，英雄崇拜可以让人们进步。

我认为在成功和失败的环境中，与同事相处是一个非常重要的因素。当我的儿子布莱尔在和丹·赫尔宾讨论工作安排时，我对这一理论的理解得到了证实。

布莱尔到赫尔宾的公司去求职，赫尔宾先生给他的起薪只有另一家竞争公司的一半。布莱尔本来打算去工资高的那一家，但是我用父亲的身份施加压力，让他接受赫尔宾先生为他提供的工作，因为和赫尔宾一起工作比薪水要重要。我始终相信，与一个不向逆境妥协的人密切合作是一种永远无法用金钱衡量的资产。

低端的职位是比较枯燥和乏味的，对很多人来说都没有太大的好处。这就是为什么我一再强调，谨慎的规划是必要的，以避免从底部开始。

利用专业知识实现愿景

我们之前提到的那位女士，在给她的儿子准备了一份"个人服务推销计划"之后，她现在收到了来自全国各地的委托，要求她帮助那些渴望推销个人服务的人赚更多的钱来准备类似的计划。

我们不要把她的计划当成是纯粹的推销手段，她的这个计划并不是说帮助人们在付出和以前一样劳动的情况下，能够获得更大的报酬。事实上，她考虑了个人服务的买方和卖方的利益，努力实现了双赢。她根据这一目标制定了详细的计划，因此雇主得到的人才与他支付的工资相称。

如果你是一个很有想象力的人，并且想为你的个人服务找到一个更有利可图的出路，那么这个故事将给你带来很大的启发。这种思路产生的巨额收入甚至可能超过接受过几年大学教育的"普通"医生、律师或工程师的收入。

一个好主意有不可估量的价值。任何一个创业构想的背后，都是有专业知识的支撑。然而不幸的是，那些没有找到很多财富的人有更多的专业知识，但是缺乏创业的好主意。

正是因为这个事实，帮助人们顺利销售个人服务的人有普遍的需求，而且这种需求还在增长。 能力意味着想象力，它可以将专业知识与创业理念相结合，形成合理的计划，从而获得财富。

如果你富有想象力，本章提出的观点可能足以作为你追求理想财富的起点。记住，专业知识很容易获得，但是创新的想法很难获得！

第五章

·

想象力：财富心灵的智慧工厂

这是走向财富的第五步！

所有你需要的机会，总是在你的想象中等着你。想象力是一座工厂，所有人类的计划都在这里铸造。凭借想象力，人类已经给出了他们的灵感、冲动和渴望的形象和行动。因此，我们可以说人类可以创造任何他能想象的东西。

凭借丰富的想象力，人类在过去的50年里，发现和利用了比他们在此之前的所有人类历史中发现和利用的更多的自然力。

人类已经完全征服了天空。与人类发明的飞行物体相比，鸟类已经落后了。在数百万英里的距离上，人类开始分析和测量太阳，并在想象力的帮助下，定义了太阳的物理和化学成分。在交通运输中，人们现在可以以比音速更快的速度旅行。然而在运用想象力方面，人类还远未达到顶峰。人类刚刚发现自己有想象力，并开始最初级地利用它。

想象的两种形式

想象的功能有两种表达形式。一个是综合想象，另一个是创造性想象。

综合想象：这种能力使人能够将旧的想法、观念或计划结合成新的混合物。这种能力没有创造任何新的东西，它只使用它所吸收的经验、教育和观察作为材料。大多数发明家把这种想象作为创新的基础。

创造性想象：依靠创造性想象，人类有限的知识和无限的智慧得以直接交流；依靠创造性的想象，人类获得了预感和灵感。

它使一个新的想法被传达给人类，并传达他们潜在的智慧和能力。

创造性的想象力是自动产生的。当思考在努力工作并且被欲望强烈刺激时，它自然会工作。你所运用的创造力越多，你就越有创造力。

企业和金融界的领袖和音乐家、诗人和作家之所以伟大，是因为他们在全面思考的基础上发挥创造性的想象力。

为什么需要想象力？因为我们内心的欲望只是一个想法和一种冲动，它是模糊的，转瞬即逝。除非你能把它转化成有形的物质，否则它是抽象的、毫无价值的。因此，你必须重新加工你的欲望，让它变得完美，更有创造力！

如何实际运用想象力

创造力是所有财富的起点，它是想象力的产物。让我们来看看一些产生巨大财富的著名想法，从而证明想象力在财富积累中的作用。

大约50年前，一位乡村医生赶着一辆马车进城。拴好马后，他悄悄地从后门溜进一家药店，开始和药店里的一个年轻人谈论生意。

医生和助手在柜台后面静静地谈了一个多小时，然后医生出去了。他走向马车，取下一个旧的黑色大锅和一大块木头（用来混合锅里的东西）。

店员检查了一下锅，然后把手伸进口袋，拿出一卷钞票递给医生。这卷钞票总计500美元，这是他所有的积蓄。

医生递给他一张写有秘方的纸。这张纸上的文字非常有价值，它们可以赎回被劫持为人质的国王！需要这些神奇的词语来煮这个锅。那时，医生和年轻人都不知道神话般的财富会从锅里流出。

医生们愿意以500美元的价格出售这些设备，而年轻人则用他们所有的积蓄来换取一张纸和一个旧锅。他做梦也没想到他的投资会让金子从这个锅里流出，超过阿拉丁的神灯创造的奇迹！

店员"真正购买的"是一个想法！

旧锅、木屑和纸片上的秘方是偶然得到的。只是它的新主人在秘方中添加了一种医生不知道的成分后，这个锅的奇怪效果才开始发挥作用。

试着看看你是否能猜出店员在秘方中加入了什么，让锅里的金子流出来了。这是一个真实的故事，但情节比小说更离奇。这个真实的故事以一种创造性的形式开始。

让我们来看看这个想法产生的财富。这个想法不仅让数百万人分享锅里的东西，而且继续为全世界的男人和女人创造巨大的财富。

旧锅现在是世界上最大的糖消费者之一，为糖种植者、糖精炼者和糖销售人员提供了数千万份固定工作。

这个旧锅每年消耗数百万个玻璃瓶，这为大量玻璃工人提供了就业机会。

这个旧锅为全国无数的店员、速记员、打字员和广告专家创造了就业机会。它给几十个创作这种产品广告画的艺术家带来了名声和财富。

这个旧锅把美国南部的一个小镇变成了南部的一个大商业城市，并直接或间接地使这个城市的每一个工业和每一个公民受益。

这个想法的巨大影响使世界上所有的文明国家受益。它继续向接触它的人输送黄金。从这个锅里流出的金子创造并维持了美国南部最著名的大学之一。为了学有所成，成千上万的学生在这所大学接受教育。

如果这个古老锅里的产品会说话，它肯定会用各种语言讲述激动人心的故事：爱情故事、职业故事以及每天都受到这个产品启发的职业男女的故事。

当然，作者也有这样的故事，因为作者是故事的一部分。故事开始的地方离药店店员买配方的地方不远。在故事发生的地方，作者遇到了他的妻子，她是第一个告诉作者旧锅故事的人。当作者向她求婚时，他们俩都在喝可口可乐。

不管你是谁，不管你住在哪里，不管你从事什么职业，只要你看到"可口可乐"这个词，你就应该记住，由一个简单的想法创造的巨大财富王国和药店老板阿莎·甘德勒混入秘方的神秘成分都是想象力的功劳！

与此同时，请记住，本书中描述的走向财富的所有步骤都是一种媒介。可口可乐已经通过媒体将其影响力扩展到世界上的每个城镇、村庄和十字路口。你可以提出任何想法，如果它像可口可乐一样正确和有价值，你可能会创造另一个辉煌的世界纪录。

如果我有一百万美元

下面的故事证明了"有志者事竟成"的古老哲学。这个故事是由已故受人爱戴的教育家和传教士弗兰克·根索鲁斯告诉我的。

当他在大学学习的时候，他看到了教育系统中的许多缺陷。他相信，如果他是一所学校的校长，他就能纠正这些缺陷。他决心建立一所新大学，在那里他将实现自己的想法，而不受传统教育方法的束缚。

但要实现这个计划，需要一百万美元！他从哪里找到这么一大笔钱呢？这位有抱负的年轻传教士的大部分想法都卡在这个问题上。然而，很长一段时间以来，他的筹款活动似乎没有取得任何进展。

每天晚上他带着这个想法去睡觉；每天早上他带着这个想法起床。不管他去哪里，这个想法总是和他分不开的。他在心里想了又想，直到这个想法变成了他梦寐以求的"梦想"。作为一名哲学家和传教士，像所有成功的人一样，根索鲁斯知道"明确的目标"是一个人事业的起点。他也明白，如果一个人可以被炽热的欲望所支撑，一个明确的目标就会产生生命和力量。

他知道所有这些事实，但是他不知道从哪里以及如何得到这一百万美元。对大多数人来说，他们会逐渐放弃或根除这个想法，并对自己说："嗯，我的想法是好的，但我实现不了它，因为我永远也得不到我需要的 100 万美元。"但是，这不是根索鲁斯的性格。在下面这段文字里，他讲述了他在此之后的经历：

一个星期六的下午，当我坐在房间里的时候，我在思考如何筹集资金来实现我的计划。我已经想了将近两年了，但是我什么也没做，只是想了想。

现在，行动的时候到了……

当我下定决心的时候，我想在一周内得到我需要的数百万美元。你怎么得到它的？我不在乎。最重要的是，我做了一个"决定"：

要在一定的时间内拿到钱。我还想告诉你，在我做出这个决定后，我感到一种从未有过的平静。在我的心里，似乎有人在说："你为什么很久以前没有做出这个决定？这笔钱永远在等着你！"

事情开始得如此匆忙，我打电话给报社，宣布我将在第二天早上发表演讲。主题是《如果我有一百万美元，我会怎么做？》。

我立即起草了演讲稿，但我必须坦率地告诉你，起草并不困难，因为我已经为这次演讲整整准备了将近两年。

在午夜之前，我已经完成了演讲稿，然后满怀信心地上床睡觉了，因为我看到我已经有一百万美元了。第二天早上我起得很早，在浴室洗了个澡。之后，我又读了一遍演讲稿，跪下来祈祷我的演讲能吸引愿意提供资金的人的注意。

在祈祷中，我再次有种神秘的感觉，钱就要来了。由于兴奋过度了，我出去的时候忘了带演讲稿。直到当我站在讲台上准备开始演讲时，才发现了自己的疏忽。

现在回去拿讲稿已经太晚了。幸运的是，我并没有回去取演讲稿。当我站在那里开始我的演讲时，我闭上眼睛，说出了我心中所有的话。我觉得我不仅在和观众说话，也在和上帝说话。我告诉自己，如果我手里有一百万美元，我会怎么做。

我在心里描述了这个计划，我说过我会建立一个伟大的教育机构，让年轻人学习一些实用的东西，培养他们的心灵，激发他们的智慧。

当我说完坐下时，一个男人从我身后第三排的座位上慢慢站起来，走向讲台。我不知道他打算做什么。他来到讲台前，伸出手说："牧师，我喜欢你的演讲。我相信如果你有一百万美元，你可以按你说的去做。为了证明我相信你和你的演讲，如果你明天早上能来我的办公室，我会给你一百万美元，我叫菲利普·阿穆尔。"

第二天，年轻的根索鲁斯来到了阿穆尔的办公室，得到了他渴望的一百万美元。他用这笔钱建立了"阿穆尔技术学院"，现在被称为"伊利诺伊技术学院"。

这一百万美元的到来源于一个想法。这个想法的背后是一个愿望，年轻的根索鲁斯在心中酝酿了两年。这是一个重要的事实：他下定决心要拿到这笔钱，在制定行动计划后的36小时内，他就拿到了数百万美元！

年轻的根索鲁斯，并不是唯一一个半心半意地想着数百万美元，并且对得到它抱有微弱希望的人。有些人以前是这样想的，其他人将来也会这样想。但他的独特之处在于那个难忘的周六，他决心抛开所有杂念，直截了当地说："我必须在一周内拿到这笔钱！"根索鲁斯获得数百万美元的原理，今天仍然有用，你可以用它实现你的梦想！这一普遍规律在今天和年轻传教士使用它时一样有效。

如何将创造力转化为财富

有些人认为只有勤奋和诚实才能带来财富。如果你也这么认为，请尽快放弃这种想法，这不是事实！当财富大量出现时，它不仅仅是努力工作的结果。这是对设定目标和计划的回应，不仅仅是因为勤奋、机遇或运气。

一般来说，激发想象力并开始行动的思想冲动就是意念。所有优秀的销售人员都知道，一个有创意的想法可以在商品卖不出去的时候，轻而易举地把库存卖出去。普通销售人员不明白这一点，所以他们只能是普通人。

一个廉价书籍的出版商，发现了一个对所有出版商都有价值的事实！许多人买书，只是书的名字，而不是书的内容。只要改变滞销书的名称，它的销量就会大大增加。因此，他经常撕下滞销书的封面，贴上新的封面。

它看起来很简单，但它是创造力和想象力的产物！

创造力没有标准价格，它是由创造者决定的。如果一个人足够聪明，他会得到他想要的。几乎所有关于巨大财富的故事，都始于创新者和创新者之间的密切合作。卡纳基周围的人都是这样，他们互相合作，有的给建议，有的采取行动，从而使自己和他们的伙伴获得了传奇般的财富。

许多人希望他们的生活中有爆发的机会。也许好运能给人一个机会，但最可靠的机会并不取决于运气。我一生中曾经有过很多好运，但在这好运变成财产之前，我为此付出了25年不懈努力的代价。

幸运的是，我有幸见到了安德鲁·卡纳基，并得到了他的合作。在这个机会中，卡纳基启发我把成功的原则组织成成功的哲学。从那以后，数百万人因为我从事了25年的研究而获得了巨大的财富，而这一切的开始，只是一个任何人都可以创造的想法。

卡纳基给我带来了好运，但是这个明确的目标和25年的不懈努力从何而来？一个普通的愿望无法克服失望、沮丧、失败、批评和各种困难。只有当它成为一种强烈的欲望、执念和坚持时，它才有可能突围而出！

当卡纳基在我心中植入这个想法时，它只是一个需要各种说服和培养才能生存的想法。当这个想法在它自己的力量下茁壮成长时，它会反过来说服、培养和驱动我。创造力是这样运行的：首先你赋予"思想"生命并让它们行动，然后它们有自己的力量去清除所有的障碍。

创造力是一种无形的力量，它比产生它的头脑更强大。当头脑回归尘土时，创造力依然存在。想象力是你意识的加工工厂，它能把你的意识能量转化为财富和成就。培养你的创造性想象力，是创造巨大财富的秘诀。

第六章

·

计划：让欲望化为行动

这是走向财富的第六步！

我们不妨来回顾一下，你现在已经知道，人类至今为止创造的每一样东西，都是以欲望为起点的，欲望是这旅途中的第一站，然后由抽象到具体，进入想象力的工厂，在这个工厂里创造并组织实现欲望的计划。

下面是指导你如何制订实际可行计划的方法：

一、你必须把自己的创造性与人们的需求结合在一起，以创造和实现你积累财富的计划——在这里面，你要利用本书后面"智囊"一章中所讲述的原则（这项指示务必要遵守，不要轻易忽视）。

二、在形成你的"智囊团"之前，你要决定对这个组织中的每个人付出一些什么代价，才能换取他们的合作。没有人会永远为你工作而不要报酬的。聪明的人也决不会要求或期待别人为他工作而不必给予足够的报酬，虽然这报酬未必都要用金钱来支付。

三、在作出的安排中，至少每周要有两次与你"智囊团"里的人员会面。可能的话，会面的次数可以增多，直到你完成了积累财富的计划。

四、你和"智囊团"中的每一个人都应保持完全和谐的关系。如果你不是这样做，你就会面临失败。没有完全的和谐关系，便不可能实现"智囊"这一作用。

同时，你还要牢记这些事实：

一、你所进行的事对你而言极为重大，为了务必成功，你必须制定完美的计划。

二、你必须利用别人的经验、知识、能力和想象力。几乎每个积累了巨大财富的人都应用了这个方法。

没有人能够拥有足够的经验、知识、天赋和想象力，所以必须要有智囊团的帮助。如果没有他人的合作，他们就无法积累巨大的财富。当你致力于财富积累时，你采用的每一个计划都应该由你和你的"智囊团"成员共同创造。你可能想采纳你的全部或部分计划，但一定要让"智囊团"的人审查并同意采纳你的计划。

如果你的计划失败了——使用一个新的计划

如果你没有使用第一个计划，用一个新的计划代替它；如果新计划仍然不成功，再去设想新的计划替换它，直到你找到一个成功的计划。大多数人失败的原因是他们缺乏毅力和勇气去创造新的计划来取代失败的旧计划。没有切实可行的计划，即使最聪明的人也无法积累财富或完成任何其他职业。当你遇到失败时，要意识到暂时的失败不是永久的失败。这可能只是意味着你的计划不正确。你可以设想其他有效的计划，然后重新开始。

数百万人一生都生活在贫困之中，因为他们缺乏积累财富的正确计划。你的成就不太可能超过你计划的正确性。

詹姆斯·希尔在开始筹集资金修建一条从美国东海岸到西海岸的铁路时遇到了挫折。但是他采纳了一个新计划，把失败变成了胜利。

亨利·福特不仅在他汽车生涯的早期遭遇了暂时的失败，而且在巅峰时期也遭受了挫折。但他创造了一个新计划，并走向财务胜利。当我们了解这些人物时，我们往往只看到他们的成功，而忽略了他们在成功之前克服的许多挫折。

当失败来临时，你应该把它当作一个信号，然后重新制定你的计划，再次驶向你的目的地。如果你失败了就放弃，那么你就是一个放弃者——一个彻底的失败者！

一个放弃者永远不会赢，胜利者永远不会放弃他的目标。你应该用大字写下这句话，并把它贴在墙上或者挂在你能经常看到的地方。

当你选择"智囊团"成员时，试着选择那些不轻易谈论失败的人。

从出售个人服务开始

几乎所有积累大量财富的人都是从出售个人服务开始的。例如，销售创意以获取报酬。如果一个人没有足够的资产，他别无选择，只能出售个人服务来换取财富。大多数领导者都是从追随者开始的。

简而言之，世界上有两种人，一种叫领导者，另一种叫跟随者。在开始的时候，你应该决定你是想成为行业的领导者还是追随者。两者的报酬差别很大，追随他人的人可能得不到领导者那么多的报酬，尽管许多追随者犯了期待这种报酬的错误。

做一个跟随者并不差，但另一方面，做一个长期跟随者并不好。大多数领导者在开始时都会跟随他人，他们之所以能成为领导者，是因为他们是聪明的追随者。相反，没有做过追随者的人，成为领导者的可能性是不大的。

那些精明地跟随领袖的人，能够以最快的速度进入领导层。他们从领导者那里获得知识，并成功运用这些知识实现自己的梦想。

成为领导者的条件

要成为领导者，必须具备以下条件：

一、在对自己的职业有深刻理解的基础上，一个人应该充满信心和勇气。没有一个追随者愿意被一个缺乏自信和勇气的领导者所控制。这种领导者不能长期支配聪明的追随者。

二、自我控制。那些不能控制自己的人不可能控制别人。自我控制是为那些追随成功的人树立的一个领导榜样，以此来激发追随者效仿。

三、正义感。如果一个领导人没有公平和正义，就不可能命令他的追随者并保持他们对他的尊重。

四、迅速决策。一个犹豫不决的人表明他对自己缺乏信心，因此不能成功地领导他人。

五、清晰的计划。一个成功的领导者必须有一个清晰的目标计划。没有一个可行而清晰的计划，如同一艘没有舵的船迟早会触礁。

六、双重工作。领导者必须付出的代价是比下属做更多的工作。

七、迷人的个性。一个粗心和冷漠的人，不可能成为一个成功的领导者。我们的领袖需要被尊重，所以他必须有迷人的性格。

八、同情和理解。一个成功的领导者必须同情他的追随者，所以他必须理解他的下属和其他人所面临的问题。

九、精通专业。成功的领导者应该精通他们所领导的专业知识。

十、愿意承担全部责任。一个成功的领导者必须愿意为他的追随者的错误负责。如果他要逃避责任，他就没有资格成为领导者。当追随者犯错并表现出无能时，领导者必须认为这是他们自己的错误。

十一、坚持合作原则。一个成功的领导者必须理解并运用合作原则，并教育他的下属也这样做。领导需要权力，而权力需要与团队合作。这里有两种领导方式，第一种最有效的领导，那就是在下属的理解和支持下领导。第二种领导是强制性的，不能被下属理解和支持。

有很多证据表明，强制性的领导在历史上不会长久。独裁者和国王的倒台与消失清楚地表明，人民不会无限期地接受强制性领导。

拿破仑、墨索里尼和希特勒是强制领导的典型例子。他们的失败表明，许多人可能屈服于临时的强制性领导，但他们的服从并不是自愿的。

新的领导方法应该包括本章描述的 11 条原则，任何把这些原则作为领导基础的人，都将有机会成为任何行业的领导者。

领导者失败的十大原因

现在让我们来看看领导者的主要错误，知道"不应该做什么"和知道"应该做什么"一样重要。领导者失败的原因有以下几种：

一、没有把握全局的能力。有效的领导需要掌握全局的能力。真正的领导者永远不会因为太忙而不去做领导者应该做的事情。当一个人说他"太忙"而不能考虑紧急情况下的整体情况时，他就相当于表现出了自己的无能。成功的领导者应该掌握全局，所以他们应该养成把具体事情交给助手的习惯。

二、不愿意做低级的事情。一个真正伟大的领导者，愿意在情况需要时做任何事情。"你们中最伟大的人是所有人的仆人"这句话是真理。

三、只说不干。在这个世界上，一个人不能只说不干而得到报酬。那些能得到报酬的人是那些愿意实践、领导和督促每个人一起工作的人。

四、害怕下属表现出色。一个害怕他的下属会取代他的领导，实际上是一个软弱无能的领导者。另一方面，一个有能力的领导者注重培养他的继任者，并且经常把他的工作经验传递给下属。只有这样，一个领导者才能井井有条地忙碌，并有效掌控全局。一个人激励别人做这件事的能力，比他自己做这件事的能力更重要，这是一个永恒的真理。以他的知识和个性，一个有能力的领导者会吸引他的下属做更多的工作。

五、没有想象力。没有想象力，领导者就无法应对紧急情况，制定有效的计划并指导下属。

六、自私。把下属的所有功劳归于自己的领导是不合格的。一个真正伟大的领袖永远不会为自己争夺荣光。他只会满足于看到功劳属于集体和下属。因为他知道，如果得到赞扬和金钱，许多人会更加努力工作。

七、不良嗜好。下属永远不会尊重无拘无束、沉迷于不良嗜好的领导者。沉溺于任何一种放纵，都会摧毁一个人的耐力和活力。

八、不忠诚。这也许应该是失败领导者的首要原因。一个对自己的工作、同事、上司和下属不忠诚的领导者不可能长期保持领导地位。一个不忠诚的人，其价值不及一根羽毛，在任何行业都会被其他人鄙视。

九、过分强调权威。有能力的领导者用鼓励来领导，而不是向下属灌输恐惧。只想用权力来领导下属的领导者，往往容易受到下属欺骗。一个真正的领导者不需要宣传他的权威，除了树立一个榜样——比如他在工作中的同情、理解、公平和能力。

十、对头衔过于重视。称职的领导不需要头衔来赢得下属的尊重。那些过于重视头衔的人往往没有进取心。

这些是领导失败的最常见原因，它们中的任何一个都会导致失败。如果你有兴趣成为一名领导者，你必须认真研究这些原因，以免犯这些错误。

需要新型领导人的几个领域

读完这一章，你应该把注意力转向这些领域。在这些领域，领导层总是被淘汰，所以新型的领导人可能会有更多的机会。

1. 在政治领域，对新型领导人的需求已经达到了紧急状态。

2. 银行业正在进行的改革需要新型领导人。

3. 工商行业需要新型领导者。未来的工商行业领导者，必须将自己视为准公共关系人员，维护企业的声誉和形象，以实现企业的永久发展。

4. 宗教界的未来也需要新型领导人。他们要求更多地关注信徒的世俗需求，解决他们眼前的实际问题，而不是只关心死亡的过去和遥远的未来。

5. 法律、医学和教育领域也需要新型领导人。特别是在教育领域，未来的领导者必须找到新的教育方法，使学生能够应用学校。

他应该注重实践，少谈理论。

6. 新闻界也需要新型领导人。这些只是需要领导人的几个领域。世界正在经历快速的变化，这意味着人们的习惯必须尽快改变。这些变化决定了文明的新趋势。

如何申请工作

这里所说的一些原则，是多年来积累的经验。这些年来，这些原则有效地帮助成千上万的人找到了他们理想的工作或接近理想的工作。经验证明，以下媒体可以直接有效地满足求职者和人才的愿望。

一、职业介绍所。你必须仔细选择信誉良好的职业介绍所，它们能够向用户（即求职者）提供令人满意的结果。

二、广告、报纸、专业期刊和杂志上的广告，对于寻求文秘或普通工作的人来说常常能取得令人满意的效果。如果你正在寻找一个经理级别的职位，你应该在你要找的雇主的地方安排专门的广告。在发布广告之前你应该知道，如何添加一些有吸引力的内容以获得雇主的青睐。

三、个人申请信。你可以直接写信给最有可能雇用你的公司。这封信必须从头到尾保持整洁，并亲自签名。你的简历和介绍信的复印件应该附在信中，以表明你的申请资格。申请信、简历和自我介绍应由专家撰写。

四、熟人介绍。如果可能的话，申请人应该与熟悉雇佣双方的人联系。如果你正在寻找一个经理职位，并且不想被视为"吹牛"，这种方法的好处就更明显了。

五、当面申请。在某些情况下，如果申请人当面向可能的雇主谋求工作，其效果可能更好些。但是在这个时候，你需要有一个完整的工作申请资格，以便雇主和他的同事可以讨论你的简历。

简介中应该列入的内容

对于书面简介的准备，应该像律师在法庭上准备的文件那样仔细。除非申请人在这种类型的介绍方面有经验，他应该咨询专家或在准备过程中寻求他人的帮助。总的来说，简介中应包括以下信息：

一、教育。简单明了地陈述你所接受的学校教育，以及你在学校擅长的专业和成就。

二、经验。如果你有过与你目前正在寻找的职位相似的经历，你应该写一份完整的声明，并说明你以前雇主的姓名和地址。任何有助于你追求目前职业的特殊经历，都必须详细阐述。

三、参考。几乎每个公司都想知道被招聘员工的过去记录和经历。因此，在你的介绍中，你应该附上以下推荐信的复印件。

1. 前雇主；

2. 学校的指导教授；

3. 受信任的名人。

4、你自己的照片。

5、申请一份具体的工作。申请职位时，一定要解释你在找什么职位。永远不要申请"任何工作"，因为这意味着你没有专业知识。

6、陈述你的资格。请详细解释一下，为什么你认为你有资格申请这个职位，这是应用程序中最重要的部分。这是雇主考虑是否雇佣你的主要原因。

7、建议试用。这似乎是一个非常重要的建议。经验证明，有机会尝试的人很容易成功。如果你确信你的资历足够，那么你所需要的就是一个尝试的机会。顺便说一下，建议试用是为了表明，你对自己有能力胜任你申请的职位有信心。它显示：

①你确信你的能力足以胜任这个职位；

②你确定你的雇主会在试用后决定雇用你；

③你决心得到这个职位。

8、了解你未来雇主的业务。在申请工作之前，你应该对与企业有关的事情有足够的了解和研究，以便使你对企业有充分的熟悉，并在介绍中表明你在这方面有足够的知识。同时，这也将表明你对你正在寻找的职业非常感兴趣。

记住：诉讼的赢家不一定是对法律条款了解更多的律师，而是对案件准备更充分的律师。如果你对"情况"的把握是正确的，那么一开始你就已经拥有了很大的成功率。

不要害怕你的介绍太长。雇主想了解你的愿望，与你想充分表达自己的愿望是一致的。许多雇主成功的主要原因，在于他们选择优秀助理的能力。因此，他们希望详细了解你。此外，你写的简介应该干净整洁，这表明你并不粗心。我曾被要求为他们准备一些非常整洁和出色的个人资料，这使得申请人无须任何面试就能被录用。

充分利用你的特点来吸引雇主的注意力。使用你能得到的最好的纸，整洁地打印出轮廓，用类似书封面的铜版纸装订。如果需要，你可以向多家公司提交简介，请注意更改封面和公司名称，你的照片应该贴在简介里。

成功的推销员最注重装饰，他们知道最初的印象是不可磨灭的。你的简介是你的推销员。很明显，穿上一套漂亮的西装是值得的，这会让你的雇主觉得，他从未见过如此突出的形象。如果你给你未来的雇主留下一个好印象，那么你可能会得到比那些用传统方法申请工作的人高得多的薪水。

如果你正在通过广告公司或职业介绍所找工作，你应该要求这些机构使用你的资料，这将使介绍人和未来的雇主对你感觉良好。

如何得到你想要的工作

当一个人的工作对他来说是最好的时候，他会在工作中度过一段美好的时光。正如画家喜欢用颜色，工匠喜欢用双手，作家喜欢写作。

那些没有明确天赋的人，也倾向于对某些工作有特殊的偏好。如果说美国有优点的话，那就是它可以为人们提供各种各样的工作机会和职业。

我怎样才能找到我想要的工作？我认为必须做到以下几点：

1. 确定你想要什么样的工作。如果目前没有这样的工作，那么也许你可以创造它。

2. 确定你希望为之工作的公司和个人。

3. 研究你未来的雇主，他的政策，人事和晋升机会等。

4. 分析你自己的才华和能力，以及你能为他人提供什么服务。

5. 不要总是想着哪里有适合你的空缺职位，而要专注于我能做什么。

6. 一旦你心中有了一个计划，找一个有经验的人把它写下来，写得整洁而详细。

7. 在适当的时间和地点，向相关人员提交书面计划，供其考虑。

注意：每个公司都在寻找能提供有价值建议的人，每个公司都为对公司有益的人保留职位。

实施这些方法可能需要几天甚至几周的时间，但在收入、晋升和上级的认可方面会取得快速进展，它甚至能让你提前5年达到目标。

每个人都可以通过自己精心设计的计划，从底层发展起来。

推广服务的新途径

雇主和雇员之间的关系，将在未来朝着合作伙伴的方向发展。这里有三个方面：

1. 雇主；

2. 员工；

3. 他们服务的人。

未来的雇主和雇员将被视为商业伙伴，因为他们的工作都是为顾客服务。过去，雇主和雇员经常为他们的待遇争论不休。事实上，他们的待遇应该由对顾客的服务水平来决定。今天的口号是"礼貌"和"服务"。这些口号的适用覆盖范围，显然远远超过只为雇主服务的概念。

因为我们前面的描述表明，雇主和雇员本质上是被他们所服务的对象所雇用的。如果他们的服务不好，他们将不得不付出失去服务机会的代价。

我们都记得，以前有很多次煤气检查员敲门，好像要把门砸碎。门被打开后，他经常不请自来，显得不耐烦，好像在说："让我等这么久是什么意思？"所有这一切今天都变了。现在煤气检查员表现得像个绅士，很乐意为你服务。虽然煤气公司还没有发现，他们以前态度恶劣的检查员正在为顾客积累一个永远不会被抹去的坏印象，但那些有礼貌的汽油炉推销员已经抓住机会做了很多生意。

在经济危机的那些年里，我在宾夕法尼亚州的无烟煤矿区呆了几个月，研究煤矿行业几乎被经济危机摧毁的原因。当时，煤矿的雇主和雇员之间发生了极其激烈的工资纠纷。结果，纠纷的成本增加到了煤的价格。后来，他们发现他们的争端给汽油和原油生产商带来了巨大的利益。

这些例子引起了人们的注意，表明我们的行为是决定我们自己处境的一个重要因素。如果这一原则支配着企业、金融和运输业，那么这一原则也支配着个人并决定着他们的经济地位。

你的"QQS"公式

我们已经解释了如何成功地为他人提供服务的各种因素，我们应该了解、分析和应用这些因素。每个人都必须是自己的推销员，他所提供的服务的质量和数量，以及提供服务的精神，往往决定了他就业的时间和效率。

为了有效地向他人提供服务（这意味着长期就业、令人满意的工资和令人愉快的工作条件），必须采用"QQS"公式，即服务质量加上数量，再加上正确的服务精神。这个公式是一个完美的服务销售技巧。"QQS"公式不仅应该被记住，而且应该成为一种长期习惯！现在让我们来分析这个公式，阐明它的含义。

一、质量。服务质量应该被解释为：你应该能够想出最有效的方法来解决与你职位相关的每一项工作，哪怕是最微小的部分，并且心中始终有一个不断提高的目标。

二、数量。服务的数量应该被解释为：养成随时提供各种服务的习惯，以便积累经验和发展更高的技能来增加收益。

三、精神。服务精神应该被解释为友好和协调的行为习惯，这可以促进与用户的合作。

充足服务的质量和数量，不足以维持你永久服务的市场。你服务的行为或精神是决定你服务期限和价格的一个强大而重要的因素。

卡纳基特别强调了成功服务他人的一些因素，他反复强调协调行为的必要性。他还强调，无论他的工作量有多大，工作质量有多好，除非他能以和谐的精神工作，否则他不会有高收入。卡纳基坚持认为人们必须友好，他证明了这让很多做这件事的人变得非常富有，而其他人却不能。

我曾经强调过亲和力的重要性，因为它能使一个人在良好的精神状态下为他人提供服务。如果一个人有这种性格，他可以在其他方面弥补他的缺点。没有什么能取代一个人的个性。

失败的三十一种原因

经过努力尝试但最终失败了，这也许是人生最大的悲剧。除了少数赢家之外，绝大多数人都经历过或者正在经历失败。

我分析了成千上万人们的经历，其中98%是失败者。

我的研究证明，失败有31个主要原因，财富积累有13个主要原则。首先我将陈述失败的31个主要原因。当你阅读这些理由时，你应该逐点比较，看看有多少阻碍你成功的障碍。

一、不利的遗传背景。那些有天生智力缺陷的人，是导致失败的第一个原因，唯一的补救办法是"努力弥补这种缺陷"。

二、生活中缺乏明确的目标。生活中没有明确目标的人没有成功的希望。在我分析的100人中，有98人没有这样的目标。也许这是他们失败的主要原因。

三、缺乏野心和欲望，这没什么关系。那些不愿意进步并付出代价的人绝对没有成功的希望。

四、缺乏足够的教育。克服这个缺点很容易。经验证明，自学的人往往是最好的学习者，光有文凭是不够的，仅仅知道知识是不够的，重要的是知识的应用。人们获得报酬不是因为他们有知识，而是因为他们可以将知识应用到工作中。

五、缺乏自律。良好的纪律来自自我控制，一个人必须能够控制自己所有的情绪和行为。在你控制别人之前，你必须先控制自己，你会发现很难控制自己。如果你不能征服自己，你将被自己征服。当你在镜子里看到自己时，他既是你最好的朋友，也是你最大的敌人。

六、健康状况不佳。没有健康的身体，一个人不可能成功。健康状况不佳的原因是：

1. 吃太多有害食品；

2. 消极的思想、情绪和行为；

3. 异常释放和不受控制的性欲；

4. 缺乏足够的体育锻炼；

5. 由于环境原因，新鲜的空气供应不足。

七、童年的不利环境影响。"如果一棵幼树是弯曲的，当它们长成大树时，它们也是弯曲的。"大多数人的犯罪倾向，是由不良环境和童年时的不当朋友造成的。

八、拖延。这是最常见的失败原因，挥之不去的拖延总是伴随着每个人，等待着摧毁人们成功的机会。为什么我们总是失败，因为我们总是等待！你知道，时机从来都不是"恰到好处"地出现在你面前。你要做什么事，就从你站的地方，从你手里的工具开始，没必要再等了！

九、缺乏不屈不挠的精神。许多人做事虎头蛇尾，当他们看到失败的迹象时，往往会立即退缩。没有什么能取代不屈不挠的精神，那些以不屈不挠的精神为座右铭的人会发现失败也会离他而去，失败无法抗拒不屈不挠的精神。

十、消极人格。消极的性格不会得到他人的合作。

十一、对性冲动缺乏控制。在所有促使人们采取行动的冲动中，性冲动是最强烈的。因为性冲动是最强烈的一种情感，它必须被控制，并通过升华和转移引入其他轨道。

十二、控制不了坏的欲望。赌徒的欲望驱使数百万人失败。比如1929年，华尔街的股票市场崩溃，导致许多人破产。

十三、缺乏快速的决心。一个成功的人可以迅速果断地下定决心，并根据形势的变化改变自己的决定。失败的人通常做出缓慢的决定，并且经常改变主意。犹豫和拖延是孪生兄弟。如果你看到一个，你就会找到另一个。

十四、六种基本恐惧中的一种或多种。这些恐惧将在最后一章为你分析，在你能有效地提供个人服务之前，这些恐惧必须被克服。

十五、选择错误的婚姻对象。这是失败者的常见原因。婚姻失败的特点是悲伤和不快，这将摧毁一个人的所有野心。

十六、过分谨慎。不愿冒险的人通常只能选择别人留下的东西。生活充满了不可预测的机遇，过度谨慎和不够谨慎同样是不够的，两个极端都应该避免。

十七、选择错误的商业伙伴。这是企业失败的最常见原因。在寻找雇主和商业伙伴时，你应该非常小心，他们应该聪明和诚实。

十八、迷信和偏见。迷信是一种恐惧，也是无知的象征。成功的人心胸开阔，无所畏惧。

十九、错误的职业。如果一个人不喜欢他的职业，他就不会成功。在寻找职业的过程中，最重要的是选择一个你喜欢的职业，全心全意地投入其中。

二十、注意力不集中。什么都知道一点的人等于什么都不知道！与其什么都想要，不如把你所有的努力集中在一个明确的目标上。

二十一、无节制地消费。一个挥金如土的人不能成功，因为他不能过节俭的生活。设定固定的收入比例作为储蓄，以便养成有计划的储蓄习惯。一个人在找工作时是否能和他的雇主讨价还价通常取决于你在银行里是否有钱。如果一个人没有钱，他只能被迫接受别人提供的任何工作。

二十二、缺乏热情。缺乏热情的人不会被信任。你应该知道，人们的热情是很有感染力的，热情的人经常受到每个人的欢迎。

二十三、偏执狂患者。那些不能解决许多问题的人很少获得成功。偏执的意思是一个人不再寻求知识。最具破坏性的偏见是那些不能容忍宗教、种族和政治差异并拒绝他人的人。

二十四、不受控制的行为。最具破坏性的放纵与饮食和性活动有关。过度沉溺于这些嗜好将对你的职业生涯造成致命的打击，并使你难以成功。

二十五、没有与他人合作的能力。太多的人因为不能与他人合作而失去了地位和机会。那些想成功或成为领导者的人不会容忍这个缺点。

二十六、拥有不是来自自己努力的力量。就像富人和继承人的孩子一样，他们手中的权力和财富不是通过努力工作获得的，这也将成为成功的致命伤口。有时候，暴富比贫穷更危险。

二十七、蓄意欺骗。没有什么可以取代诚实。一个人撒谎一段时间是可以理解的，因为他处在一个不利的环境中。然而，一个故意作弊的人不会有任何成功的希望。迟早，他将不得不承担后果。代价从失去信誉到失去自由。

二十八、傲慢与虚荣。这些缺点就像红灯，让人望而却步。他们对成功是致命的。

二十九、用猜测代替思考。大多数人不太注意问题的实质。他们更喜欢根据猜测或草率的判断采取行动。

三十、缺乏资金。我开始了我的职业生涯，但是我没有足够的储备资本来承受他们所犯的错误，所以即使有朋友帮助我，我也无法渡过难关。这是许多人失败的常见原因。

三十一、你还可以从自身失败的经历找出上文中没有提到过失的原因。

以上三十一个失败原因是人类悲剧的证明。如果你能请认识你的人与你比较这些失败的原因，并逐一分析，那将会很有帮助。如果你自己做一些比较分析，你当然可以，但对大多数人来说，往往是当局的迷糊和旁观者能看得清楚。人们不能像其他人一样清楚地看透自己。

你知道你的价值吗？

有一句古老的谚语说，"人，应该了解自己！"

如果你想成功销售商品，你必须了解商品。你申请工作也是如此。你必须了解你所有的弱点，以便设法弥补或彻底消除它们。你应该了解和表达你的优势，以便在申请工作时吸引别人的注意。

一个年轻人向一家著名公司的经理申请职位，这暴露了他的无知。这个年轻人给人留下了极好的印象。最后，经理问他想要多少薪水。他说他头脑中没有一个明确的数字（缺乏明确的目标）。于是经理说，"我们将试用你一周，看看你应该得到多少报酬。"

"我不接受这个条件，"申请人说，"因为那样的话，我的收入将超过我现在所服务的价值。"

当你开始协商你目前的薪水或寻找另一份工作时，你应该确信你的价值超过你目前的薪水。每个人想要更多的钱是一回事，但他值多少钱又是另一回事。

他们中的许多人都错了，误以为他们想要的是他们应得的。事实上，你的财务需求或希望与你的实际价值无关。你的价值完全取决于你提供的有效服务或你激励他人提供这种服务的能力。

自我分析方法

1. 我实现了今年为自己选择的目标了吗？（作为生活目标的一部分，你应该每年都有一个明确的目标。）

2. 我提供的服务已经是我能做得最好的了吗？我还能改进其中的任何部分吗？

3. 我所提供服务的工作量是否足够？

4. 我的工作精神是否表现出和谐与合作？

5. 我是否因为拖延而降低了工作效率？如果是，降低了多少？

6. 我改善了我的个性吗？如果是，有哪些改善？

7. 我会坚持我的计划直到它完成吗？

8. 我能在任何时候都快速清晰地做出决定吗？

9. 我是否受到六种基本恐惧中的一种或多种的影响，降低了我的工作效率？

10. 我是太谨慎还是不够谨慎？

11. 我和同事的关系是愉快的还是不愉快的？如果没有，我有多少责任？

12. 我是否因为缺乏意志而分散了精力？

13. 在所有问题上，我是否思想开放、宽容？

14. 我的工作能力在哪里提高了？

15. 我有放纵的习惯吗？

16. 我是公开地还是秘密地表现出傲慢？

17. 我对同事的态度能让他们尊重我吗？

18. 我的意见和决定是基于猜测还是基于正确的分析和思考？

19. 我如何花费我的时间和收入？我在这些方面控制得谨

慎吗?

20. 我在无用的东西上花了多少时间? 这次我还能做什么更好的事情呢?

21. 为了提高明年的工作效率, 我应该如何分配时间和改变习惯?

22. 我犯了良心不允许的罪行吗?

23. 在哪些方面, 我做了比职位要求更多、更好的服务?

24. 我有没有做过不公平的事? 如果是, 哪方面做的不公平?

25. 如果雇主是我自己, 我会对我的工作满意吗?

26. 我的职业适合我吗? 如果没有, 为什么?

27. 我的雇主对我的工作满意吗? 如果不满意, 原因是什么?

28. 根据成功的基本原则, 我现在应该得到什么评价? (这个评估应该是公平和正确的, 应该邀请一个严肃的人来为你检查这个评估。)

在阅读了本章提供的这些问题之后, 你已经掌握了为自己的职业生涯制定一个可执行计划的知识。本章详细阐述了寻求职业规划的每一个原则, 包括领导的主要特征、领导失败的常见原因、哪些职业领域需要新型领导人、各行业失败的主要原因以及自我分析的各种问题。

每个自从求职以来积累的人, 都应该充分理解以上这些陈述。那些失去财产的人和那些刚开始赚钱的人别无选择, 只能为他人提供服务以获取财富。因此, 他们必须知道这些实用的方法, 以便获得最大的效果。

财富
思维

/ 思考致富 /

第七章

·

决心：克服拖沓和犹豫不决

成功不需要任何解释，失败不允许任何借口。

这是走向财富的第七步！

在对 25，000 名经历过失败的人士进行统计分析后，我发现一个事实，在 31 个主要失败原因中，缺乏决心是第一个。优柔寡断、迟疑不决，这是一个几乎每个人都必须克服的危险敌人。在这一章中，你可以测试自己形成"快速而清晰的决心"的能力，并充分考虑本章提出的原则。

在分析了数百名资产超过 100 万美元的人之后，事实再次证明，他们每个人都有能力快速做出决策，并且能够始终如一地做出这样的决策。相反，那些不能积累财富的人往往不能做出决定，并且经常改变自己的决定。

亨利·福特的杰出品质之一，是他能迅速做出决定并持之以恒。福特性格中的这一特点太突出了，这使他以倔强而闻名。当时，尽管他的所有顾问和许多购车者，都敦促他更换被嘲笑为世界上最丑的 T 型车，但他坚持不更换，尽管遭到了所有人的反对。也许福特在改变模式上过于固执，但另一方面，正是他的决心和毅力给他带来了巨大的财富。因此，尽管他很固执，但他的气质总是比那些难以做出决定却一事无成的人强一千倍。

对你作出决定的几点忠告

大多数人发现，他们很难积累自己需要的财富，通常是因为他们很容易受他人意见的影响。他们把报纸上的观点和邻居之间的流言蜚语，视为自己的想法。

　　事实上，舆论是世界上最便宜的商品。每个人都有许多现成的观点，可以提供给任何愿意接受它们的人。如果你在做决定时受到这些观点的影响，你在任何领域都不会成功，更不用说把你的欲望变成财富了。

　　当然，如果你被别人的观点所影响，那么你将不再有自己的观点。当你开始把这本书的原则付诸实践时，你必须下定决心，把它贯彻到底。除了你的"智囊团"成员，不要太信任别人。"智囊团"必须是完全理解你，并能帮助你实现目标的人。

　　你的朋友和亲戚可能不想阻止你，但他们的"意见"和一些戏谑的嘲讽会阻碍你。成千上万的人一生都有一种自卑感，原因是一个善良无知的朋友或亲戚用他们的"意见"或嘲笑摧毁了他们的信心。

　　你有自己的思想和意志，你可以用它们来实现你的决心。如果你需要其他来源的帮助，你不必制造太多噪音。你必须悄悄地得到你需要的东西，不要暴露你的目的。

　　一个人的弱点是假装知识渊博，他知识贫乏而自己一无所知。这种人通常话很多，听不到别人的意见。你应该对此保持警惕，不要说太多废话，从而养成快速做出决定的习惯。那些喜欢说话的人往往行动较少。如果你说的比听的多，你会失去很多积累知识的机会，也会暴露你的计划和目标。人们会因为各种原因希望你失败。

　　你还必须记住，如果你在一个非常有学问的人面前说话，你就是在炫耀你的底牌和你的知识深度，而真正的智慧通常表现在谦虚和沉默中。

　　也要记住这样一个事实，和你交朋友的人往往和你一样，都在寻找积累财富的机会。如果你毫无顾忌地说出你的计划，你可能会惊讶地发现，别人已经在你前面采取了行动。当我们再次见面时，他已经意识到你无意中说的计划，从而使你的目标失败了。

做一个沉默的行动者吧！如果你采纳了这个建议，为了提醒自己，你可以用大写字母写下下面的格言，并把它贴在你每天都能看到的地方：我可以向世界宣布我在做什么，但首先我必须用行动来展示它。重要的是去做，而不是说。

自由或死亡的决心

决心的价值取决于它所需要的勇气。作为文明的基础，伟大的决心往往需要冒着死亡的危险。林肯决心发表他著名的《解放宣言》，给予美国黑人自由。他是在充分认识到他的行为会引起成千上万人的支持和反对之后才做出决定的。

苏格拉底喝下毒酒的决心，也是一个勇敢的决定。这一决定将社会发展的时间提前了1000年，从而赋予当时尚未出生的人思想和言论自由的权利。

当李将军决心与北方分道扬镳，支持南方的时候，他也充分显示了他的勇气。因为他知道这个决定可能会让他付出生命，也会让另外一些人付出生命。就美国公民而言，1776年7月4日由56人在费城签署的一份文件，显示了前所未有的决心。这些人知道，如果这篇文章不能给每个美国人带来自由，它将"把56个人绞死"！

你可能听说过这个著名的文献，但你可能没有充分考虑它所包含的伟大启示。我们都记得这个重要决定的日期，但是我们不知道做出这个决定需要多大的勇气。我们只知道我们在学校学的历史：我们知道他们的名字和发生战斗的日期；我们知道华盛顿和康华里。但是我们可能还不知道这些名字、地点和日期背后的真正力量。

历史学家要么完全忘记了这一点，要么只是略微提到了一些不可抗拒的力量。这真是一大不幸！这种力量诞生了一个国家，解放了它的人民，为全人类树立了一个独立的榜样。让我们简单看看产生这种力量的背后故事：

> 1770年3月5日的波士顿。在街上巡逻的英国士兵压迫当地居民，激起他们的愤怒。他们喊着口号，向巡逻的士兵投掷石块。结果，英国指挥官下令："给我装上刺刀，冲啊！"

战斗仍在继续，许多人伤亡。这一事件增加了公民的愤怒，因此当地议会（由有影响力的殖民者组成）召开会议讨论具体措施。这时，两位议员约翰·汉考克和萨姆尔·亚当斯站起来发言，声称必须采取行动将英国军队驱逐出波士顿。

请记住：这两个人的演讲，被官方称为美国自由的开始！当时，他们的决定需要极大的勇气，因为这是一个非常危险的决定。在议会休会之前，萨姆尔·亚当斯被指派去拜访当地的州长胡辛森，要求英国军队撤出。他的请求被批准了，英国军队从波士顿撤出。然而，这一事件并没有结束，而是导致了智囊团的形成，

理查德·亨利·李是这段历史中的一个重要因素，因为他与萨姆尔·亚当斯经常通信，并且他们经常交换他们对当地人民福利的担忧和希望。

亚当斯从这些交流中想出了一个主意：如果13个州之间保持交流，这肯定会对解决殖民问题所需的协调行动有很大帮助。

因此在 1772 年 3 月，波士顿和英国军队发生冲突的第三年，亚当斯向议会提出了他的意见，要求在各殖民地之间建立一个"通讯委员会"。每个殖民地国家都指定了一名记者"通过友好合作来改善英美殖民地"。

这是一个影响深远的组织的开始，它的力量注定要解放我们。"智囊团"由亚当斯、李和汉考克组成，"交流委员会"诞生了。殖民地人民只是发动了一场反对英国军队的无组织的斗争，就像波士顿暴动一样，这对他们没有多大好处。他们的个人怨恨从来没有在"智囊团"的领导下发挥过它的整体力量。

现在人们的智慧、灵魂和身体结合在一起，在一个共同的决心（信仰）下一劳永逸地解决与英国人的问题。同时，英国人也没有闲着。他们考虑了对策，制定了一些应对和控制计划，他们的优势是拥有金钱和军队。

改变历史的决定

英国国王任命盖奇·加里接替胡钦森，成为马萨诸塞州的新州长。新州长的第一步是派人去拜访萨姆尔·亚当斯，试图用恐吓来阻止他的反对。

我们最好了解芬登上校和亚当斯之间的对话，以便充分理解当时发生的事情。

芬登上校说："亚当斯先生，盖奇州长授权我向你保证，只要你能发誓停止反政府行为，我就能给你满意的好处和权力（试图贿赂亚当斯）。州长让我建议你不要让英国国王不高兴。根据亨利八世法案，你的行为会使你受到刑事制裁，根据该法案，我们可以以叛国罪或政治犯的名义护送你去英国接受审判。当然，这要由总督决定。因此，只要你改变你的政治路线，你就能获得巨大的个人利益，并有可能与英国国王和解。"

萨姆尔·亚当斯此时有两个选择：(1) 停止反对并接受贿赂；(2) 继续反对并冒着被判绞刑的风险！显然，亚当斯必须立即做出决定。这个决定可能要了他的命。亚当斯要求芬登上校去回复，并确保他的回答能逐字逐句地传达给州长。

亚当斯回答道："你可以告诉盖奇州长，个人得失不能诱使我放弃对国家的责任。请再次告诉盖奇州长，这是萨姆尔·亚当斯的建议。我希望他不再侮辱被激怒的人们的感情！"

盖奇州长收到亚当斯的回信后非常生气。他发布了一份公告，上面写道："以陛下的名义，向全世界表明，陛下将给予他的臣民最慷慨的赦免。只有两个人，萨姆尔·亚当斯和约翰·汉考克，不会被赦免。他们两个有罪，应该受到严惩。他们永远不会原谅。"

就目前而言，亚当斯和汉考克当时都处于危机状态。愤怒的州长的威胁促使他们俩做出了同样的决定。他们匆忙召集忠诚的追随者，举行了一次秘密会议。所有人都到了之后，亚当斯锁上门，把钥匙放在口袋里，然后告诉在场的人，组织殖民地议会是当务之急。在就此事达成一致之前，任何人都不能离开这个房间。

这引起了巨大的轰动，一些人正在衡量这种激进行为的可能后果。有些人怀疑这种抵制英国国王的"明确决心"是否明智。被锁在房间里的人中，只有两个没有恐惧，不怕失败的可能性，他们是亚当斯和汉考克。

凭借他们的智慧和影响力，这个决定最终赢得了别人的认可。

通过"通讯委员会"的安排,"第一次大陆会议"于1774年9月5日在费城举行。

请记住这一天,这一天比1776年7月4日更重要,因为没有大陆会议的"决定",就不会有"独立宣言"的签署。

在第一次大陆会议之前,另一个地区的领导人托马斯·杰弗逊,正为他的书《英美权利简评》的出版而苦恼。杰弗逊与当地国王代表邓莫尔爵士的关系,就像亚当斯和汉考克及其州长之间的关系一样糟糕。

在他的名著出版后,杰弗逊被告知他将被指控叛国英国皇家政府。面对威胁,杰弗逊的一个同事本·杰克·亨利激动地说了出来。他用一句话表达了他当时所有的感受,这句话一直流传至今:"如果这是叛国,那就让我们充分利用它吧!"

那时,那些坐着认真讨论殖民地命运的人,是那些没有权力、没有武力、没有军队、没有钱的人。自从第一次大陆会议以来,它将每两年举行一次。1776年6月7日,理查德·亨利·李站起来,用他的提议震惊了观众。他说:"女士们,先生们,我提议,这些统一的殖民地应该有权成为自由和独立的国家,有权解除与英国的一切从属关系,包括这些国家与英国之间的一切政治关系。"

有史以来最重要的决定

李的惊人之举引起了热烈的讨论。由于讨论持续时间太长,李失去了耐心。经过几天的辩论,他再次站起来,用坚定有力的声音说:"议长先生,我们已经讨论这个问题好几天了。这是我们唯一能做的方法。为什么要拖延？我们为什么要讨论它？让这快乐的一天成为美利坚合众国诞生的日子。让它站起来，不再被征服或践踏，并建立和平和法律规则。"

在他的提议被表决之前，他被召回弗吉尼亚州，因为他的家人病得很重。但是在他离开之前，他把这个问题交给了他的朋友杰弗逊，他发誓要继续战斗下去，一直到国会通过这个提案。此后不久，汉考克主席任命杰弗逊为独立宣言起草委员会主席。

委员会长期以来一直在煞费苦心地起草这份文件。如果这份文件被大会通过，这将意味着与英国的血战迫在眉睫。如果殖民地起义失败，那么所有签署文件的人都将面临死亡。

文件编写完毕后，原件于 6 月 28 日在会议上宣读。在接下来的几天里，再次进行了讨论、修订和定稿。1776 年 7 月 4 日，托马斯·杰弗逊无畏地宣读了会议文件中记录的这一前所未有的决定。"在人类历史的发展过程中，当一个国家有必要解除另一个国家强加的政治限制，并在世界各国的要求中享有与自然法则和上帝平等的独立地位时，为了尊重人民的愿望，该国必须宣布它摆脱了最初的政治限制……"

杰弗逊读完了这份文件，并被 56 个人投票通过并签署，每个人都因为自己的决心而冒着生命危险。由于这个决定，一个国家诞生了。

分析导致宣布独立的事件，你可以相信这个在世界上受到尊重并拥有巨大权力的国家是一个由 56 名成员组成的"智囊团"做出的决定。正是这个决定确保了华盛顿军队的胜利。因为这一决定的精神，存在于每一个追随华盛顿的革命者的心中，这是一支不承认失败的伟大力量。

但是请注意，给予美国自由的权力，是我们每个人做出自己决定的不可或缺的权力。从独立宣言的诞生可以发现，这种权力的存在至少包括六个方面：愿望、决心、信心、支持、智囊团和有组织的计划。

只要你知道你想要什么，你通常可以得到

在这些情况下，你可以从头到尾发现，被强烈欲望所支配的思想经常通过行动变成它们的等价物。不要期待奇迹，因为你找不到奇迹。你能找到的只有永恒的自然法则。那些对这些法律有信心，并且有勇气运用它们的人将会运用它们。法律可以给一个国家带来自由，给一个人带来财富。

只要知道自己想要什么，任何能快速做出决定的人通常都能得到。如果各行各业的领导人在决策中的言行，表明他们知道自己的目的地，世界将为他们保留一席之地。

优柔寡断的习惯通常来自童年。这种习惯将从小学、中学一直延续到大学，其结果将变得难以改变。这种坏习惯会伴随着人们如何选择职业。通常，刚离开学校的年轻人会有先找工作的想法。他会做他找到的任何工作，因为他已经养成了犹豫不决的习惯，索性不去选择。如今，在100名工薪阶层中，有98人满足于现状，因为他们优柔寡断，缺乏选择自己工作的决心。

下定决心需要勇气，甚至是巨大的勇气。签署独立宣言的56个人，将他们的生命置于危险之中。但为了寻求职业，一个人不需要拿自己的生命去冒险，也不需要下定决心从其他人的生命中获得自己的价值，你的赌注只是你的财务状况。

第八章

·

毅力：坚定信心，不断努力

这是走向财富的第八步！

在将欲望转化为财富的过程中，毅力是一个不可或缺的因素。这种坚强的意志是毅力的关键因素。当意志和欲望结合在一起时，它们会形成不可抗拒的力量。

有钱人通常被认为是冷漠无情的，这是一种误解。事实上，他们是意志坚强的人，能够在自己欲望的鼓励下实现自己的目标。

只要遇到一些反对或挫折，大多数人都会轻易放弃他们的目标。只有少数人能够克服阻力，继续前进，直到他们的目标实现。

"毅力"可能不包含英雄的含义，但人类需要这种气质，就像钢铁需要碳元素一样。

考验你的毅力

如果阅读这本书的目的，是应用这本书所教授的知识，那么对你毅力的第一个考验，就是看你是否已经按照第一章所述的六个步骤仔细地做了。一般来说，100人中只有2人会在读完整本书后，形成自己明确的目标和计划。然而，大多数人在读完这本书后仍然过着他们原来的生活，并不按照书中传播的知识行事。

缺乏坚强的意志力是失败的主要原因之一。对成千上万人的调查证明，缺乏毅力是失败者的共同弱点。克服这个弱点需要很多努力，其中最重要的取决于你的欲望的强度。所有的成就都是基于渴望。

微弱的欲望产生微弱的结果，正如微弱的火只能温暖你的手。如果你发现自己缺乏毅力，补救这个缺点的方法就是在你的欲望下燃烧一把大火。

如果你已经遵循了第一章中的六个步骤，那么你对行动的热情可以清楚地表明你有多么渴望积累财富。如果你发现自己对金钱漠不关心，那么你可以肯定你仍然缺乏积累财富的"财富意识"，只有"财富意识"才能积累财富。

如果你发现自己缺乏毅力，你也可以关注"力量"一章中的说明，让"智囊团"通过团队成员的合作和努力来帮助你培养你的毅力。根据"自我暗示"和"潜意识"章节中的陈述，你应该让你的欲望成为一种永久的习惯，直到你的潜意识完全接受它。从那时起，你将不再有缺乏毅力的问题。

因为潜意识一直在你醒着或睡着的时候工作。

你有"财富意识"或"贫困意识"吗

在这本书里间歇地或偶尔地应用这些原则，对你来说是没有用的。为了真正有效，你必须应用所有这些原则，直到它们成为你心中的一个固定习惯。此外，没有其他方法来培养"财富意识"。

对于那些习惯了贫穷的人来说，贫穷将会持续下去。然而，如果一个人内心渴望财富，金钱会找到他。两者的原因是一样的：如果"财富意识"不占据头脑，"贫困意识"就会占据头脑。如果你持续保持穷人的行为，你会培养一种"贫困意识"。除非一个人生来就有"财富意识"，否则他应该尽最大努力培养这种意识，并使其处于主导地位。如果你完全理解这些话，你就能理解坚持不懈积累财富的重要性。没有毅力，你在开始之前就失败了。有了这种精神，你一定会赢的。

如果你做过噩梦，你会意识到坚持不懈的价值。那时，你觉得自己会在床上窒息，无法翻身，肌肉麻木。你知道你必须开始重新控制你的肌肉。怀着坚强的意志，你终于移动了一个手指，然后把它伸向一只手臂和另一只手臂。然后是一条腿，另一条腿。最后，你恢复了对肌肉的控制，从噩梦中醒来。

这些步骤都是逐步完成的。

你如何从精神上的懒惰中"醒来"

你可能会发现你需要从精神懒惰中"醒来"。首先，慢慢移动，然后加速，直到你完全控制了你的意识，这也是必要的。

一开始，不管练习有多难，你都必须坚持下去。只要有毅力，成功就会到来。所有坚持不懈的人似乎都有防止失败的保险。不管他们失败了多少次，他们最终都会达到目标的顶峰。这将使人们感觉，好像有一个无形的圣者总是用各种令人沮丧的失败来考验人们。那些在失败后能够重新站起来的人，总是能够成功的！但是那些经不起考验的人，往往是不会成功的。

任何经得起考验的人，都会因为他的坚持不懈而得到丰厚的回报。他们可以实现他们追求的任何目标，并获得比物质回报更重要的东西——幸福和智慧。

怎样战胜失败

在所有的奋斗者中，只有少数人坚韧不拔。这些人承认失败只是暂时的，他们依靠自己顽强的愿望把失败变成胜利。我们站在生活的轨道上，目睹绝大多数人在失败中跌倒，再也爬不起来。在这一点上，我们只能得出这样的结论：如果一个人没有毅力，他将不会在任何一行上取得任何成就，并且会在任何地方跌倒。

写到这里，我从书桌上抬起头，看到了神秘的百老汇。这是"希望死去的墓地"和"机会的走廊"。来自世界各地的人们来到百老汇寻求名望、财产、权力和爱情。每隔一段时间，就会有一个人从寻求者的人群中脱颖而出，所以世界上有这样一种说法：总会有一个人征服百老汇。百老汇不容易被征服，只有当一个人拒绝"放弃"后，他才能承认自己的聪明才智，并给予财富奖励。

这是征服百老汇的秘密，这个秘密就是毅力。

范妮·赫斯特的奋斗故事说明了这些秘密，她和朋友们的毅力征服了百老汇。赫斯特小姐于 1915 年来到纽约，通过写作积累财富。但是这个过程非常漫长，足足花了她四年时间。四年来，赫斯特熟悉了纽约的人行道。她白天做兼职工作，晚上坚持写作，耕耘希望。当希望渺茫时，她没有说："好吧，百老汇，你赢了。"相反，她说："嗯，百老汇，你可以打败一些人，但你不能打败我。我会让你认输。"

在她的第一份手稿出版之前，她收到了 36 份拒绝书。普通人在收到第一张退稿单时会放弃写作。然而，她坚持了四年，并决心成功。最后，赫斯特小姐成功了。她克服了困难和时间的考验。从那时起，出版商就来索要手稿。钱来得太快了，她几乎数不清，后来电影业也找到了她。从那时起，辉煌的成就如洪水般滚滚而来。可见，任何想积累财富的人都必须有不屈不挠的精神。百老汇可以很容易给任何乞丐一杯咖啡和一个三明治，但对于那些寻求大财富的人来说，则需要大毅力。

当凯蒂·史密斯读这篇文章时，她肯定会说"阿门"。多年来，她没有钱也没有地位，只能在麦克风前唱歌。后来，她不怕失败，抓住了机会，最后从百老汇获得一大笔钱。你可以培养你的意志力，意志力是一种可以培养的心理状态。像所有其他精神状态一样，毅力需要基于明确的动机。这些动机包括：

一、明确的目标。知道自己想要什么是培养毅力的第一步，或许也是最重要的一步。强烈的动机能使人们克服许多困难。

二、欲望。如果愿望很强烈，就更容易获得和保持毅力。

三、自我鼓励。我相信我有能力实现这个计划，并鼓励自己克服实现它的任何困难。

四、清晰的计划。有组织的计划可以激发毅力，即使它们有缺陷和不完美。

五、实施计划。应该仔细观察和分析，而不是猜测。

六、合作精神。相互理解和和谐的合作可以培养毅力。

七、意志力。将思想集中在一个清晰的计划上也能产生毅力。

八、习惯。毅力是习惯的结果。人类意识将吸收日常生产经验，并使自己成为这些经验的一部分。例如，对于恐惧，我们可以通过武力和勇气来克服它。

分析你自己的毅力

在结束毅力这个话题之前，分析一下你自己，看看你的毅力如何。

请鼓起勇气认真地评判自己，看看你在上面提到的八个毅力点上缺少什么，这会让你对自己有更多的了解。

由此，你会发现阻碍你成就的真正敌人。你会发现你在毅力上的弱点，以及这些弱点的潜意识原因。如果你真的想了解你自己和你的能力，你必须勇敢地反思和回顾它们。所有想拥有财富的人都必须克服这些弱点。

这些弱点是由以下几个方面构成的：

1. 我不知道、也不清楚我想要什么。

2. 有理由或没有理由的拖延(通常有许多借口和理由)。

3. 对获取专业知识不感兴趣。

4. 在任何场合都犹豫不决，支吾搪塞，不敢正视问题。

5. 没有解决各种问题的明确计划。

6. 自我满足。这种疾病没有治愈的方法，患有这种疾病的人没有希望。

7. 冷淡。这种弱点通常表现在对任何事情都妥协而不是与之抗争的愿望上。

8. 将你的错误归咎于他人，并愿意生活在不利的环境中。

9. 缺乏强烈的欲望。这是因为没有行动的动力。

10. 渴望，但一遇到挫折就退缩。

11. 没有完美的有组织的计划，也不能写下来进行分析。

12. 没有抓住机会立即采取行动。

13. 用祈祷代替意志，而不是行动。

14. 满足于贫穷而没有野心实现任何事情的状态。

15. 试图找到致富的捷径，想不劳而获，有一种赌徒心理。

如果你害怕批评

不想制定计划并实施的原因，是害怕别人的批评。

害怕批评的原因通常隐藏在潜意识里。归根结底，这是一种弱智者的自卑。如果你害怕批评，让我们看看害怕别人批评的一些结果。

有很多人都选择了错误的婚姻伴侣，却不愿意离婚。结果，他们过着悲惨和不快乐的生活，因为他们害怕改正这个错误会被别人批评。结果，这种婚姻摧毁了一个人的雄心和可能的成就。

数百万人离开学校后不再考虑继续教育，因为他们害怕别人的批评。无数的男人、女人和孩子，以履行职责为名，让他们的亲戚毁了他们的生活，因为他们害怕被批评。

人们拒绝在职业生涯中冒险，因为他们害怕失败后受到批评。在这种情况下，人们对批评的恐惧超过了他们对成功的渴望。

许多人不想为自己设定伟大的目标，甚至不想从事某项事业，因为他们害怕别人的批评。他们会说："不要把你的目标定得太高，别人会认为你疯了！"

当安德鲁·卡纳基建议我未来20年写一部个人成功的哲学时，我最初的想法是害怕别人会说什么。因为这个目标与我所想的愿望太不相称了。所以我想出了一些借口和托词，比如我的能力有限，深入研究这些借口和托词与害怕别人的批评有关。在我心里，我对自己说："你不能这样做——它太大了，需要很长时间。在此期间，你的亲戚会怎么看你？你将如何谋生？

从来没有人写过这样的书，你为什么相信你能写出来？你有什么能力把你的目标定得这么高？记住你卑微的出身——你对哲学一无所知，其他人会认为你疯了（至少有些人会），因为在那之前没人做过。"

这些想法让我觉得，好像整个世界突然把注意力集中在我身上。他们取笑我，要求我放弃卡纳基的建议。

当时，我很有可能自己否决了这个提议。后来，我发现很多人都是这样，他们的想法往往只是胎死腹中。只有立即采取行动，制定清晰的计划，他们才能获得新生。

要让一个想法存在下去，必须当它第一次出现时，就被紧紧抓住，并且应该立即去做和行动。如果你害怕别人批评、指责和嘲笑，那么你所有的理想都会落空。

机遇是可以预知的

许多人认为物质上的成功是机遇的结果，这是有一定原因的。但是那些完全依赖运气的人最终会失望。因为他们忽略了一个人成功必须具备的重要因素，那就是机会是被保留的。

在经济危机期间，喜剧演员 W.C. 费尔伍德失去了积蓄，没有工作，也没有收入，他过去赚钱的方式——轻松喜剧，也不再奏效。

此外，他的年龄超过了60岁，许多人认为自己在这个年龄已经老了。但他渴望东山再起，想在新的职业领域（电影）找到一份工作。然而，祸不单行，他又摔倒了，伤了脖子。

在这一点上，大多数人已经失去了所有的希望，但费尔伍德没有放弃。他知道只要他坚持，机会迟早会到来。结果，他真的很幸运，终于再次脱颖而出。

玛丽·科斯勒在将近60岁的时候，突然发现自己身无分文，也没有工作。所以她努力寻找机会，并最终在晚年凭借自己的毅力取得了惊人的成功，尽管她比其他人年长很多。埃迪·坎特尔在1929年的股票危机中，失去了他的财富，但他凭借自己的毅力和勇气得到了一份每周1万美元的工作！

的确，如果一个人有一种不屈不挠的精神，即使他有其他缺点，他也能过上好日子。因此，世界上所有的机会都是通过我们自己的努力获得的，这种机会需要明确的目标和顽强的毅力。

培养毅力的四个步骤

培养毅力有四个简单的步骤。这些步骤的实施不需要高度的智慧、太多的条件或者太多的时间和精力。这四个步骤是：

1. 欲望的支配下建立明确的目标。

2. 制定一个完整的计划，并开始付诸行动。

3. 拒绝所有消极、沮丧和心理因素——就像亲戚朋友的消极反应一样。

4. 与鼓励你实现计划的人结盟。

　　这四个步骤对于各种职业的成功，都是很有必要的。这本书的总的目的是让你把这四个步骤发展成你自己的习惯。

　　你可以用这些习惯来控制你的经济命运。

　　这些习惯会让你自由独立地思考。

　　这些习惯会让你积累财富。

　　他们产生权力、声誉和社会赞誉。

　　他们会给你带来好机会。

　　他们会把理想变成现实。

　　他们可以帮助你克服恐惧、抑郁和冷漠。

　　任何能用这四个步骤克服困难的人，都会得到很好的奖励。一个人努力向世界要求他所要求的价值是他作为人类的特权。

第九章

·

智囊：利用集体的知识与智慧

这是走向财富的第九步！

实力是积累财富的基本条件，智囊团可以提供这种实力。如果没有足够的力量把计划变成行动，那么计划就是空中楼阁。

这一章是关于个人如何获得权力，以及如何使用权力的方法。

在这里，我们不妨将权力定义为由智囊团以有组织的方式领导的联合努力。这足以使一个人把他的欲望变成财富。两个或两个以上的人，为了实现同一目标，在合作状态下一起组成一个组织，也就是说，他们成为一个智囊团。积累财富需要这样的力量！财富积累之后，也需要这种力量来保持这样的财富！让我们看看如何获得这种力量。

首先，让我们了解知识的来源：

1. 智慧。如创造性的想象力等；

2. 积累的经验。人类积累的经验可以从图书馆和教室里获得；

3. 实验和研究。这是科学领域给人类提供的事实和经验，是知识的重要来源。

通过制定计划并付诸行动，知识可以转化为力量。从这里也可以看出，仅仅依靠一个人的力量收集知识和制定计划是非常困难的。如果他的目标很大，他必须与他人合作，在制定计划时运用集体智慧来形成力量。

依靠智囊团获得力量

依靠智囊团，即依靠集体知识和智慧，如此聚集的力量将是巨大的。相反，如果离开智囊团，你会失去力量。不过，你在选择智囊团时应该特别小心。

如前所述，为了让你深刻理解智囊团能给你带来的力量，让我们先来解释一下智囊团的两个特点。一个是经济的，另一个是精神的。在经济方面，很明显，任何人只要得到智囊团的全力协助、建议和合作，都可以获得经济利益。这是所有巨大财富积累的基础。一旦你明白了这一点，就能决定你未来的经济状况。

智囊团的精神实质很难理解，但下面这段话可能会给你一些启示："当两个头脑放在一起，第三种无形的力量就会产生，我们可以称之为第三种思想。"

人类的头脑是一种能量，很大一部分是精神上的。当两个人的思想融合在一个和谐的状态中时，他们的精神结合起来，就形成了一个智囊团的精神特征。

20多年前，在安德鲁·卡纳基的提议与我的精神产生共鸣之后，我的书开始写作。他让我选择了一生的职业。

卡纳基的智囊团大约有50人，卡纳基把他的财富归功于这个智囊团的力量。

如果我们看看所有积累了巨额财富的人，会发现他们几乎无一例外地遵循了依靠"智囊团"的原则。否则，就不可能从其他地方产生如此巨大的能量！

如何增加你的智力

一个人的大脑可以比作一个电池，一组电池产生的电流无疑比单个电池产生的电流大得多。我们大脑的功能都是一样的，有些人的头脑比其他人好的原因是他们集中了每个人的智慧。以和谐精神团结在一起的一群人，会比一个人产生更多的意识形态能量。它不仅能产生集体力量，还能激励每一个人，让集体智慧为他所用。

众所周知，亨利·福特在开始他的职业生涯时，遇到了贫困和缺乏教育等困难。人们还知道，他在 10 年内克服了这些困难，并在 25 年内成为美国最富有的人。但很少有人知道，福特是在成为爱迪生的朋友后，他的事业才取得了巨大的进步。

由此可见，一个人的智力对另一个人的智力有很大的影响，福特在与哈维·法尔·柊司、约翰·乔伊丝和路德·博明克（他们都有很高的智力）交朋友后，让他的职业生涯中取得了更辉煌的成就。

在一种友好和谐的心态下，人们会学到他们所交朋友的性格、习惯和思维能力。福特与爱迪生和其他人的接触就是这样的。他把四个人的智慧、经验和知识结合在一起，开启了一个巨大的事业。

你也可以用这个原则！我们已经提到了甘地，他处于一种和谐的心态，促使 2 亿人一起努力，为一个共同的目标而奋斗。

在这个意义上，甘地创造了一个奇迹，他团结了 2 亿人。如果你不相信这是一个奇迹，那么你可以试着团结两个人，看看这有多难。

从事企业管理的人都知道，让所有工人和谐工作有多难。力量的最大来源是团结，聚集所有人的智慧，朝着一个共同的目标努力。天才和领导者，都需要这种资源。

在接下来的章节中，将会有关于如何获得集体智慧的适当解释。

当你读这篇文章的时候，你应该好好思考，细细品味，这样你就能得到一些东西。

积极情绪的力量

财富是害羞的，很容易溜走。它只能通过追求来获得，就像一个年轻人追求一个女孩一样，要求追求者有欲望、信心、毅力、计划和行动。

对整个人类来说，似乎有一股巨大的无形的趋势。这种巨大的趋势有两个方向，一是把人带到成功和财富的一边。另一方面，人们又被引向堕落、苦难和贫穷的一边。任何积累了大量财富的人，都知道这个巨大的趋势。它包含了一个人的思维过程。积极的想法引导人们走向幸福的结局，而消极的想法则使人陷入贫困。

想积累财富的人不能轻视这个重要的问题。如果你正走向贫穷的一端，那么我告诉你，"思考并变得富有"的想法可以成为一把桨，让你走向巨大潮流的另一端。然而，我们必须注意这样一个事实，即这种努力不能中断，否则它是无用的。

幸福来自于行动，唯有如此，幸福才是不断前进的。

有组织和智慧引导的知识就是力量，它能推动计划取得成功。

智囊团可以提供这种力量。

财富
思维

／思考致富／

第十章

·

神秘的性：性欲的转移和升华

这是走向财富的第十步！

这里提到的性是一种精神状态。因为公众通常对这个话题一无所知，所以它通常涉及身体方面。这也是因为大多数人在获得性知识时受到了不正确的影响，这导致了人们对性的看法的巨大偏差。性感觉由三种建设性的潜力支撑：

1. 人类永恒。

2. 健康维护（如果性被用作治疗剂，没有药物可以与之相比）。

3. 通过性把普通人变成天才。

性转变简单易懂，它意味着将一个人的思想转移到另一个自然中去。性欲是人类最强烈的欲望。当人们被这种欲望驱使时，他们通常会发展出他们从未拥有过的深刻的想象力、勇气、意志力、毅力和创造力。

人们对性接触的渴望是如此强烈和迫切，以至于人们冒着失去生命和名誉的危险并沉溺其中。如果这种动力在其他方面得到利用和引导，它可以使人们在文学、艺术、商业等方面获得成功。有了这种力量，创造财富并不难。

一条河可能会建一个大坝来暂时控制一段时间的水量，但最终，这条河最终会冲破一个出口。性欲也是如此，性欲可能会被抑制和控制一段时间，但它的本质仍然需要不断的突破。如果性欲没有转化为某种创造性的努力，那么它将寻求一种相对无价值的发泄方式。

人类的浪费

基于我对 25,000 人的分析，我发现他们在 40 岁之前很少获得成功。通常，他们直到 50 岁才真正开始获得财富。这个事实如此令人震惊，也是促使我以最谨慎的态度研究这一事实的原因。

这项研究揭示了这样一个事实，即大多数人在 50 岁之前什么都不能实现的主要原因是他们过度沉迷于性欲的身体表达，从而稀释了他们的能量。绝大多数人从来不知道性欲有其他表达方式，而且比纯粹的身体表达方式更重要。大多数获得这一发现的人都是在他们性能力的巅峰时期——在 45 岁到 50 岁之间——并且是在浪费了多年时间之后被发现的。经过这段时间，通常会取得突出的成就。

许多人将在 40 岁及 40 岁以后继续分散他们的性能量。如果这些能量被导向更好的方向，它们将获得更多的好处。

性宣泄的欲望是迄今为止人类最强烈、最引人注目的情感。因此，这种欲望，在被使用并转化为除了生理表达之外的行动之后，可以将一个人提升到伟大成就的阶段。

性感和销售能力

一名教师培训并指导了 30,000 多名销售人员。他有一个惊人的发现：性感度高的男人也是最有效的销售人员，因为所谓的个人"吸引力"实际上是性能量。非常性感的人通常有充分的吸引力。经过训练和理解，这种力量可以应用到人际关系中，并且可以获得更大的好处。利用这种能量与他人交流，可以通过以下方式：

1. 握手：这种触摸手的方式可以立即显示出对方是否有吸引力。

2. 声调：一个人的声音是否像音乐一样悦耳可以决定一个人是否有吸引力。

3. 体态和举止：性感的人敏捷、优雅、舒适。

4. 思想交流：一个非常性感的人可以把性感觉和他的想法混合在一起，并且可以随时这样做，从而影响他周围的人。

5. 着装和打扮：非常性感的人通常非常注重自己的外表。他通常会非常仔细地选择衣服的样式，并使这种样式成为他的个性、外表、外貌等。

称职的销售经理在招聘销售人员时，会把个人魅力作为招聘销售人员的首要条件。缺乏性感力量的人永远不会有足够的热情，也不会激发他人的热情。热情是销售人员最重要的品质之一，不管他销售什么，都很容易成功。

演说家、传教士、律师和推销员必须试图影响他人，所以如果他们缺乏性感的吸引力，他们在自己的职业中就会默默无闻。同时，大多数人只有在他们的情感被吸引的时候才能接受他人的影响。因此，接受这一事实后，你就会明白性感是销售人员才能的一部分，而且非常重要。优秀的销售人员之所以能在自己的行业中脱颖而出，主要是因为他们在意识或潜意识中将自己的性感能力转化为销售热情。

解放性本能

对大多数人来说，性是最无知的话题。性冲动被无知和邪恶的人误解、扭曲和摧毁。那些幸运地具有高度性本能的男人和女人——是的，他们是幸运的，他们不仅不被视为快乐的人，相反，他们通常被指责为不健康的人。

即使在这个高度文明的时代，仍有数百万人产生了自卑感，因为他们认为强烈的性欲是灾难的根源。这种说法是错误的，不应该用来解释一个人是否好色。

然而，这种美德经常被误用和误解，所以它不但没有丰富我们的身体和意识，反而损害了我们的身体和意识。

本书的作者曾经有过这样一个重大发现：他分析的几乎每一位伟大的领袖，他们的大部分成就都是在女性的鼓励下取得的。与此同时，在许多情况下，这种女人通常是一个安静、自我牺牲的妻子，公众对她的存在知之甚少或一无所知。在少数情况下，这种激励的来源可以追溯到情妇而不是她们的妻子。

每个聪明人都知道，沉溺于酒精和药物刺激，是一种破坏性的行为。然而，并不是每个人都知道，过多的性行为也是对创造力的一种破坏性习惯，它的破坏力和酒精或毒品一样强。

一个过分沉溺于性欲的人基本上和一个用毒品来提神的人是一样的。两种类型的人都失去了理智和意志力的控制，许多人的"疑病症"都是由于缺乏对性的真正作用的理解，形成了不良的习惯，而患上了精神疾病。

转 化 性 能 力

很少有人能在 40 岁之前进入高创造力的阶段。人们通常在 40 到 60 岁之间达到他们创作的最佳时期。这是基于对成千上万成功人士的密切观察和分析得出的结论，它应该能够鼓励那些在40岁前未能成功的人，和那些害怕在40岁左右"变老"的人。事实上，从40岁到60岁是一个人最充实的时期。当接近这个年龄时，人们不应该害怕，而应该带着希望和渴望迎接它。

如果你想要证据证明，大多数人直到40岁才达到最佳时期，那么请研究一些被公认为最成功的人的生活故事，你会发现这样的证据：

亨利·福特直到40岁才踏上成功的台阶；卡纳基直到40岁，才开始获得事业上的巨大回报；詹姆斯·希尔40岁时仍是一名电报员，他在40岁之后才开始取得巨大成就。

从众多著名企业家和思想家的传记中，我们可以找到充分的证据，证明40至60年代是最富有成效的时期。

人们在30到40岁之间才开始学习（如果他愿意学习的话）转化性能力的方法。这种学习和发现通常是在无意识状态下形成的，需要关注的是，人们不知道他们是无意识情况下学会了这门艺术。他可能注意到，他的工作能力在35岁到40岁之间突然大大提高了。然而，在大多数情况下，他并不知道这种变化的过程：大自然开始调和30岁至40岁之间的人的爱情和性的关系，使他能够运用这些巨大的力量采取正确的行动。

"性"本身是人们采取行动的主要驱动力，但这种力就像飓风一样——通常是无法控制的。当一个人到了40岁，如果他不能改正错误并将其与自己的经历相匹配，还有什么比这更不幸的呢？

爱情和性的情感力量，可以驱使一个人取得伟大的成就。爱就像一个安全阀，确保我们能够获得内心的平静、平衡和创造性的努力。这些情感的力量，如果结合起来，将会把一个人提升到天才的地位。

财富
思维

/ 思考致富 /

第十一章

·

潜意识：挖掘财富的宝藏

潜意识是由意识领域组成的，通过五种感官到达意识的每一种精神冲动都被分类并记录在其中，然后在需要的时候被唤醒或产生，就像从文件中提取出来的一封信。

潜意识会接受并分类任何感觉或思想，不管其性质如何。任何你希望转化为物质或金钱等价物的计划、想法或目的都可以自动植入你的潜意识。潜意识首先对主导欲望和情感（比如自信）做出反应。

如果你对"欲望"一章中的六个步骤都有过深入的考量，并且希望"计划"一章中的要求，你将理解其中传达的想法的重要性。

潜意识日夜工作，从来不会停歇。通过人类难以理解的方式，它使用非常有效且因地制宜的媒介，将人类的欲望自动转化为实质上的等同物。

你不能完全控制你的潜意识，但你可以向它传达你的信息，包括任何你希望根据自己的意愿转变成特定形式的计划、愿望或意图。

激发潜意识，开启创造力

潜意识创造力是惊人的，它激励着拥有巨大潜力的个人。人类对未知的事物总是充满恐惧，由于对潜意识知之甚少，让我们心怀敬畏。因此，每当我谈到潜意识的时候，我总是感到渺小和谦卑。

事实证明，潜意识确实存在，它就像一种特殊的媒介，可以将欲望转化为物质或金钱等价物。如果你接受了的这个事实，你将理解"欲望"一章的全部含义。你也会明白为什么你必须不断提醒自己你的欲望，为什么你必须用文字写下来。当然，你也会明白坚持执行这些指令的必要性。

这13条原则是激励你获得、接触潜意识的工具，通过这些工具，你将获取影响潜意识的方法。当你第一次尝试这种方法失败时，不要气馁。请记住，在"信心"这一章的指导下，潜意识只能通过习惯由自己的意志来引导。目前你可能无法建立信心，但是只要你有耐心和毅力，你一定能建立信心。

为了进一步培养你的潜意识，接下来我将重述"信心"和"自我暗示"两章中的许多陈述。值得注意的是，不管你是不是想试图施加影响，你的潜意识都会自动工作。这自然也就意味着，恐惧和贫穷的想法，以及所有负面和消极的想法，也可以作为潜意识的刺激。除非你能控制这些冲动，并给潜意识提供更合适的营养，否则这些负面情绪就会像病毒一样滋生。

潜意识时刻在自主自发地工作，绝对不会无所事事！如果你由于某种疏忽，没有在潜意识中植入正能量，它会接受任何不好的想法。我们已经说过，精神方面的冲动是一把双刃剑，无论是消极的还是积极的，都会通过三个渠道不断地传递给潜意识，从而产生完全不同的结果。

每一天，你都生活在各种精神冲动中，这些冲动无意识地、持续地传递给潜意识。这时候，你只要记住这一点就足够了，这些精神冲动要么是消极的，要么是积极的。现在你应该做的是，竭尽全力去抑制消极的冲动，并通过积极的欲望和冲动自动对潜意识施加影响。

当你开始这样做的时候，你就拥有了打开潜意识之门的钥匙。

不仅如此，你还可以完全控制这扇们，让它随时关闭或者打开。这样不好的想法就会被关在门外，不会影响到你的潜意识。

众所周知，如果没有创意，人们就不能创造任何东西。在想象力的帮助下，精神冲动可以产生行动计划。在控制之下，想象力可以用来制定计划或目标，并引导个人在他们选择的职业中取得成功。

所有旨在转化为实质等同物，并且自动植入潜意识的精神冲动，都必须与想象力和自信结合起来。换句话说，将你的信心与详细的计划或具体的目标结合起来，然后传递给潜意识的过程只能通过想象来完成。

通过以上这些陈述，相信你已经了解到，要有意识地使用潜意识，所有的原则都需要以协调的方式来应用。

利用积极情感，告别负面情绪

相比那些仅仅由理智产生的精神冲动，将精神冲动和情绪或情感组合在一起使用，更有可能影响潜意识。无数事实证明，"只有被赋予情感思想，潜意识才能影响行动"这一理论的例子比比皆是。

众所周知，情绪可以控制大多数人。如果潜意识真的对结合情感的精神冲动有更快的反应和更易受其影响，就有必要理解这些重要的情感。有七种主要的积极情绪和七种消极情绪，它们同时存在我们的脑海里。负面情绪会自动注入大脑的冲动，这是确保进入潜意识的主要渠道。而积极的情绪，需要通过"自我暗示"

的原则来注入大脑。因此，一个人希望传递给潜意识的精神冲动，必须学会自我暗示（相关说明见"自我暗示"一章）。

这些情绪或情感冲动，构成了你未来的行动要素，促使你去完成一系列计划。它们就像面包中的发酵粉，可以将你的各种想法从被动状态转变为主动状态。了解到这一点，我们就很容易理解，为什么与情感相结合的精神冲动会比"冷静理性"产生的精神冲动更有效。

现在，你正准备影响和控制潜意识的"内在听众"，以便能将那股对金钱的欲望传达给潜意识。

在你的潜意识中有一位"内心的倾听者"，时刻准备着倾听你的心声。现在，你正准备影响和控制这位"倾听者"，以便将对金钱的渴望传递给潜意识。为了做到这一点，你必须学会理解如何接近"内心的倾听者"。你必须说一种它能理解的语言，否则它不会注意到你的呼唤。它最了解的语言是情绪或情绪的语言，所以让我们在这里列出七种主要的积极情绪和七种主要的消极情绪，这样当你给潜意识下命令时，你可以用积极情绪来替换消极情绪。

七种积极情绪

欲望、热情、自信、浪漫、爱、希望

除了这七种情绪之外，当然还有其他情绪。但这七种是创作中最强有力的情绪，也是我们在生活中最常用的七种情绪。控制这七种情绪（你只能通过使用它们来控制它们），当你需要的时候，它们就会为你所用。因此，阅读这本书会让你的内心充满积极的情感，并帮助你培养"金钱意识。"

七种消极情绪

恐惧、贪婪、嫉妒、迷信、怨恨、愤怒、报复

积极和消极情绪不会同时存在于心中。只有一种能主导你的内心，你只能让积极的情绪成为你心中的主导力量。"习惯法则"能帮助培养应用和利用积极情绪的习惯。最终，积极的力量会完全控制你的内心，并排除负面情绪。

只有通过有意识地、持续地遵循这些指示，一个人才能获得控制潜意识的能力。否则的话，只要你的意识中还存在着消极情绪，就足以摧毁潜意识中所有建设性的机会。

每个人都有权寻求财富，大多数人渴望财富，然而只有少数人知道：一个明确的计划加上对财富的强烈渴望，才是积累财富的唯一可靠途径。

第十二章

·

大脑：一切创意的"接收器"

大约在 40 年前，笔者与已故的贝尔博士和格斯博士他们合作的时候，发现人类的大脑既是思想冲击波的发射站，也是接收站。

类似于无线电传输的原理，我们的大脑能接收他人大脑发出的思想冲击波，也会对别人的大脑发出思想冲击。

创造性想象力是头脑的"接收器"，它从别人的头脑中接收想法。它是一个人的意识或理性，受到的思维刺激来源极其广泛。

当振动频率加速时，人类的大脑变得更容易接受外部思想。这个加速的过程，是由积极或消极的情绪引起的。依靠这些情绪，我们可以加快思维冲击波的频率。

就强度和动机而言，性是人类情感中的第一种情感。一般来说，当大脑受到性情绪刺激时，其活动速度比情绪平静或没有情绪时要快得多。

潜意识是心灵的"发射台"，思想的冲击波通过它传播出去。而创造性想象力是一个"接收器"，通过它人们可以获得思想的力量。将你的精神"发射台"启动起来，并投入运行是一个简单的过程。你只需要在心中记住三个原则，在你想使用发射台时应用它们：潜意识；创造性想象力；自我暗示。启动这套程序，是从欲望开始。

认识神奇的大脑

我把这段内容放在最后，并非代表它不重要。事实上，它很重要：具有文化和教育背景的人，对思想的无形力量仍然知之甚少或一无所知。对物理大脑和巨大的神经网络知之甚少，这些网络可以用来将思想转化为物质的等价物。幸运的是，现在人类正在进入启蒙思想的新时代。

科学家们已经开始将注意力转向这个叫做"大脑"的神奇物体，尽管仍处于研究的初始阶段。科学家已经发现人脑中连接大脑细胞的电路数量等于数字1，接着是1，500万个零。

"这个数字实在是太让人惊讶了，"来自芝加哥大学的 C. 贾德森·赫里克博士兴奋地说，"相比之下，处理数亿光年的天文数字是微不足道的。初步估计，人类大脑皮层中大概有100—140亿个神经细胞，这些细胞是以某种方式有序排列的。并且不是随机的，而是有一套复杂的规律。新开发的电生理学方法，能将电流从带有微电极的精确定位的细胞或纤维中吸引出来，然后用无线电管增强电流。结果我们发现，记录的电位差高达百万分之一伏特。"

这个错综复杂的网络的存在，只为了继续身体成长和保持身体机能，这真是让人难以置信。既然这样的系统可以为数十亿脑细胞提供相互交流的渠道。那么，有没有可能它也能给我们提供与其他微妙力量交流的方式呢？我相信，一定是有的。

在精神现象领域，有一所大学和一位精神方面的研究者正在进行一项有组织的研究。在《纽约时报》上有一篇社论显示，他们的结论大体上与这一章和接下来几章中的结论相似。这篇社论简要分析了瑞安博士和他在杜克大学的同事们所做的工作。

"心灵感应"真的存在吗

瑞安博士和他的同事经过长期研究，在杜克大学取得了杰出的成就。他们已经在 100, 000 多次实验中，证实了"心灵感应"和"超感官视觉"的存在。哈珀杂志的前两篇文章总结了这些结果。在发表的另一篇文章中，笔者 E.H. 赖特试图总结发现的关于"超感觉力"的解释。

如今，由于瑞安博士实验的结果，一些科学家认为心灵感应和过度感知确实存在。在实验中，几个具有超感觉力的人被要求在看不到和感觉不到卡片时，尽可能多地说出一副特定的卡片。结果显示，20 多个人可以准确地识别卡片，使人得出这样的结论：他们不会靠运气或巧合表现出这样的技能，他们一定具有超感觉力。

然而他们是怎么做到的呢？假设这些力量确实存在，但感觉不到。人类现有器官根本无法产生这种感觉，但又似乎无所不在。这个实验和在几百英里外的同一个房间里做一样有效。

赖特先生认为，这些事实还表明，一些人试图通过物理辐射理论来解释心灵感应和过度感知。任何已知形式的辐射能都随着距离的增加而减少。但是心灵感应和超感觉不是，他们确实根据实际目标而改变，就像其他精神力量一样。与普遍的看法相反，当过度感知的人睡着或处于半睡眠状态时，这种现象不会增加。恰恰相反的是，当他清醒或警觉时，这些力量反而最强。瑞安发现麻醉剂不可避免地会降低过敏的分数，而刺激物总是会提高分数。即便是最可靠的测试对象也必须尽力而为，否则很难表现良好。

赖特满怀信心地得出结论，心灵感应和过度感知确实是一种天赋。换句话说，能够"看出"面朝下放在桌子上的卡片的能力，似乎与"阅读"大脑的能力具有同样的力量。

有几个理由可以让我们相信这一点，这两种才能都可以在具有上述其中一种能力的人身上发现。此外，在所有人当中，这两种能力都一样活跃。根据莱特的观察，屏障、墙壁和距离对其中任何一种力量都不起作用。

赖特接着说，其他超感官体验、预测性梦境、灾难预兆以及他纯粹作为"预兆"提出的类似情况实际上也是同样的能力。我们不要求读者接受这里的任何结论，除非他们认为有必要，但是瑞安的证据令人印象深刻。

让第六感发挥作用

心灵感应是一种神秘的力量，莱因博士称之为"超感觉"感应。我和我的助手对他说的各种论点做了实验，证明在理想情况下，我们可以通过刺激大脑，让人们的第六感发挥作用。

这里所谓的理想情况，是指我和我的两个助手之间的密切工作关系。通过一系列实验和实践，我们发现了如何激发我们的内心最有效地解决问题。

这个程序很简单，我们坐在会议桌旁，清楚地解释了我们正在考虑的问题的性质，然后开始讨论。每个人都提出了自己的想法。奇怪的是，参加会议的每个人都能够与他们经验之外的未知知识来源交流。

如果你已经知道"智囊团"一章中阐述的原则，那么你当然会意识到这里提到的圆桌会议方法，其实就是智囊团原则的实际应用。

作为智囊团原则最基本和最实际的应用，就是在三个人中用清晰的主题来刺激头脑的方法。

　　通过采用类似的智囊团计划，我们每个人都可以按照自己的规划去取得成功。如果现在对你来说仍然没有意义，你可以在这一页上做个记号，等你读完最后一章的时候，再回过头来重读这些内容。

第十三章

·

第六感：让你拥有神奇魔力

第六感就是我们十三项原则中的最后一项，这一原则也是这一整套哲学理论的顶点。只有掌握了另外12条原则，最后一条才能被充分吸收、理解和应用。

在潜意识的理论中，第六感是创造性想象的一部分。它也是前面提到的"接收装置"，通过想法、计划和想法进入你的头脑。这种闪光有时被称为"预兆"或"灵感"。

第六感是难以形容的，不能描述给那些没有掌握其他哲学原理的人，因为这些人没有可以与第六感相提并论的知识和经验。只有通过心灵的发展冥想，你才能感受到第六感的存在。

掌握了这本书的原则之后，你应该很容易接受以下陈述的真相（否则你会觉得难以置信），也就是说借助第六感，你会及时得到警告，以避免迫在眉睫的危险，你也将能够找到让你飞黄腾达的机会并及时抓住它。

随着第六感的发展，一个无所不能的"守护天使"会出来帮助你，服从你的意愿，为你打开通往智慧殿堂的大门。

最接近奇迹的第六感

本书的作者既不是"奇迹"的信徒，也不是"奇迹"的倡导者，因为我对自然了解得足够多，知道自然永远不会偏离既定的规律。有些定律很难理解，所以产生了一些看似"奇迹"的东西。可以说，第六感是我经历过的最接近奇迹的事情。

有一种力量或动力，可以渗透到每一种物质的原子中，并包含人们感受到的每一种能量单位。有了这种力量，橡树种子可以长成橡树。泉水根据重力原理沿着山坡流下。随着季节、日夜的交替循环，时间在缓缓流逝。每样东西都有它的位置，并互相展示出最好的一面。运用这一哲学法则，欲望可以转化为具体或实际的形式。笔者知道这一点，因为我做过实验并有这样的经验。

读完前几章后，你已经逐渐了解了最后一个原则。如果你已经掌握了前面的原则，你现在可以接受（并且毫无疑问）这个惊人的理论。如果你还没有掌握其他原则，那么你必须补充这一课，才能清楚地判断本章所说的是对还是错。

每个人都有自己的偶像，在"英雄崇拜"年代，我努力模仿偶像的一言一行。在这个过程中我发现，通过努力模仿偶像所依靠的信心，使我能成功地做到了偶像当初做到的事情。

让伟人做你的"隐形顾问"

我从未失去崇拜英雄这个习惯。经验告诉我，如果我不能成为一个真正的伟人，那我必须模仿伟人，在情感和行动上尽可能地去接近他们，不断跟随他们的脚步前进。

我很早就养成了模仿九位伟人的习惯，在我尝试着去发表一首诗或试图公开演讲的时候，我会不自觉地去模仿伟人的做法。这九位伟人的生活和成就对我影响最大。他们是爱默生、潘恩、爱迪生、达尔文、林肯、伯班克、拿破仑、福特和卡纳基。几年来，我每天晚上都和这些人举行想象中的咨询会议。我称他们为我的"隐形顾问"。

这个过程非常有意思，每天晚上睡觉前，我都会闭上眼睛，在脑海里看见我坐在会议桌旁，想象着这群人坐在我的身旁。这时，我不仅有机会坐在伟人中间，而且还担任主席，指挥着这群人。

我有一个非常明确的目标，那就是每天晚上参加一个想象中的聚会。我的目标是重塑我的性格，使我具有这些顾问的综合人格。我早就知道，我们必须克服无知和迷信造成的障碍。因此，我打算通过上述方法重塑自己。

自我暗示的神秘力量

这个世界上的每个人都是独一无二的。

我知道人之所以会变成现在这个样子，都因为他们占主导地位的思想和欲望而成为现在的自己；每一个隐藏的欲望都可以促使个人寻求外在的表达，通过这种表达，欲望可以转化为现实。我知道自我暗示在人格塑造过程中是一个非常强大的因素，所以事实上，它也是用来塑造人格的唯一原则。

有了这些理解，我就有了重塑人格的必要装备。我用这些装备把自己武装起来，进而去帮助更多人重塑自己的个性。在想象的会议中，我要求内阁成员提供我需要的知识，我会大声对他们说：

"爱默生先生，我渴望向你学习大自然的神奇力量，它使你的生活如此杰出和非凡。同时，我请求你在我的潜意识中放进那些能让你理解和适应自然规律的品质。这些品质将在潜移默化中，不断影响着我的个性成长。

伯班克先生，我请你传授使你如此符合自然法则的知识。依靠这一知识，你可以让仙人掌去刺，成为可食用的食物。请告诉我，你是如何让只有一片叶子的草长成两片的。我相信，这些知识将让我开启一片全新的天地。

拿破仑，我想向你学习。我渴望获得你的魔法天赋，它能激励他人更大更坚定的行动精神。与此同时，我也想获得你将失败转化为胜利和克服巨大障碍的持久信心。这种信心将让我在遇到挫折时，始终无所畏惧。

潘恩先生，我渴望从你那里获得思想自由、表达观点的勇气和清晰的思维。他们让你变得如此与众不同，也让我相信，全新的思维可以彻底改变一个人的面貌。

达尔文先生，我希望从你那里获得无穷无尽的耐心，以及你清楚地证明、客观地和公正地研究自然科学领域因果关系的能力。

林肯先生，我希望你能塑造我独特的强烈正义感、永远不知道疲倦的耐性、幽默感，以及对人的理解和宽容。

卡耐基先生，我想对你怎样有效建立大型工业企业的组织原则，进行充分彻底的了解。

福特先生，我渴望拥有您身上的一切优秀品质——不屈不挠的精神、矢志不渝的决心，以及时刻保持冷静和自信。正是因为这些品质，使你能够克服贫困，成功组织、团结和简化人类的工作。我可以帮助更多的人，让他们跟随你的脚步前进。

爱迪生先生，我希望从你那里获得充足的信心，不辞辛劳的勇气，以及常常从失败中赢回胜利的不懈精神，从而逐一揭示无数大自然的奥秘。"

可怕的想象力

我对想象中的内阁成员讲话的方式，并不是一成不变的，而是将根据当时我最想要的个性特征而改变。我非常仔细地研究了他们的生活记录，对他们每个人的生活习惯了如指掌。经过几个月的夜间会议，我惊讶地发现这些想象中的人物变得栩栩如生。他们在我的眼前复活了，仿佛生活中最熟悉的朋友。

令我惊讶的是，这九个人有不同的性格，例如，林肯有迟到的习惯，习惯于稳步地走来走去。他脸上总是有严肃的表情，我很少看到他微笑。这是一个做事严谨，对待工作一丝不苟的人。他没有什么幽默感，却让人放心地把工作交给他。

其他人不同，伯班克和潘恩经常沉浸在诙谐的对话中，这有时似乎让其他内阁成员感到震惊：他们俩真是一对天生的段子手。

有一次，伯班克迟到了，当他到达时，还兴高采烈地解释说他迟到是因为他在做实验。他希望任何种类的树都能通过这个实验长出苹果。潘恩听后讽刺地说，男人和女人之间所有的麻烦都是从苹果开始的。达尔文开心地笑了，并建议潘恩在森林里收集苹果时要特别小心小蛇，因为它们会长成大蛇。爱默生听后说道："没有蛇，就没有苹果。"拿破仑补充道："没有苹果，就没有国家！"

这些会议是如此真实，以至于我害怕因此带来的后果，几个月来不敢再去想它。这些经历很奇怪。我担心如果这种情况继续下去，我会忘记这些会议只是纯粹的想象。

很久以来，这还是我第一次鼓起勇气提及此事，在此之前很长一段时间我都保持着沉默。直到现在，我仍然非常谨慎，因为考虑到我自己对他们的态度，当我说这些非同寻常的经历时，我肯定会被误解。我现在之所以有勇气把这些个人经历说出来，因为我不再像过去那样对"他们的话"感到紧张。

为了防止造成误解，我在这里郑重强调，我仍然认为内阁会议纯属虚构。然而，我需要说明的是，虽然内阁成员纯属虚构，内阁会议也只存在于我的想象之中，但这些使我走上了一条辉煌的进步之路，它重新点燃了我对伟大事业的渴望，激发了我的创造力，并给了我表达真实想法的勇气。

你的灵感来自哪里

在我们的大脑细胞结构中，有一个器官接收精神冲击波（通常称为"预兆"）。虽然科学家们仍然不知道这位第六感先生到底在哪里，但是没关系。事实上，人类确实可以从身体感官以外的来源获得准确的知识。通常来说，这种知识可以在大脑受到特别刺激时被接受。任何刺激情绪和加快心跳的紧急状态通常都会激活第六感。任何一个在开车时差点卷入事故的人都知道，在这种危险即将来临的情况下，第六感总是会在关键时刻及时出现，从而避免事故。

基于上述事实，我想要告诉读者的是，当我遇到"隐形内阁"时，我发现大脑最容易接受通过第六感传递的想法和知识。

当我面临几十个紧急情况（有些甚至严重危及我的生命）时，通过"隐形内阁"的影响，我竟然奇迹般地渡过了难关。

之所以与虚拟人物见面，我的初衷是想要凭借自我暗示的力量，把我想要的一切给潜意识留下深刻印象。近几年来，我的实验开始采取不同的方法。现在，我将带着困扰我和客户的难题去咨询虚拟顾问。虽然我并不完全依赖这种形式的咨询，但它往往有惊人的结果。

强大的人生驱动力

第六感这种这种能力不是说你想要有就能拥有的。使用这种强大力量的能力，可以通过运用这本书的原理逐渐获得的。

不管你是什么样的人，也不管你读这本书的目的是什么，即使你不理解本章所描述的原则，你也可以从中受益。如果获取财富或其他物质的积累是你当前的主要目的，这一点尤其重要。

这本书包含这一章的目的是提供一个完整的哲学，以便个人能够正确地指导自己，获得他们在生活中追求的一切。任何成就的起点都是某种愿望。最终目标是记录和寻求知识——了解自己，了解他人，了解自然规律，认识和理解幸福。我们只有熟悉并学会运用第六感的原理，这种理解才能日益提高。

当你读完这一章之后，你一定发现自己被提升到了更高的层次，你对心理刺激的理解也上升了一个台阶。太棒了！一个月后再回到这里，重读它，你会注意到你的心会飞到一个更高的刺激水平。在以后的日子里，你要不断重温这段经历，不要在意此时你学到了多少，只要持之以恒，你最终会发现自己获得了一种力量，能让你抛开挫折和沮丧，抛开控制你的恐惧，克服拖延，自由运用你的想象力。如此一来，你已经感受到未知的"事物"，它将永远是一个真正伟大的思想家、领袖、艺术家、音乐家、作家和政治家的驱动力。到那时，你将能够把欲望转化为物质或经济上的等价物，这就像你在获得这种力量之前，每当遇到挫折时立即放弃一样容易。

财富
思维

/ 思考致富 /

第十四章

·

清除恐惧获得成功

恐惧，是阻碍你未来的阴影，你必须消除它！

亲爱的朋友，当你读到最后一章时，请回顾一下自己，看看有多少"魔鬼阴影"阻碍着你的未来。在你能成功运用我们哲学的任何一部分之前，你必须在心理上准备好接受这种哲学。这种准备并不难，一开始，你只需要研究、分析和理解你必须消除的三个敌人——犹豫、怀疑和恐惧。

如果你的内心已经包含了这三个消极的敌人，或者其中任何一个，那么第六感就永远不会起作用。邪恶的"三个敌人"是紧密相连的，如果其中一个被发现，另外两个就在附近。必须记住，犹豫是恐惧的根源！犹豫变成了怀疑，两者的混合变成了恐惧！混合过程通常很慢。这三个敌人如此危险的原因，是因为：它们的萌发和生长是无意识地完成的。

本章的其余部分阐述了，在我们的哲学被完全应用之前必须达到的目标。本章还分析了导致许多人贫穷的一个条件，并阐明了一个真理，即任何积累财富的人——无论是用金钱衡量还是比金钱更高的标准——都必须理解这个真理。

这一章的目的是集中讨论六种基本恐惧的原因和治疗方法。在我们能征服一个敌人之前，我们必须知道它的名字，它的习惯和它的居住地。读完这一章后，仔细分析自己，确定六种主要恐惧中的哪一种（如果有的话）与你有关。

六种基本恐惧

人们有六种基本恐惧，在一段时间以来，每个人都遭受着几种恐惧的组合。如果你没有受到所有六种恐惧的影响，你是幸运的。按照最常见的顺序，这些恐惧是：

1. 对贫困的恐惧；

2. 害怕批评；

3. 对疾病的恐惧；

4. 害怕失去爱；

5. 对老年的恐惧；

6. 对死亡的恐惧。

前三种恐惧，是人们担忧的根源。事实上，恐惧只是一种心理状态，一个人的心理状态是可以控制和引导的。

没有一开始的思考冲动，人类无法产生结果。在这一解释之后，一个更重要的解释是，人们的思想和冲动将立即开始转化为等同的物质，不管这些思想是否是自发的。无意中获得的想法和行动（来自他人头脑的想法）也能决定一个人的命运，正如他有意设计和创造的想法和行动一样。每个人都有能力完全控制自己的思想，有了这种控制，一个人可以敞开心扉去吸收别人头脑中产生的思想冲动。或者关上他思想的大门，只允许他选择的思想冲动进入。

自然只赋予人类对一件事物的绝对控制权，那就是思想。这一事实，加上人类创造的一切都是从思想开始的事实，使人们离战胜恐惧的原则不远了。

如果所有思想在同等物质中表现出来的倾向是一个真理（这的确是一个不容置疑的真理），那么恐惧和贫穷的思想冲动就不能转化为勇气和经济利益，这也是真理。

1. 对贫困的恐惧

害怕贫困是最具破坏性的恐惧。贫穷和致富之路不能妥协，因为它们完全相反。如果你想要财富，你必须拒绝接受任何导致贫穷的环境。

那么，你可以在这里清楚地确定，你对我们的哲学吸收了多少。在这一章中，你可以把自己变成先知，然后准确地预测你的未来。如果你读完这一章后，仍然愿意接受贫穷，那么我就不再说话，建议你毁掉这本书。

如果你想要财富，你必须决定什么样的财富，和多少财富才能满足你。现在，你已经知道通往财富的道路，你有了一张路线图。如果你跟着地图走，你就会在那条路上。如果你根本没有出发，或者是中途停止，你不能责怪别人，只能责怪你自己，你应该自己承担责任。如果你现在要求或拒绝要求生活的财富，那么任何借口都不能让你逃避这个责任，因为接受这个责任只需要一件事——而这件事恰好是你唯一能控制的，那就是你的思想和精神状态。

心理状态是由自己的思想决定的。它是买不到的，必须由自己创造。对贫困的恐惧是一种心态，仅此而已！但这足以毁掉一个人在任何职业中成功的机会。这种恐惧会麻痹一个人的推理能力，摧毁想象力，扼杀自信，摧毁热情，阻碍创造力，导致目标不明，鼓励拖延，降低热情，并使自我控制变得不可能。它使人缺乏精神，摧毁精确思考的可能性，转移注意力，摧毁毅力，使意志力消失，摧毁野心，蒙蔽记忆，导致各种方式的失败，甚至扼杀爱心，残酷地伤害良心和造成混乱的情绪，还会阻碍友谊和导致各种灾难，造成失眠、悲伤和不快乐，为什么会这样？

事实上，在我们生活的世界里，我们所希望的一切都是丰富的，在它们和我们的欲望之间没有任何障碍。请相信事实如此。仅仅是缺乏明确的目标导致了上面列举的贫困、混乱和犯罪。毫无疑问，对贫困的恐惧是六种基本恐惧中最具破坏性的。它被列在第一位，因为它是最难克服的。

对贫困的恐惧，是因为人们有在经济上剥削他人的遗传倾向。低于人类等级的动物受本能驱使，因为它们的"思考"能力有限，所以它们捕食其他动物吃肉。然而，人类是优越的，能够思考和推理，不吃同类的肉。但是他们用钱来"掠夺"同类，认为以此可以得到更大的满足。人们是如此贪得无厌，以至于每一部法律，都是为了保护人类免受同类的侵害而制定的。贫穷对人们来说是最痛苦和耻辱的事情！只有经历过贫困的人才能理解贫困的全部含义，难怪人们如此"害怕"贫困。

请注意，今天全世界仍有成千上万的人死于贫困，更不用说历史上那些悲惨的记录了。人们如此渴望拥有财富，以至于他们用任何可以想到的方法来获取财富。如果可以的话，尽量使用不触犯法律的手段；如果是紧急情况或权宜之计，就使用其他方法。

自我分析可能会暴露出一些我不愿意承认的弱点，但对于那些想要超越普通人和穷人的人来说，这是必要的。记住：当你一点一点地审视自己时，你既是法庭也是陪审团；检察官和被告律师；原告和被告双方；还有，你是在受审，你必须面对事实，问自己清楚的问题，并要求一个直截了当的答案。

经过自我分析之后，你会更加了解自己。在这种自我检讨中，如果你认为你不能成为一个公正的法官，那就请一个了解你的人作为法官，并询问自己。你必须调查真实的形象，不管你付出什么代价，即使你已经严重伤害了自己！

大多数人，如果你问他们最害怕什么，他们的回答是："我什么都不怕。"这个答案是不准确的，因为没有人知道他们受到某种恐惧的束缚和阻碍，在精神上和身体上受到鞭笞。恐惧是如此狡猾和根深蒂固，以至于有些人可能一辈子都在恐惧中煎熬，却不知道它的存在。只有鼓起勇气去分析，我们才能发现这个共同敌人的存在。当你开始这种分析时，你应该深入研究你的性格，这是你应该寻找的一系列迹象。恐惧贫困的迹象：

冷漠：它通常表现为缺乏雄心、对贫困的宽容，以及毫无怨言地接受生活中的任何不公正。精神和身体不适，缺乏创造力、想象力、热情和自制力。

犹豫：让别人代你做决定，你永远不会下定决心。

怀疑：通常，借口和逃避被用来掩盖、解释一个人的失败，有时表现出对胜利者的嫉妒或批评。

担心：通常表现为否认自己和批评他人，有提前消费的倾向，忽视个人形象，看起来很悲伤，饮酒过量，紧张，缺乏冷静和自我意识。

过分谨慎：习惯于只看到每一种情况的消极面，而不看到它积极的一面，只思考和谈论失败的可能性。知道通向灾难的所有道路，但不去寻找避免失败的计划。只记得那些失败的人，忘记那些成功的人。过分谨慎的人永远再等待，从某个角度来看，永远等待意味着永远失败。

延迟：把今天应该完成的工作留到明天完成。事实上，人们制造借口花的时间足够来完成这项工作。这种坏习惯与过度的谨慎、怀疑和担心密切相关。当他可以不负责任时，他拒绝承担责任。如果他们愿意妥协，不愿战斗到底，他们将在困难面前妥协，从来不愿意控制和使用困难作为前进的垫脚石。当不得不改变计划以防失败时，不下定决心破釜沉舟。在自信、目标明确、自控、主动、热情、雄心、节俭和正确推理能力方面，要么有缺点，要么完全缺乏。愿意与那些满足于贫穷的人交朋友，而不是寻求与那些追求财富的人交朋友。

有些人会问："你为什么写一本关于财富的书？为什么只用美元来衡量财富？"有些人会相信——是的，我也相信世界上有比金钱更重要的财富。人生有很多财富，岂能用美元来衡量？

我写这本书的主要原因是，数以百万计的男人和女人对贫穷的恐惧麻木。韦斯布鲁克·伯杰很好地描述了这种恐惧对一个人的影响：金钱只是贝壳、金属圆片或纸。良心和灵魂的宝藏是金钱无法买到的，但是当你贫穷的时候，你未必能记住这一点来支撑你的精神世界。

当一个人穷困潦倒，在街上游荡，找不到工作时，从他低垂的肩膀、帽子、步伐和眼睛可以看出他的精神受到了损害。在有固定工作的人群中，他永远不会放弃自卑情结，尽管他知道他们在性格、智力和能力上都不如自己。

另一方面，这些人，甚至他的朋友，都有一种优越感，不知不觉地把他当成一个受到伤害的人。他可以暂时借钱，但不足以支付他的费用。如果一个人靠借钱生活，借钱本身是一种令人沮丧的经历，而借钱并不像挣来的钱那样令人耳目一新。

当然，失业者或不良分子不会有这些感觉。只有有正常抱负和自尊的人才会有这种感觉。当一个人失业时，他有充足的时间去挥霍。为了工作，他可能会走几英里去拜访一个人，当他发现这份工作已经给了别人，或者这份工作没有基本工资，只有佣金，而他需要出售的只是一种无用的东西——除非是出于怜悯，否则没有人会买它。然后他会拒绝这份工作，再次流浪街头。他没有地方可去，但似乎又可以去任何地方。他看着橱窗里展示的他买不起的奢侈品，但是当那些非常感兴趣的人停下来看的时候，他谦卑了下来，又站到了一边。他可能自己都没有意识到，但他漫无目的的闲逛表明他失业了，虽然他的外表还不算太坏——他可能在日常工作中留下了好衣服，使他穿着整洁——但这些衣服掩盖不了他低垂的肩膀。

他看到数以千计的其他人，簿记员、店员、化学家或教练，都在忙于他们的工作。他由衷地钦佩他们。他们享受独立、自尊和男子气概。他很难让自己相信自己也是个好人。使他与众不同的只有钱，只要他有一点钱，他就会恢复原来的样子。

2. 害怕批评

没有人能清楚地说出，人们最初是如何产生这种恐惧的。但有一点是肯定的：对批评的恐惧已经发展到了很高的程度。作者的研究倾向于将对批评的基本恐惧，归因于人类的遗传本性。这种本性促使他在攫取他人财产时，通过批评他人的品格来隐藏自己的行为。

众所周知，小偷喜欢批评被他们偷走东西的人。政治家不会通过展示自己的美德和资格来寻求公职，而是通常使用试图损害对手声誉的方法。

聪明的时装设计师，利用这种对批评的基本恐惧来设计时装。每个季节，某些阶层的人必须换衣服。谁决定风格？当然，不是服装买家，而是服装设计师。为什么他经常改变风格？答案很明显。他改变了款式，以便能卖出更多的衣服。

出于同样的原因，汽车制造商也每季度更换车型，没有人想开旧车。

现在让我们来看看，害怕批评对更重要的人际关系的影响。例如，几乎所有精神达到成熟年龄的人（平均年龄为30至40岁）都不会相信，大多数宗教学者几十年前告诉他们的大多数神的故事。

但是在今天这个开明的时代，为什么普通人仍然羞于否认他们相信童话？答案是，因为害怕批评。曾经，有些男人和女人被绑在木头上活活烧死，因为他们不相信鬼神。批评带来的惩罚是如此之重，甚至在一些国家也是如此，所以难怪我们继承了对批评的恐惧。

对批评的恐惧剥夺了一个人最初的想法，摧毁了他的想象力，限制了他的个性，剥夺了他的自信，并在许多方面伤害了他。父母经常通过批评给孩子造成不可挽回的伤害。我童年时，一个好朋友的母亲几乎每天都用棍子打他。打了他之后，她总是说："你会在20岁之前被关进监狱。"结果，他17岁时被送进了感化院。

批评是一种供不应求的服务。每个人都有很多批评，无论应该还是不应该，总是免费的。最糟糕的亲戚和朋友，往往是最糟糕的批评家。用不必要的批评在孩子心中植入自卑情绪的父母，应该是一种犯罪。理解人性的雇主不会利用批评，而是利用建设性的建议让员工充分发挥他们最大的优势。批评只会在一个人的心中制造恐惧或仇恨，而不会培养爱或感情。

恐惧批评的迹象——这种恐惧的普遍性，就像对贫困的恐惧一样，也是对个人成就的致命伤害。这种恐惧的主要症状是：

害羞：通常表现为紧张，在与陌生人见面或交谈时表现出胆怯、惊慌失措的手脚和迷茫的眼神。

缺乏沉着：表现为在别人面前缺乏对语调的控制和心理上的不确定。

没有个性：缺乏果断的决心，缺乏个性和清晰表达意见的能力；被逃避或不正视问题的习惯所限制；不仔细研究别人的意见就有同样的感觉。

自卑感：用言语和行动来掩饰自卑。用"难词"(通常不知道这些词的真正含义)在别人面前炫耀。在穿着、谈话和举止上模仿他人。夸大想象中的成就有时会在外表上显示出优势。

奢侈：与富人相比，试图使收支平衡。

缺乏主动性：未能抓住自我提升的机会，害怕表达意见，对自己的想法缺乏信心，无法直接回答长辈的问题，谈话的态度显示出犹豫和虚伪。

缺乏雄心：身心懒惰。缺乏自己的想法，决策迟缓，容易受他人影响。背后批评和当面奉承他人，举止和言语生硬尴尬，不愿意承担错误的责任。

3. 对疾病的恐惧

这种恐惧可以追溯到生理学和社会遗传学，这种恐惧的原因与对老年的恐惧和对死亡的恐惧密切相关。病人的恐惧是因为他接近了人们不理解的"恐怖世界"的边缘，人们听到了一些关于这个世界的令人不安的故事。

这种恐惧也很普遍，所以一些邪恶的人抓住机会从事宣传毒品和宗教活动，使人们对疾病的恐惧保持不变。简而言之，人们害怕生病，因为他们心中有一种可怕的景象。

人们害怕生病，这也可能是由于沉重的经济负担。一位著名的医生曾经估计，在所有寻求治疗的人中，大约75%是内心忧郁的病人。他曾经非常令人信服地指出，对疾病的恐惧，即使没有理由害怕，也常常会产生一种身体上害怕的疾病。

几年前，有人进行了一项实验来证明人们可能会"生病"。在实验中，三个熟人被邀请去拜访"受害者"，每个人都问了一个问题："你到底患了什么病？你的脸太可怕了。"第一个提问者通常只会让对方微微一笑，受害者漫不经心地回答："没有疾病，我很好。"第二个提问者得到的回答，通常是："我知道，但我确实感到不舒服。"第三个提问者可以坦率地承认，"受害者"确实感到"不舒服"。如果你不相信这会让人不舒服，那么你不妨找个熟人试试，但不要做得太过分。

有充分的证据表明，有时疾病始于消极的精神冲动。这种冲动可以从一个人的内心传递到另一个人的内心，也可以通过暗示从自己的内心获得。

一个比这个暗示更聪明的人曾经说过："当有人问我是否生病时，我总是想给他一拳。"

在恐惧疾病的原因中，事业和爱情的失望常常排在首位。一个年轻人因为对爱情失望而被送进了医院。几个月来，他一直徘徊在死亡的边缘，一名心理治疗专家被请来治疗他。

治疗专家给病人换了护士，由一位年轻漂亮的女士照顾。这个女人从第一天上班就激起了年轻人的情绪（这是医生事先安排的），不到三周后，病人出院了。尽管他仍然患有这种疾病，但这是一种完全不同的疾病，他再次坠入爱河。尽管这种灵丹妙药是一个骗局，但病人和护士后来结婚了。

疾病恐惧的迹象，这种世界性的恐惧的迹象是：

消极的自我暗示：期待并寻找各种疾病的迹象，让自己变得消极。他们"享受"想象中的疾病，在谈论疾病时似乎是真实的。当其他人引进具有医学价值的新技术和理论时，他们总是渴望尝试一下。喜欢谈论别人的手术、事故和其他种类的疾病。饮食、锻炼和减肥的实验都是在没有指导的情况下进行的。

想象疾病：谈论疾病，专注于疾病，期待疾病出现，直到精神崩溃。瓶子里没有能治愈这种疾病的药，因为这种疾病来自消极的思想，只有积极的思想才能治愈它。据说，有时这种想象中的疾病(被称为忧郁症)，并不比人们害怕的疾病危害小，绝大多数所谓的神经病来自想象中的疾病。

缺乏锻炼：对疾病的恐惧经常阻碍正常的体育锻炼，并使人们避免户外活动。结果，生病的机会增加了。

对疾病的恐惧通常与对贫困的恐惧联系在一起，尤其是对于那些想象中的病人，他们总是担心向医生、医院等支付账单的可能性。这种人花很多时间为疾病做准备，谈论死亡，为墓地存钱和埋葬费用等等。

自我放纵：用"假想的疾病"作为获得同情的诱因（人们经常用这种伎俩逃避工作）。假装生病，掩饰纯粹的懒惰，或为缺乏野心而狡辩，等等。

放纵：使用酒精或麻醉药品来抑制头痛和神经痛等疼痛，而不寻求根治的习惯。有些人喜欢阅读关于疾病的书籍和期刊，并且沉溺于我可能会染上一些疾病的幻觉中。

4. 对失去爱情的恐惧

对失去爱情的恐惧是一种先天性恐惧，主要是由一夫多妻制造成的，在这种情况下，配偶被剥夺了。嫉妒和其他类似的神经疾病都源于对失去爱情的天生恐惧。在六种基本恐惧中，这种恐惧是最痛苦的。它比任何其他基本恐惧都可能造成更多的身体和精神伤害。

对失去爱情的恐惧可以追溯到石器时代，那时男人用暴力抓住女人。现在尽管男人仍然"抓住"女人，但他们的技能已经改变了。他们现在不使用暴力，而是使用说服和承诺，用漂亮的衣服和漂亮的汽车来占有女人。这些手段比使用暴力更有效。如今，人们的习惯几乎和混沌开始时一样，但他们的表达方式不同。害怕失去爱情的迹象，这种恐惧的明显迹象是：

嫉妒：在没有充分合理证据的情况下怀疑朋友和爱人，以及对妻子或丈夫不忠的无端指控。对每个人都有怀疑，对任何人都没有绝对的信心。

挑剔：挑朋友、亲戚、商业伙伴和所爱的人的毛病，带着一点点烦恼或者毫无理由。

赌博：通过赌博、偷窃、欺骗和其他冒险为所爱的人提供金钱，相信金钱可以买到爱情。

5. 对老年的恐惧

这种恐惧来自两个方面。首先，它来自想象中的因素，想象老年可能带来的贫困。其次，它有一个共同的来源，那就是来自于过去的虚伪和残酷的教导。

对老年的基本恐惧，始于两个看似合理的原因。一个是个人们对别人没有信心，害怕他们会拿走他所有的东西。第二个是在心中想象另一个世界的可怕景象。

当人们变老时，生病的可能性会增加，这也是人们害怕变老的原因之一。性也是害怕衰老的一部分，因为没有人喜欢性吸引力的下降。

最常见的担心老年的原因，与贫困的可能性有关。"疗养院"并不是一个美丽的名字，每个有可能在疗养院度过余生的人，都会为这个名字感到不寒而栗。

担心老年的另一个重要原因，是失去自由和独立的可能性，因为老年可能导致身体和经济自由的丧失。

老年恐惧的迹象，这种恐惧最常见的迹象是：

在心理成熟的那一年(即40岁左右)，生活中的一切都显示出放缓的迹象，自卑感得到了培养。人们错误地认为他们"做不到"，因为年龄的增长(这是一个事实，对人们心理上和精神上最有用的年龄是在40到60岁之间)。他错误地认为自己太老了，无法展示自己的创造力、想象力和自信，因此逐渐养成了扼杀这些品质的习惯。

40岁的男人和女人，为了显示他们更年轻，喜欢模仿年轻人的穿着和动作，从而引起朋友和陌生人的嘲笑，这也是导致社会环境中老年人恐惧的因素。

6. 对死亡的恐惧

对有些人来说，对死亡的恐惧是所有基本恐惧中最残酷的。伴随死亡的大多数恐惧和痛苦都可以归因于宗教狂热。所谓的"异教徒"比更"文明"的人更不害怕死亡。几千年来，人们一直在做没有答案的练习：我从哪里来，我将去哪里？

在过去的黑暗时代，那些狡猾奸诈的人为了获得名利，毫不犹豫地回答了这些问题。一个有着深刻洞察力的领导人喊道："到我的帐篷里来，支持我的信仰，接受我的教条，我会给你一个证书。当你死后，你可以直接进入天堂。"他又喊了一声："如果你置身事外，魔鬼会把你带走，永远烧死你。"永恒惩罚的想法摧毁了生命的兴趣，造成了许多痛苦。

尽管宗教领袖可能无法提供通往天堂的通道或造福不幸的人，但去地狱的可能性太可怕了，以至于人们一提到它就无法理解它，而这种想象是如此逼真，以至于它蒙蔽了理性，并引发了对死亡的恐惧。

现在，人们对死亡的恐惧不再像科学不发达时那样普遍。科学家将真理之光照耀在世界上，这一真理正在迅速将人们从对死亡的可怕恐惧中解救出来。受过大学教育的年轻男女将不再容易有地狱的印象。依靠生物学、天文学、地理学和其他相关科学，这种在黑暗时代依附人类灵魂的恐惧已经开始消散。

整个世界有两样极其重要的东西：能量和物质。在初级物理学中，我们知道物质和能量（只有人类知道的两个事实）都不能被创造或毁灭，但两者都可以被转化。

如果生命是一种物质，那么生命也是一种能力。如果能量和物质都不能被摧毁，那么生命当然不能被摧毁。像其他形式的能量一样，生命可能经历许多转变，而死亡只是一种转变。

对死亡迹象的恐惧，这种恐惧的一般迹象是：

当一个人想到死亡，他就失去了生命的全部意义，开始憎恨所有的人和所有的工作。这种恐惧在老年人中很常见，但有时年轻人也可能是这种恐惧的受害者。

对死亡恐惧的具体治疗，是唤醒对成就的强烈渴望。忙碌的人没有时间考虑死亡，他们只发现生命充满活力，他们不担心死亡。

恐惧死亡最常见的原因是：身体疾病、贫困、缺乏适当的工作、对爱情的失望、疯狂和对宗教的盲目信仰。

人类的忧虑

担忧是一种基于恐惧的心理状态。它缓慢而持续地工作。它狡猾而神秘。它逐渐"生根"，直到一个人的推理能力变得麻木，信心和创造力被摧毁。忧虑是由犹豫引起的持续恐惧，所以它是一种可以控制的心态。没有决心的头脑是不可思议的，犹豫导致缺乏决心，大多数人缺乏快速做出决定的意志力。

一旦我们达成一项决议，并按照既定路线行事，我们就不会处于焦虑状态。我曾经拜访过一个两小时内就要坐电椅的人，他的牢房里有八个人，他是其中最冷静的。他的镇定引起了我的好奇。我问他："你知道在短时间内你将进入永恒，你感觉如何？"他脸上带着自信的微笑说，"我感觉很好，伙计！想想吧，我的烦恼很快就会过去。我的生活中除了困难什么都没有。我一直觉得吃、穿、暖都很难，而且我也不需要这些东西。因为我知道我很快就会死，所以我一直觉得很舒服。那时，我决定以一种快乐的心情迎接我的命运。"他说话的时候，狼吞虎咽地吃了足够三个人吃的食物，什么也没留下。显然，他正在享受他的食物，好像没有灾难在等着他。决心让这个人听天由命，决心也能阻止一个人接受不良的环境。

因为优柔寡断，这六种基本的恐惧会转化为焦虑的情绪。下定决心接受死亡是不可避免的事实，然后你就可以永远释放对死亡的恐惧。

下定决心，没有忧虑地积累任何你能积累的财富，这也能克服你对贫困的恐惧。

下定决心，不要担心别人的想法或言论，而是将脚踏在恐惧批评的实地上。

下定决心，接受老年，不把它作为一种障碍，而是一种带来智慧、自我控制和年轻人无法达到的境界的祝福，从而消除对老年的恐惧。

下定决心忘记各种疾病，这样你就可以避免对疾病的恐惧。

下定决心，在必要的情况下没有爱也能生活，从而克服失去爱的恐惧。

下定决心，即使生活提供的一切都不值得担心，它也不会动摇。这样，你的思想和幸福就会随之升华。

那些充满恐惧的人不仅会摧毁他们的思想和行为，还会发出毁灭性的冲击波，影响所有与他接触的人，从而摧毁他们的机会。

破坏性思想的灾难

恐惧的冲击波从一个人的心脏传到另一个人的心脏，其速度与一个人的声音从一个电台传到另一个电台的速度相同。

任何口头表达消极或破坏性想法的人，几乎都将经历毁灭性的报复，并承受这些想法的后果。如果只有破坏性的想法而不用语言来表达，就会有很多报复的方式。首先，应该记住，最重要的一点是，那些产生破坏性思想的人，将不可避免地被创造性想象的瓦解所伤害。第二，心中有破坏性的情绪，这种情绪会发展成消极的性格，使人们远离他人，经常把人变成敌人。第三，这种冲动不仅会伤害他人，还会摧毁思想家本身。

如果你想让你的事业成功，你必须有平静的心，尤其是要有幸福感，这些都是成功的经验。你必须控制你的思想，你有能力用你选择的任何思想来培养人性。因为你有这些特权，你也有责任建立你的思想。你是这个世界上你命运的主人，就像你有能力控制自己的思想一样。你可以影响、引导然后控制你自己的环境，这样你的生活就变成了你想要的生活。

除了六种基本的恐惧，人们还遭受着一种邪恶。这种邪恶的形象为失败的种子提供了肥沃的土壤。这种邪恶是如此狡猾，以至于它的存在经常不被发现。

这种心理不仅仅是恐惧，它的根源比六种恐惧更深，并且经常导致致命的伤害。由于缺乏合适的名称，我们称这种邪恶为：易受负面影响。

任何积累了大量财富的人都必须提防这种邪恶！任何职业的成功人士都必须准备好抵制这种邪恶。如果你的目标是积累财富，你应该通过这本书仔细审视自己，以确定你是否容易受到负面影响。如果你忽视了这种自我分析，你原本希望的权利就会被剥夺。

这种自我分析应该深入进行，在你阅读了为自我分析准备的问题之后，你必须要求自己给出一个精确的答案。分析时，要像寻找埋伏的敌人一样小心，像对待敌人一样严厉地对待自己的缺点。

你很容易保护自己免受公路抢劫，因为法律提供了有组织的合作。但是第七种基本的邪恶很难征服，因为当它攻击你的时候，你不知道它的存在，当你睡着或醒着的时候，它会攻击你。此外，它的武器是看不见的，因为它只是一种精神状态。这种邪恶也是危险的，因为它攻击的方式和人类的经验一样多。有时候，它会利用一位亲戚好心的建议而进入你的心智；有时候，它会从你心里挣扎出来，用你自己的心理态度来摧毁自己的心理。

如何保护自己免受负面因素的影响

为了保护你自己不受负面因素的影响——无论是你自己造成的还是环境造成的，你必须意识到"我有坚强的意志"，并经常使用这种意志力，直到它在你心中筑起一道屏障。同时你要认识到以下事实：

认识到你天生就容易感受到这六种基本的恐惧，从而养成战胜这些恐惧的习惯；认识到所有的负面影响，把你的思想和那些让你沮丧和气馁的人隔离开来；消除你的药柜，扔掉所有的药瓶，不要助长你的感冒、疼痛和各种疑似疾病；仔细交朋友，选择那些鼓励你独立思考和行动的人。不要仅仅因为烦恼让你失望就去逃避它们。

毫无疑问，所有人都有一个共同的弱点，那就是敞开心扉，接受他人的负面影响。这种弱点极具破坏性，因为大多数人不知道它在折磨他们。即使那些理解这一弱点的人也常常忽略拒绝它，直到它成为无法控制的日常习惯的一部分。

为了帮助那些想了解自己的人，作者特别准备了以下问题。请仔细思考这些问题，并给出你自己的答案，这将有助于你了解自己。

自我分析试题：

1. 你经常抱怨"感觉不舒服"吗？如果是，为什么？

2. 你对小事生气，并寻找别人的麻烦吗？

3. 你在工作中经常出错吗？如果是，为什么？

4. 你的讲话是讽刺和挑衅吗？

5. 你故意避免和任何人打交道吗？如果是，为什么？

6. 你经常患有消化不良吗？如果是，为什么？

7. 你认为生活是空虚的，未来是无望的吗？

8. 你喜欢你的职业吗？如果你不喜欢，你喜欢什么样的职业？为什么？

9. 你经常自怜吗？如果是，为什么？

10. 你羡慕那些比你优秀的人吗？

11. 你花更多的时间在思考成功还是失败上？

12. 随着年龄的增长，你是增加自信还是失去自信？

13. 你从错误中吸取了宝贵的教训吗？

14. 你让亲戚或朋友烦你吗？如果是，为什么？

15. 你有时开心，有时极度沮丧吗？

16. 谁对你影响最大？原因是什么？

17. 你能容忍消极或压抑的影响吗？

18. 你注重个人形象吗？你如何判断注重外表的人？

19. 你学会了通过忙碌来忘记烦恼吗？

20. 如果你让别人为你着想，你愿意称自己为没有骨气的弱者吗？

21. 你是否忽视了内心的清洁，甚至自我中毒，使你的脾气变坏，容易发怒？

22. 有多少麻烦困扰着你？你为什么容忍这种事？

23. 你用酒精、麻醉剂或香烟来镇定你的神经吗？如果是这样，为什么不用你的意志力呢？

24. 有人一直在烦你吗？如果是，为什么？

25. 你有明确的目标吗？如果是，目标是什么？你有什么计划来实现这些目标？

26. 你有过六种恐惧吗？如果是，有什么恐惧？

27. 你能做些什么来防止自己受到他人的负面影响？

28. 你是否有意使用自我暗示来创造积极的心理？

29. 你最珍视的是什么：物质财富还是控制思想的特权？

30. 你容易受到别人的影响，不相信自己的判断吗？

31. 你今天提高了你的知识或精神状态了吗？

32. 你断然欢迎让你不愉快的遭遇吗？还是逃避责任？

33. 你分析错误和失败的所有原因并从中受益吗？还是采取"这不是我的错"的态度？

34. 你能列出你三个最具破坏性的弱点吗？你将如何纠正这些缺点？

35. 你鼓励别人向你倾诉他们的烦恼以获得你的同情吗？

36. 你是否从日常经历中选择了有助于你进步的课程或影响？

37. 通常，你的存在会对他人产生负面影响吗？

38. 别人的哪些习惯最让你烦恼？

39. 你有自己的想法，还是经常受别人的影响？

40. 你知道如何创造一种心态来保护自己不受压抑的影响吗？

41. 你的职业给你信心和希望吗？

42. 你认为你有足够的精神力量，来保护你的思想免受各种恐惧吗？

43. 你的宗教信仰有助于你的积极态度吗？

44. 你觉得有义务分享别人的烦恼吗？如果是，为什么？

45. 如果你相信"物以类聚，人以群分"，那么你有没有研究你交的朋友，看看他们对自己了解多少？

46. 你认为你最亲近的人之间的关系是什么？你有什么不愉快的经历吗？

47. 你认为是朋友的人，但因为他会给你带来负面的心理影响，所以事实上他是你最大的敌人，这可能吗？

48. 谁对你好，谁对你坏，你用什么原则来判断？

49. 和你交朋友，他们的心理状态比你好还是比你差？

50. 以下物品在24小时内，你每件花了多少时间？(1) 工作；(2)睡眠；(3)消遣和娱乐；(4)获取有用的知识；(5)浪费。

51. 你有多少熟人鼓励你？你有多少熟人提醒你？什么最让你沮丧？他们各自的比例是多少？

52. 你最担心的是什么？你能忍受吗？为什么？

53. 当别人自动给你建议时，你会接受还是先分析他们的动机？

54. 你最大的愿望是什么？你想实现这个愿望吗？你想把这个愿望放在所有其他愿望之上吗？你每天在这方面花多少时间？

55. 你经常改变你的决心吗？如果是，为什么？

56. 你做事能善始善终吗？

57. 你对别人的职业、头衔、学位或财富敏感吗？

58. 别人能接受你的想法、意见和实践吗？

59. 你迎合别人是因为他们优越的社会或经济地位吗？

60. 你认为今天谁是最伟大的人？他在哪个方面比你好？

61. 你花了多少时间研究和回答这些问题？你有诚心吗？

如果你诚实地回答了这些问题，你会比大多数人更了解自己。仔细研究这些问题，每周复习一次。几个月后，你会惊讶于你所获得的宝贵的额外知识。

那时，你可以去找你的朋友，询问他们的意见，然后你可以用他们的眼睛来理解你自己，并对你自己进行分类，这一经历将令人惊讶。你可以完全控制自己的思想，从而获得巨大的财富。

你唯一能绝对控制的就是你的思想！这是人们所知的所有事实中最重要和最令人鼓舞的事实！它反映了人类的神圣本性。这种神圣的特权，是你能控制自己命运的唯一工具。如果你不能控制你的思想，你就不能控制任何事情。

"你的思想是你的精神财产！"不幸的是，法律没有针对那些故意或无限期地用负面暗示毒害他人思想的人的预防措施，这些毒药经常破坏人们获得法律保障的物质财产的机会。

有负面心理的人会试图让爱迪生相信，创造一台能够记录和复制人类声音的机器是不可能的。他们说："因为从来没有人生产过这样的机器。"爱迪生不相信他们，他知道人类可以制造出他内心所能想象和相信的任何东西，这个想法使爱迪生成为一个杰出的人。

有消极心理的人告诉伍尔沃思，如果他想开一家大商店，他就会破产。他不相信这种说法，他知道，只要是合理的计划就能实现。如果他没有信心支持这个计划，他什么也做不了。幸运的是，他抵制住了负面思想的侵袭，得到了一般人很难获得的成功。

当亨利·福特第一次尝试在底特律街头驾驶他的第一辆原型车时，怀疑论者轻蔑地嘲笑他。那些人说这样的车永远都不会实用，其他人说没人会花钱买这个新玩意。福特说："我打算用它绕地球一周。"他做到了。我们必须牢记，福特和大多数工人的唯一区别是，他控制自己的思想，而其他人有他们的思想，但不试图控制它。

对思想的控制是自律和习惯的结果。要么你控制你的思想，要么你被你的思想所控制，中间没有妥协的可能。控制思想最实际的方法是有一个清晰的计划和明确的目标。研究任何有可能成功的人的记录，你会发现他能控制自己的思想。此外，他还利用这种控制力向他的明确目标前进。没有这样的控制力，成功是不可能的。

五十五种借口

不成功的人有一个共同的性格。他们知道失败的原因，并为自己找了一套借口。

有些借口很聪明，少数被事实证明是正当的，但是借口不能被当作钱！世界只想知道一件事，那就是：你成功了吗？

一位人格分析师列出了最常用的借口。当你阅读这份清单时，请仔细检查你自己，以确定有多少借口是你自己常用的。一旦你认识到自己的虚伪和无能，你会毫不犹豫地放弃它，以便更加确信自己的能力，并向事业冲刺。这五十五种借口是——

如果我不厌倦我的家庭……

如果我有足够的关系……

如果我有钱……

如果我受过良好的教育……

如果我能找到工作……

如果我健康……

如果我有足够的时间……

如果时代更好……

如果其他人认识我 ……

如果我的环境不同 ……

如果我能再次重生 ……

如果我不怕别人说什么 ……

如果给我这个机会 ……

如果我现在有机会 ……

如果别人不讨厌我 ……

要不是发生了什么事阻止了我 ……

如果我年轻一点 ……

如果我能做我想做的 ……

如果我出生在一个富裕的家庭 ……

如果我不是遇到了"坏人" ……

如果我有别人的智慧 ……

如果我敢自己做决定 ……

如果我能抓住过去的机会 ……

如果别人不烦我 ……

如果我不用做家务和照顾孩子 ……

如果我能存一点钱 ……

如果老板欣赏我 ……

如果有人帮我 ……

如果我的家人理解我 ……

如果我住在大城市 ……

如果我能早点站出来 ……

如果我不受约束 ……

如果我有某人的性格 ……

如果我不太胖 ……

如果其他人理解我的天赋 ……

如果我幸运的话 ……

如果我有能力负责任 ……

如果我没有失败 ……

如果我知道内情 ……

如果你不反对我 ……

如果我没有很多烦恼 ……

如果我没有选错结婚对象 ……

如果我不浪费一个机会 ……

如果其他人合作不是太难的话 ……

如果我相信自己 ……

如果我的运气不坏 ……

如果我不是生来就运气不好 ……

如果我能得到更多的安慰 ……

如果我不用太努力工作 ……

如果我不赔钱 ……

如果我的生活环境不同 ……

如果我没有生活在过去 ……

如果我有自己的事业 ……

如果其他人愿意听我的意见 ……

如果 ……

　　唉，我的朋友，你还想说什么？所有这些只能证明你是软弱的！

　如果一个人有勇气面对自己，看清自己，他就能发现错误并改正它们。

　　寻找借口来解释失败，是整个美国的国家问题。这种习惯和人类历史一样古老，是成功的致命创伤！为什么人们不放弃他们最喜欢的借口？答案很明显，人们会保护他们的借口的原因，因为正是他们自己制造了借口！

找借口是人类根深蒂固的习惯，很难打破，尤其是当我们想用它作为借口的时候。柏拉图对此非常清楚，所以他说："征服自己是最大的胜利，被自己征服是最大的耻辱和罪恶。"

另一位哲学家也有同样的观点，他说："当我发现别人最丑陋的一面是我自己本性的反映时，我非常惊讶。"

埃尔伯特·哈伯德说："这个问题对我来说一直是个谜。为什么人们花这么多时间找借口隐藏自己的弱点，故意愚弄自己？如果它被用于正确的目的，时间将足以纠正这些弱点，那么就不需要借口。"

在这里，我想提醒读者，生活就像一场象棋比赛，你的对手是时间。如果你犹豫不决或者不能快速移动，那么你棋盘上的棋子就会被吃掉，因为和你下棋的是一个残酷而冷漠的对手！

在过去，你可能有一个合理的借口不去追求你的理想，但是这个借口现在已经被放弃了，因为你已经有了开启人生财富之门的万能钥匙。

这把万能钥匙是看不见的，但它很强大！对你来说，它是所有欲望的魔法棒。如果你使用这把钥匙，你不会受到惩罚。但是如果你不使用它，你必须付出代价，代价就是失败。如果你使用这把钥匙，你会得到很大的奖励。任何征服自己并让生活满足自己需求的人，都会得到丰厚的回报。

这种回报值得你全力以赴，我的读者们，你们愿意从现在开始吗？

相信我，相信你自己！

你将会成功，你将会拥有巨大的财富！